燃　烧　学

汪健生　李　君　刘雪玲　编

北京理工大学出版社
BEIJING INSTITUTE OF TECHNOLOGY PRESS

图书在版编目（CIP）数据

燃烧学 / 汪健生，李君，刘雪玲编. -- 北京 ：北京理工大学出版社，2027.6（2024.7 重印）
ISBN 978-7-5682-4285-1

Ⅰ. ①燃… Ⅱ. ①汪… ②李… ③刘… Ⅲ. ①燃烧学 Ⅳ. ①O643.2

中国版本图书馆 CIP 数据核字(2017) 第 161079 号

责任编辑：封 雪　　文案编辑：封 雪
责任校对：孟祥敬　　责任印制：王美丽

出版发行 / 北京理工大学出版社有限责任公司
社　　址 / 北京市丰台区四合庄路 6 号
邮　　编 / 100070
电　　话 / (010) 68944439 (学术售后服务热线)
网　　址 / http://www.bitpress.com.cn

版 印 次 / 2024 年 7 月第 1 版第 2 次印刷
印　　刷 / 北京虎彩文化传播有限公司
开　　本 / 787 mm × 1092 mm　1/16
印　　张 / 13
字　　数 / 307 千字
定　　价 / 48.00 元

前言

PREFACE

燃烧学是工程热物理及其相关学科的一门重要专业基础课程，其相关理论也被广泛应用于航空航天、动力工程、机械工程、化学工程等众多工程领域中。本书较为全面系统地介绍了燃烧现象所涉及的基本概念、基本理论以及最新的研究进展。内容选取上，参考了国内外优秀教材的精华，同时适当增加了燃烧学的新近研究与应用成果。由于燃烧学涉及热力学、传热学、流体力学、化学动力学等理论基础，数学处理相对复杂，为使读者能比较深入理解燃烧学的基本理论，掌握其基本处理方法，本书在内容叙述中，力求避免过多讨论相对烦琐的数学推导及演绎，而将重点集中于燃烧过程的物理机理的讲述与讨论。本书力求简明扼要，目的是为不同专业方向的读者提供燃烧学的基本知识，使其能正确运用于理论研究和工程实际。此外，本书还介绍了燃烧学的最新研究动态，以便读者能了解燃烧学的相关研究进展。为加深对本书内容的理解与掌握，每章均备有少量习题。

全书共分 9 章，分别介绍了燃烧热力学、化学反应动力学、预混气体着火理论、预混燃烧、扩散燃烧、固体燃料的燃烧、液体燃料的燃烧、燃烧污染物的生成和控制、燃烧学研究前沿简介。其中第 2、4、5 章由汪健生负责编写，第 7、8、9 章由李君负责编写，第 1、3、6 章由刘雪玲负责编写。本书在编写过程中，得到了中低温热能高效利用教育部重点实验室（天津大学）的大力支持，也得到了北京理工大学出版社的鼎力相助，对此编者表示诚挚的感谢。

本书可作为工程热物理及其相关专业的本科生或研究生教材，也可供从事燃烧研究与应用的工程技术人员参考。

由于编者水平有限，书中可能存在不足之处，恳请读者予以指正。

编　者

2016 年 9 月

目　录

CONTENTS

第 1 章
燃烧热力学

1.1 热力学基本概念

1.1.1 强度量和广延量

根据参数的数值是否与物质的数量有关，参数可分为强度量和广延量。参数数值与物质的数量无关的量称为强度量，如温度、压力、密度等。强度量有两类：第一类强度量明显地不依赖物质的量，其大小可以表示整个体积的状态，如温度 T 和压力 p；第二类是比广延量，以单位质量（或者物质的量）的值来表示，一般用小写的符号表示，例如比体积 v（m^3/kg）、比内能 u（J/kg）、比焓 h（J/kg）等。强度量不具有加和性，与强度相对应的是广延量。广延量的数值与物质的数量（质量或物质的量）有关，例如物质的体积、内能、焓等。广延量常用大写字母表示，例如体积 V（m^3）、内能 U（J）、焓 H（J）等。

1.1.2 理想气体状态方程

状态方程给出了物质的压力、温度和体积之间的关系。理想气体即忽略了分子间的作用力和分子体积的气体。理想气体状态方程可写成如下形式：

$$pV = nR_{\mathrm{u}}T \tag{1.1}$$

$$pV = mRT \tag{1.2}$$

$$pv = RT \tag{1.3}$$

或

$$p = \rho RT \tag{1.4}$$

式中：R_{u} 为通用气体常数，其值为 8 314.3 J/（kmol·K）；R 为气体常数，与气体的种类有关，其值可由通用气体常数和气体的摩尔质量 M 得到，即

$$R = R_{\mathrm{u}} / M \tag{1.5}$$

1.1.3 状态的热方程——内能和焓

物质的内能（或焓）与压力和温度的关系称为状态的热方程，即

$$u = u(T, v) \tag{1.6}$$

$$h = h(T, p) \tag{1.7}$$

对式（1.6）和式（1.7）全微分，可得到

$$\mathrm{d}u=\left(\frac{\partial u}{\partial T}\right)_v\mathrm{d}T-\left(\frac{\partial u}{\partial v}\right)_T\mathrm{d}v \tag{1.8}$$

$$\mathrm{d}h=\left(\frac{\partial h}{\partial T}\right)_p\mathrm{d}T-\left(\frac{\partial h}{\partial p}\right)_T\mathrm{d}p \tag{1.9}$$

已知式（1.8）和式（1.9）中

$$c_v\equiv\left(\frac{\partial u}{\partial T}\right)_v \tag{1.10}$$

$$c_p\equiv\left(\frac{\partial h}{\partial T}\right)_p \tag{1.11}$$

理想气体的定容过程$\left(\frac{\partial u}{\partial v}\right)_T=0$，理想气体的定压过程$\left(\frac{\partial h}{\partial p}\right)_T=0$。因此，对式（1.8）和式（1.9）积分可得到理想气体状态的热方程

$$u(T)-u_{\mathrm{ref}}=\int_{T_{\mathrm{ref}}}^{T}c_v\mathrm{d}T \tag{1.12}$$

$$h(T)-h_{\mathrm{ref}}=\int_{T_{\mathrm{ref}}}^{T}c_p\mathrm{d}T \tag{1.13}$$

1.1.4 理想气体混合物

混合物常常有多种组分组成，通常用组分的摩尔分数和组分的质量分数表示。其组分的摩尔分数和质量分数分别表示为

$$\chi_i=\frac{N_i}{N_1+N_2+\cdots+N_i+\cdots}=\frac{N_i}{\sum_{i=1}^{n}N_i} \tag{1.14}$$

$$Y_i=\frac{m_i}{m_1+m_2+\cdots+m_i+\cdots}=\frac{m_i}{\sum_{i=1}^{n}m_i} \tag{1.15}$$

所有组分的摩尔（质量）分数的总和是 1，即

$$\sum\chi_i=1 \tag{1.16a}$$

$$\sum Y_i=1 \tag{1.16b}$$

摩尔分数和质量分数之间的换算关系为

（1.17a）

$$\chi_i=\frac{Y_iM_{\mathrm{mix}}}{M_i} \tag{1.17b}$$

式中：M_{mix}，M_i 分别为混合物和组分 i 的摩尔质量。

分压力 p_i 指组分 i 和混合物具有相同的温度时，当组分 i 单独占有混合物体积时的压力。对于理想气体，混合物的压力等于混合物中所有组分的分压之和，即

$$p = \sum p_i \tag{1.18}$$

组分 i 的分压可由组分的摩尔分数和混合物的压力表示：

$$p_i = \chi_i p \tag{1.19}$$

对于理想气体混合物，以单位质量（或物质的量）为基准的混合物的强度参数可以由各物质的强度参数的质量分数（或摩尔分数）加权计算得到。例如混合物比焓可以表示为

$$h_{\text{mix}} = \sum Y_i h_i \tag{1.20a}$$

$$\bar{h}_{\text{mix}} = \sum \chi_i \bar{h}_i \tag{1.20b}$$

同样可以得到混合物的比内能。

1.1.5　化学当量比

在燃烧计算中，通常认为空气只由氧气（O_2）和氮气（N_2）组成，其中 O_2 的体积分数为 21%，N_2 的体积分数为 79%。燃烧过程中每消耗 1 mol O_2 就带入 3.76 mol N_2，但 N_2 在燃烧过程中不参加反应。以碳氢燃料 C_xH_y 在空气中燃烧为例，假设燃料完全燃烧，化学反应式可写成

$$C_xH_y + a(O_2 + 3.76N_2) \longrightarrow xCO_2 + (y/2)H_2O + 3.76aN_2 \tag{1.21}$$

当燃料与空气按化学反应方程式中的比例进行完全燃烧时，该反应称为化学当量反应。在化学当量反应中，空气与燃料的质量比称为化学当量的空气燃料比（也称为化学当量的空燃比），其数值等于 1 kg 燃料完全燃烧时所需要的空气质量，即

$$(A/F)_{\text{st}} = \left(\frac{m_{\text{air}}}{m_{\text{fuel}}}\right)_{\text{st}} = \frac{4.76a}{1}\frac{M_{\text{r,a}}}{M_{\text{r,f}}} \tag{1.22}$$

式中：$M_{\text{r,a}}$，$M_{\text{r,f}}$ 分别为空气和燃料的摩尔质量。

当量比 Φ 为化学当量的空燃比与实际燃烧反应的空燃比的比值，其计算式为

$$\Phi = \frac{(A/F)_{\text{st}}}{(A/F)} = \frac{(F/A)}{(F/A)_{\text{st}}} \tag{1.23}$$

当量比 Φ 是决定燃料系统性能最重要的参数之一。对于富燃料混合物，$\Phi>1$；对于贫燃料混合物，$\Phi<1$；对于化学当量下的混合物，$\Phi=1$。

当量比与过量空气系数 α 互为倒数，即

$$\alpha = \frac{m_{\text{air}}}{m_{\text{air,st}}} = \frac{(A/F)_{\text{st}}}{(A/F)} = \frac{1}{\Phi} \tag{1.24}$$

例 1.1　已知某工业锅炉的燃料为天然气（成分为 CH_4），烟气成分分析结果显示其湿烟气中 O_2 的摩尔分数为 5%，试确定该锅炉工作时的空燃比（A/F）、当量比 Φ 和过量空气系数 α。

解： 假设天然气在锅炉中完全燃烧，且反应产物没有发生离解反应，其化学反应式为

$$CH_4 + a(O_2 + 3.76N_2) \longrightarrow CO_2 + 2H_2O + bO_2 + 3.76aN_2$$

由氧原子守恒得

$$2a = 2 + 2 + 2b$$

$$b=a-2$$

根据 O_2 的摩尔分数

$$\chi_{O_2}=\frac{N_{O_2}}{N_{mix}}=\frac{b}{1+2+b+3.76a}=\frac{a-2}{1+4.76a}=0.05$$

得

$$a=2.69$$

燃料的空燃比为

$$(A/F)=\frac{N_a}{N_f}\frac{M_{r,a}}{M_{r,f}}$$

由

$$\frac{N_a}{N_f}=\frac{4.76a}{1}$$

得

$$(A/F)=\frac{N_a}{N_f}\frac{M_{r,a}}{M_{r,f}}=\frac{4.76a}{1}\frac{M_{r,a}}{M_{r,f}}=4.76\times2.69\times\frac{28.85}{16.04}=23.03$$

化学当量下 CH_4 的反应式

$$CH_4+2(O_2+3.76N_2)\longrightarrow CO_2+2H_2O+7.52N_2$$

化学当量的空燃比为

$$(A/F)_{st}=\frac{4.76\times2\times28.85}{16.04}=17.1$$

由$\varPhi$的定义可得

$$\varPhi=\frac{(A/F)_{st}}{(A/F)}=\frac{17.1}{23.03}=0.74$$

过量空气系数 α 为

$$\alpha=\frac{1}{\varPhi}=\frac{1}{0.74}=1.35$$

在该题的计算中，烟气中考虑了水蒸气，在实际分析烟气成分时，为了避免水蒸气在分析仪中发生凝结现象，通常将水蒸气去除，称为干烟气成分分析。

1.1.6 绝对焓和生成焓

绝对焓为生成焓与显焓之和。所谓生成焓，是指与化学键（或无化学键）相关的能量；显焓与物质的温度有关。因此，物质 i 的摩尔焓为

$$\bar{h}_i(T)=\bar{h}_{f,i}^0(T_{ref})+\Delta\bar{h}_{s,i}^0(T_{ref}) \tag{1.25}$$

式中：$\bar{h}_i(T)$ 为温度 T 下的绝对焓；$\bar{h}_{f,i}^0(T_{ref})$ 为参考温度 T_{ref} 下的生成焓；$\Delta\bar{h}_{s,i}^0(T_{ref})$ 为从参考温度 T_{ref} 到温度 T 的显焓变化；式中上标符号“－”表示摩尔比焓。

参考状态指温度为 $T_{ref}=298.15\ \text{K}$，压力为 $p_{ref}=1\ \text{atm}\ (101\,325\ \text{Pa})$。在参考状态下，自然界单质的生成焓为零。化合物的生成焓等于由单质化合生成该化合物时的热效应的负数。各种物质的标准生成焓可以从化学热力学或物理化学手册中查到。

例 1.2 已知某燃气由 CO，CO_2 和 N_2 组成，其中 CO 的摩尔分数为 10%，CO_2 的摩尔分数为 20%，若混合气体的温度为 1 200 K，压力为 1 atm。试确定：（1）混合物质量比焓和摩

尔比焓；（2）三种组分各自的质量分数。

解：（1）由 $\sum \chi_i = 1$ 得

$$\chi_{N_2} = 1 - \chi_{CO_2} - \chi_{CO} = 1 - 0.10 - 0.20 = 0.70$$

混合物焓为

$$\bar{h}_{mix} = \sum \chi_i \bar{h}_i = \chi_{CO}\left\{\bar{h}^0_{f,CO} + \left[\bar{h}(T) - \bar{h}^0_{f,298}\right]_{CO}\right\} +$$

$$\chi_{CO_2}\left\{\bar{h}^0_{f,CO_2} + \left[\bar{h}(T) - \bar{h}^0_{f,298}\right]_{CO_2}\right\} + \chi_{N_2}\left\{\bar{h}^0_{f,N_2} + \left[\bar{h}(T) - \bar{h}^0_{f,298}\right]_{N_2}\right\}$$

通过查附录 C－H－O－N 气体的热力学性质表并代入，得到

$$\begin{aligned}\bar{h}_{mix} &= 0.10\times(-110\,541 + 28\,440) + 0.20\times(-393\,546 + 44\,488) + \\ &\quad 0.70\times(0 + 28\,118) \\ &= -58\,339.1\ (\text{kJ/kmol})\end{aligned}$$

混合物的相对分子质量为

$$\begin{aligned}M_{r,mix} &= \sum \chi_i M_{r,i} \\ &= 0.10\times 28.01 + 0.20\times 44.01 + 0.70\times 28.013 = 31.212\ (\text{kJ/kmol})\end{aligned}$$

混合物质量比焓为

$$h_{mix} = \frac{\bar{h}_{mix}}{M_{r,mix}} = \frac{-58\,339.1}{31.212} = 1\,869.12\ (\text{kJ/kg})$$

（2）各组分的质量分数分别为

$$\omega_{CO} = 0.10\times\frac{28.01}{31.212} = 0.089\,7$$

$$\omega_{CO_2} = 0.20\times\frac{44.01}{31.212} = 0.282\,0$$

$$\omega_{N_2} = 0.70\times\frac{28.013}{31.212} = 0.628\,2$$

1.2 热力学第一定律及其在燃烧系统中的应用

1.2.1 燃烧焓和热值

如果参与燃烧的反应物和燃烧产物已知，燃烧过程所释放（或吸收）的热量可根据热力学第一定律计算得到。例如，在参考状态（298.15 K，1 atm）下，满足化学当量比的燃料和空气的混合物进入反应器，假设燃料在反应器内完全燃烧。为了保证燃烧产物与反应物的温度相等，在反应器外侧采用冷却措施，对反应器进行冷却，刚好将反应产生的热量全部带走。根据热力学第一定律，从反应器带走的热量为燃烧反应前后燃烧产物和反应物的焓差，即

$$Q_{cv} = H_{prod} - H_{reac} \tag{1.26}$$

这部分热量定义为反应物的总反应焓，表示为

$$\Delta H_{R} \equiv H_{prod} - H_{reac} \tag{1.27}$$

单位质量的燃料与化学当量比下空气的混合物的燃烧焓（或反应焓）定义为

$$\Delta h_{R} \equiv q_{cv} = h_{prod} - h_{reac} \tag{1.28}$$

假定 1 mol 的 CH_4 与化学当量的空气混合物在标准参考状态（比如 1 atm，25 ℃）进入稳定流动的反应器，且完全燃烧，生成物（CO_2，H_2O，N_2）以标准参考状态离开该反应器。其反应方程式为

$$CH_4+2(O_2+3.76N_2) \longrightarrow CO_2+2H_2O+7.52N_2$$

当反应为等压过程时，其反应焓为

$$\Delta H_{R,298K} = \bar{h}^0_{f,CO_2} + \bar{h}^0_{f,H_2O} - \bar{h}^0_{f,CH_4}$$

N_2 和 O_2 没有贡献。从附录 C－H－O－N 气体的热力学性质表可查得 CO_2，H_2O 和 CH_4 的标准生成焓值，代入上式，可得

$$\begin{aligned} \Delta h_{R,298K} &= (-393\,546) + 2\times(-241\,845) - (-74\,831) \\ &= -802\,405\ (kJ/mol)_{(CH_4)} \end{aligned}$$

以每千克燃料为基础的反应焓为

$$\Delta h_{R,fuel} = \frac{\Delta h_R}{M_{r,f}} = \frac{-802\,405}{16.043} = -50\,016\ (kJ/kg)_{(CH_4)}$$

以每千克反应燃料和空气的混合物为基础时，其反应焓为

$$\Delta h_{R,mix} = \Delta h_{R,fuel} \frac{m_f}{m_{mix}}$$

式中：

$$\frac{m_f}{m_{mix}} = \frac{m_f}{m_{a+}m_f} = \frac{1}{(A/F)+1}$$

已知甲烷的空燃比为 17.11，于是有

$$\Delta h_{R,mix} = \frac{-50\,016}{17.11+1} = -2\,761.8\ (kJ/kg)$$

对于放热反应，反应热是负值，吸热反应的反应热为正值。反应热与燃烧产物的相态有关，例如，气态水的生成热为－241.56 kJ/mol，而液态水的生成热为－285.54 kJ/mol，两者差值为参考温度下水的汽化热。

燃料热值（Δh_c）的定义为：1 kg 燃料在标准状态下与化学当量的空气完全燃烧所放出的热量，在数值上与反应焓相等，但符号相反。对于有可凝结产物的燃料有两种热值：产物为凝聚相时为高热值（HHV），产物为气态时为低热值（LHV）。

例 1.3 已知正癸烷（$C_{10}H_{22}$）的相对分子质量为 142.284：（1）试确定每千克正癸烷和每摩尔正癸烷在 298 K 的高热值和低热值。（2）如果正癸烷在 298 K 的蒸发潜热为 359 kJ/kg，试确定液态正癸烷的高热值和低热值。

解：（1）正癸烷（$C_{10}H_{22}$）的总反应方程式为

$$C_{10}H_{22}(g)+15.5(O_2+3.76N_2) \longrightarrow 10CO_2+11H_2O(l或g)+15.5\times3.76N_2$$

无论高热值还是低热值，都有

$$\Delta H_c = -\Delta H_R = H_{reac} - H_{prod}$$

由于计算的参考温度为 298 K，所有组分的显焓都为零，并且 O_2 和 N_2 在 298 K 时的生成焓也为零。

由
$$H_{reac} = \sum_{reac} N_i \bar{h}_i \qquad H_{prod} = \sum_{prod} N_i \bar{h}_i$$

得
$$\Delta H_{c,H_2O(l)}(HHV) = 1 \times \bar{h}^0_{f,C_{10}H_{22}} - (10\bar{h}^0_{f,CO_2} + 11\bar{h}^0_{f,H_2O})$$

从附录水蒸气的热力学性质表可查得气态水的生成焓和蒸发潜热，可得液态水的生成热为

$$\bar{h}^0_{f,H_2O(l)} = \bar{h}^0_{f,H_2O(g)} - h_{f,g} = -241\,847 - 44\,010 = -285\,857\ (kJ/mol)$$

利用此值以及附录热力学性质表和燃料特性给出的生成焓，可得

$$\begin{aligned}\Delta H_{c,H_2O(l)} &= 1 \times (-249\,659) - [10 \times (-393\,546) + 11 \times (-285\,857)] \\ &= 6\,830\,096\ (kJ)\end{aligned}$$

及
$$\Delta \bar{h}_c = \frac{\Delta H_{c,H_2O(l)}}{N_{C_{10}H_{22}}} = 6\,830\,096\ kJ/1kmol = 6\,830\,096\ kJ/kmol_{(C_{10}H_{22})}$$

$$\Delta h_c = \frac{\Delta \bar{h}_c}{M_{WC_{10}H_{22}}} = \frac{6\,830\,096}{142.284} = 48\,003\ (kJ/kg)_{(C_{10}H_{22})}$$

对于低热值，将 $\bar{h}^0_{f,H_2O(g)}$ 代替 $\bar{h}^0_{f,H_2O(l)}$ 即可，因此有

$$\Delta \bar{h}_c = 6\,345\,986\ (kJ/kmol)_{(C_{10}H_{22})}$$

$$\Delta h_c = 44\,601\ (kJ/kg)_{(C_{10}H_{22})}$$

（2）对于液态的正癸烷（$C_{10}H_{22}$）有

$$H_{reac} = 1 \times (\bar{h}^0_{f,C_{10}H_{22}(g)} - \bar{h}_{f,g})$$

即

$$\Delta h_c(\text{液态燃料}) = \Delta h_c(\text{气态燃料}) - \bar{h}_{f,g}(\text{蒸发潜热})$$

所以
$$\Delta h_c(HHV) = 48\,003 - 359 = 47\,644\ (kJ/kg)_{(C_{10}H_{22})}$$

$$\Delta h_c(LHV) = 44\,601 - 359 = 44\,242\ (kJ/kg)_{(C_{10}H_{22})}$$

1.2.2　绝热燃烧温度

燃烧火焰温度是燃烧过程的一个重要参数。例如在锅炉热计算中，需要利用炉膛内火焰温度计算各受热面的吸热量。对给定反应混合物及初始温度，若知道燃烧产物的组分，产物的温度可根据热力学第一定律计算得出。当空燃比和燃料温度一定时，绝热过程燃烧所能达到的温度称为绝热燃烧（火焰）温度（T_{ad}）。对定容燃烧和定压燃烧两种情况，其绝热燃烧温度分别称为定压绝热燃烧温度和定容绝热燃烧温度。

对于定压燃烧过程，第一定律可表示为

燃烧产物的绝对焓=反应物在初态时的绝对焓

即
$$H_{\text{prod}}(T_2)=H_{\text{reac}}(T_1) \tag{1.29}$$

式中：T_1，T_2分别为反应物和生成物的温度，其中

$$H_{\text{reac}}=\sum_{\text{reac}} N_i\overline{h}_i \qquad H_{\text{prod}}=\sum_{\text{prod}} N_i\overline{h}_i$$

$h_i(T)$为显焓和化学焓之和。当反应物的组分及温度一定时，可计算出H_{reac}及H_{prod}，然后根据燃烧产物的组分，则可求出燃烧产物的温度T_2。一般产物的组分指的是化学平衡时的组分，它与产物温度有关。所以求解能量方程是一个反复迭代的过程。

例 1.4 在参考状态下的甲烷和空气以化学计量比混合，然后进行绝热等压燃烧，假设完全燃烧，即燃烧产物中只有CO_2，H_2O和N_2。计算产物焓时，比定压热容取为常数。请确定甲烷的绝热燃烧温度。

解：甲烷的反应方程式为

$$CH_4+2(O_2+3.76N_2)\longrightarrow CO_2+2H_2O+7.52N_2$$

$$N_{CO_2}=1，N_{H_2O}=2，N_{N_2}=7.52$$

假设T_{ad}为2 100 K，产物的焓可用1 200 K（$\approx 0.5(T_{\text{f}}+T_{\text{ad}})$）来估算，各组分的物性参数如表1.1所示。

表 1.1 物性参数

组分	标准生成焓（298 K）$\overline{h}^{\ominus}_{\text{f,s}}$/(kJ·kmol^{-1})	比热容（1 200 K）$c_{p,i}$/[kJ·(kmol·K)$^{-1}$]
CH_4	−74 831	
CO_2	−393 546	56.21
H_2O	−241 845	43.87
N_2	0	33.71
O_2	0	

根据热力学第一定律有

$$H_{\text{reac}}=\sum_{\text{reac}} N_i\overline{h}_i=H_{\text{prod}}=\sum_{\text{prod}} N_i\overline{h}_i$$

$$H_{\text{reac}}=1\times(-74\,831)+2\times 0+7.52\times 0=-74\,831\,(\text{kJ})$$

$$\begin{aligned}H_{\text{prod}}&=\sum_{\text{prod}} N_i[\overline{h}^{\ominus}_{\text{f},i}+\overline{c}_{p,i}(T_{\text{ad}}-298)]\\&=1\times[-393\,546+56.21(T_{\text{ad}}-298)]+\\&\quad 2\times[-241\,845+43.87(T_{\text{ad}}-298)]+\\&\quad 7.52\times[0+33.71\times(T_{\text{ad}}-298)]\end{aligned}$$

由$H_{\text{reac}}=H_{\text{prod}}$，可得$T_{\text{ad}}$=2 318（K）。

以上结果与用组分平衡计算得到的值（T_{ad}=2 226 K）相比较发现：上述简化的方法使计

算结果偏高 100 K 左右。如果按照变比热容

$$h_i = \bar{h}_{\mathrm{f},i}^{\ominus} + \int_{298}^{T} \bar{c}_{p,i} \mathrm{d}T$$

计算 T_{ad}，可得 T_{ad}=2 328（K）。用变比热容计算得到的结果和定比热容计算结果非常接近，可以推断上述 100 K 的误差是由于离解反应导致 T_{ad} 下降，由于离解将显焓转化成化学键能（生成焓）而储存起来。

等容时的标准反应热与等压时的标准反应热 $\Delta H_{\mathrm{R}} = H_{\mathrm{reac}} - H_{\mathrm{prod}}$ 有如下联系（式中 p_{init} 代表初压，p_{f} 代表终压）

$$\Delta H_{\mathrm{R}} = \Delta U_{\mathrm{R}} \tag{1.30}$$

根据热力学第一定律

$$H_{\mathrm{reac}} - H_{\mathrm{prod}} - R_{\mathrm{u}}(N_{\mathrm{reac}}T_{\mathrm{init}} - N_{\mathrm{prod}}T_{\mathrm{ad}}) = 0 \tag{1.31}$$

式中：

$$N_{\mathrm{reac}} = \frac{m_{\mathrm{mix}}}{M_{\mathrm{r,reac}}},\quad N_{\mathrm{prod}} = \frac{m_{\mathrm{mix}}}{M_{\mathrm{r,prod}}}$$

通过式（1.28）或者式（1.29）及理想气体的性质可计算得到 T_{ad}。

例 1.5 试确定初始压力为 1 atm，初始温度为 298 K 的甲烷和空气以化学计量比混合时等容绝热火焰温度。假设完全燃烧，即燃烧产物中只有 CO_2，H_2O 和 N_2。计算产物焓时，比定压热容取为常数。

解：燃烧产物组成和物性参数同例 1.4。但由于等容绝热火焰温度比等压时高，所以比热容高于 1 200 K 的值。尽管如此，还使用 1 200 K 的比热容值。

由热力学第一定律得

$$H_{\mathrm{reac}} - H_{\mathrm{prod}} - R_{\mathrm{u}}(N_{\mathrm{reac}}T_{\mathrm{init}} - N_{\mathrm{prod}}T_{\mathrm{ad}}) = 0$$

即

$$\sum N_i \bar{h}_i - \sum_{\mathrm{prod}} N_i \bar{h}_i - R_{\mathrm{u}}(N_{\mathrm{reac}}T_{\mathrm{init}} - N_{\mathrm{prod}}T_{\mathrm{ad}}) = 0$$

代入数据得

$$H_{\mathrm{reac}} = 1\times(-74\,831) + 2\times0 + 7.52\times0 = -74\,831\ (\mathrm{kJ})$$

$$\begin{aligned} H_{\mathrm{prod}} &= 1\times[-393\,546 + 56.21(T_{\mathrm{ad}} - 298)] + \\ &\quad 2\times[-241\,845 + 43.87(T_{\mathrm{ad}} - 298)] + \\ &\quad 7.52\times[0 + 33.71\times(T_{\mathrm{ad}} - 298)] \\ &= -887\,236 + 397.5(T_{\mathrm{ad}} - 298)\ (\mathrm{kJ}) \end{aligned}$$

$$R_{\mathrm{u}}(N_{\mathrm{reac}}T_{\mathrm{init}} - N_{\mathrm{prod}}T_{\mathrm{ad}}) = 8.315\times10.52\times(298 - T_{\mathrm{ad}})$$

式中：$N_{\mathrm{reac}} = N_{\mathrm{prod}} = 10.52\ \mathrm{kmol}$。

整理上面各式得

$$-74\,831 - [-887\,236 + 397.5(T_{\mathrm{ad}} - 298)] - 8.315\times10.52\times(298 - T_{\mathrm{ad}}) = 0$$

可解得

$$T_{ad} = 2\,889\,(\mathrm{K})$$

注：（1）由例 1.4 和例 1.5 可知，在相同初始条件下，等容燃烧的温度比等压燃烧时要高。这是由于在等容燃烧中没有对外做容积功的缘故。

（2）等容燃烧的终态压力比初始压力高：$p_f = p_{init}\dfrac{T_{ad}}{T_{init}}$。

1.3 热力学第二定律及其在燃烧系统中的应用

1.3.1 热力学第二定律及平衡条件

实际的燃烧反应通常不是简单地按照化学反应方程式进行，其燃烧产物比理想的完全燃烧要复杂。例如在高温燃烧过程中，燃烧产物会发生离解反应，碳氢燃料与空气燃烧形成的理想燃烧产物为 CO_2，H_2O，O_2，N_2，在发生离解或离解产物的进一步反应后，产生如 H_2，OH，H，O，NO 等物质。在一定的温度、压力、反应物浓度等条件下，化学反应的进行方向及程度决定了燃烧产物成分。实际燃烧产物的确定是基于化学平衡条件、元素守恒及能量守恒。热力学第二定律从本质上揭示了热过程进行的方向，对含有化学反应的过程也是适用的。

对于燃烧反应

$$CO + 0.5O_2 \longrightarrow CO_2$$

如果温度足够高，CO_2 会发生离解反应

$$CO_2 \longrightarrow CO + 0.5O_2$$

实际反应方程式为

$$CO + 0.5O_2 \longrightarrow (1-a)CO_2 + aCO + 0.5aO_2$$

当 $a=1$，反应没有发生；当 $a=0$，反应按理想反应进行，燃烧温度和压力达到最大值。实际燃烧过程的状态需根据热力学第二定律确定。

热力学第二定律指出：对于孤立系统，熵只能增加或保持不变，即

$$\mathrm{d}S \geqslant 0 \tag{1.32}$$

因此，对于给定的系统，在平衡态时，熵值最大。

对于控制质量系统，该系统与环境之间有热量交换并对外界做功。在定温、定压时，根据热力学第一定律有

$$\delta W - \delta Q + \mathrm{d}U = p\mathrm{d}V - \delta Q + \mathrm{d}U = 0$$

而根据热力学第二定律

$$\mathrm{d}S - \frac{\delta Q}{T} \geqslant 0$$

联立这两个方程，可得到

$$T\mathrm{d}S - \mathrm{d}U - p\mathrm{d}V \geqslant 0 \tag{1.33}$$

$$\mathrm{d}[TS - (U + pV)] + V\mathrm{d}p - S\mathrm{d}T \geqslant 0 \tag{1.34}$$

由于 T，p 是常数，则方程（1.32）可写为

$$d[TS-(U+pV)]=d(TS-H)\geqslant 0$$

或者

$$d(H-TS)\leqslant 0 \tag{1.35}$$

G 称为吉布斯（Gibbs）函数，又称为吉布斯自由能。

$$G\equiv H-TS \tag{1.36}$$

因此，热力学第二定律可表述为

$$dG_{T,p}\leqslant 0 \tag{1.37}$$

式（1.37）表明：对等温等压过程，能自发进行的反应都是朝着使系统的 G 减小或保持不变的方向进行。因此，在平衡状态时，吉布斯自由能为最小值，即 $dG_{T,p}=0$。根据这一原理就可以确定给定温度和压力下化合物在平衡态时的组分。

1.3.2　化学平衡

对于理想气体混合物，对第 i 组分的吉布斯函数由下式给出：

$$\overline{g}_{i,T}\equiv \overline{g}_{i,T}^{0}+R_{u}T\ln(p_i/p^0) \tag{1.38}$$

式中：$\overline{g}_{i,T}^{0}$ 为在标准状态下（即 $p_i=p^0$）纯物质的吉布斯函数；p_i 为分压；p^0 为标准状态下压力，通常取 1 atm。在标准状况下进行的反应，吉布斯形成函数为

$$\overline{g}_{f,i}^{0}(T)\equiv \overline{g}_{i}^{0}(T)-\sum_{j\text{元素}}\nu_j'\overline{g}_{j}^{0}(T) \tag{1.39}$$

式中：ν_j' 为形成 1 mol 所述化合物需要的 j 元素的化学当量系数。

理想气体混合物的吉布斯函数可表示为

$$G_{mix}=\sum N_i\overline{g}_{i,T}=\sum N_i[\overline{g}_{i,T}^{0}+R_{u}T\ln(p_i/p^0)] \tag{1.40}$$

式中：N_i 为第 i 物质的物质的量。

在定温、定压条件下进行反应的平衡条件为

$$dG_{mix}=0 \tag{1.41}$$

或

$$\sum dN_i[\overline{g}_{i,T}^{0}+R_{u}T\ln(p_i/p^0)]+\sum N_i d[\overline{g}_{i,T}^{0}+R_{u}T\ln(p_i/p^0)]=0 \tag{1.42}$$

由于反应为定压过程，因此所有分压的变化之和应为零，即 $d(\ln p_i)=dp_i/p_i$ 和 $\sum dp_i=0$，这样式（1.42）可写为

$$dG_{mix}=0=\sum dN_i[\overline{g}_{i,T}^{0}+R_{u}T\ln(p_i/p^0)] \tag{1.43}$$

对于一般的系统反应

$$a\mathrm{A}+b\mathrm{B}+\cdots \Leftrightarrow e\mathrm{E}+f\mathrm{F}+\cdots \tag{1.44}$$

各物质的量的变化与其相应的化学当量系数成正比，有

$$\left.\begin{aligned}&\mathrm{d}N_{\mathrm{A}}=-\kappa a\\&\mathrm{d}N_{\mathrm{B}}=-\kappa b\\&\vdots\\&\mathrm{d}N_{\mathrm{E}}=+\kappa e\\&\mathrm{d}N_{\mathrm{F}}=+\kappa f\\&\vdots\end{aligned}\right\}\tag{1.45}$$

将式（1.45）代入式（1.43）并略去比例常数 κ，可得到

$$\begin{aligned}&-a[\bar{g}_{\mathrm{A,T}}^{0}+R_{\mathrm{u}}T\ln(p_{\mathrm{A}}/p^{0})]-b[\bar{g}_{\mathrm{B,T}}^{0}+R_{\mathrm{u}}T\ln(p_{\mathrm{B}}/p^{0})]-\cdots+\\&e[\bar{g}_{\mathrm{E,T}}^{0}+R_{\mathrm{u}}T\ln(p_{\mathrm{E}}/p^{0})]+f[\bar{g}_{\mathrm{F,T}}^{0}+R_{\mathrm{u}}T\ln(p_{\mathrm{F}}/p^{0})]+\cdots=0\end{aligned}\tag{1.46}$$

整理后，有

$$\begin{aligned}&-(e\bar{g}_{\mathrm{E,T}}^{0}+f\bar{g}_{\mathrm{F,T}}^{0}+\cdots-a\bar{g}_{\mathrm{A,T}}^{0}-b\bar{g}_{\mathrm{B,T}}^{0}-\cdots)\\&=R_{\mathrm{u}}T\ln\frac{(p_{\mathrm{E}}/p^{0})^{e}\bullet(p_{\mathrm{F}}/p^{0})^{f}\cdots}{(p_{\mathrm{A}}/p^{0})^{a}\bullet(p_{\mathrm{B}}/p^{0})^{b}\cdots}\end{aligned}\tag{1.47}$$

式（1.47）等号左边括号内的项称为标准状态的吉布斯函数差 $\Delta G_{\mathrm{T}}^{0}$，即

$$\Delta G_{\mathrm{T}}^{0}=(e\bar{g}_{\mathrm{E,T}}^{0}+f\bar{g}_{\mathrm{F,T}}^{0}+\cdots-a\bar{g}_{\mathrm{A,T}}^{0}-b\bar{g}_{\mathrm{B,T}}^{0}-\cdots)\tag{1.48a}$$

或者

$$\Delta G_{\mathrm{T}}^{0}\equiv(e\bar{g}_{\mathrm{f,E}}^{0}+f\bar{g}_{\mathrm{f,F}}^{0}+\cdots-a\bar{g}_{\mathrm{f,A}}^{0}-b\bar{g}_{\mathrm{f,B}}^{0}-\cdots)_{\mathrm{T}}\tag{1.48b}$$

式（1.47）自然对数中的变量定义为平衡常数 K_{p}，即

$$K_{\mathrm{p}}=\frac{(p_{\mathrm{E}}/p^{0})^{e}\bullet(p_{\mathrm{F}}/p^{0})^{f}\cdots}{(p_{\mathrm{A}}/p^{0})^{a}\bullet(p_{\mathrm{B}}/p^{0})^{b}\cdots}\tag{1.49}$$

这样，定温、定压条件下的化学平衡方程式（1.47）就变为

$$\Delta G_{\mathrm{T}}^{0}=-R_{\mathrm{u}}T\ln K_{\mathrm{p}}\tag{1.50a}$$

或

$$K_{\mathrm{p}}=\exp(-\Delta G_{\mathrm{T}}^{0}/R_{\mathrm{u}}T)\tag{1.50b}$$

化学平衡方程式给出了平衡状态下，各反应物的摩尔浓度与温度以及压力之间的关系。从 K_{p} 的定义和它与 $\Delta G_{\mathrm{T}}^{0}$ 的关系，可以定性地确定一个特定的反应进行的方向。当 $\Delta G_{\mathrm{T}}^{0}>0$ 时，反应朝着反应物的方向进行；当 $\Delta G_{\mathrm{T}}^{0}<0$ 时，反应朝着生成物的方向进行。

若从反应过程中的焓和熵的变化来定义 ΔG，可以得到

$$\Delta G_{\mathrm{T}}^{0}=\Delta H^{0}-T\Delta S^{0}\tag{1.51}$$

将式（1.51）代入式（1.50b），有

$$K_{\mathrm{p}}=\exp(-\Delta H^{0}/R_{\mathrm{u}}T)\bullet\exp(\Delta S^{0}/R_{\mathrm{u}})\tag{1.52}$$

当 $K_{\mathrm{p}}>1$ 时，反应朝着生成物的方向进行，反应的焓变 ΔH^{0} 应该也是负的，即反应为放热反应。

由于复杂反应系统包含许多组分和反应，因此人工计算很难。目前，复杂反应系统平衡态时的组分和燃烧温度的计算主要是通过计算机程序进行。

习 题

1.1 已知燃料的主要成分是 H_2，计算其燃烧过程的化学恰当空燃比 A/F。

1.2 假设某燃料的主要成分为 C_3H_8，检测发现其干烟气中 O_2 的摩尔分数为 5%。试确定该燃料燃烧时的空燃比（A/F）和过量空气系数 α。

1.3 由 CO，CO_2 和 N_2 组成的混合气体中，CO 的摩尔分数为 15%，CO_2 的摩尔分数为 30%，该混合气体的温度为 1 000 K，压力为 1 atm。试确定：（1）混合物质量比焓和摩尔比焓；（2）三种组分各自的质量分数。

1.4 在 298 K 时，甲烷的低热值是 50 016 kJ/kg，求甲烷的生成焓。

1.5 试确定每千克 $C_{14}H_{30}$ 在 298 K 时的高热值和低热值。

1.6 已知某燃料主要成分是 CH_4 和 C_3H_8，其中 CH_4 和 C_3H_8 的体积分数分别为 45%和 55%，请问每摩尔燃料的高热值和低热值分别是多少？

1.7 已知在温度为 298 K 时，液态辛烷 C_8H_{18} 的高位热值是 47 893 kJ/kg，汽化潜热为 363 kJ/kg。求 298 K 下辛烷蒸气的生成焓。

1.8 初始压力为 1 atm，初始温度为 298 K 的丁烷（C_4H_{10}）和空气以化学计量比混合后进行绝热等压燃烧，假设完全燃烧，即产物中只有 CO_2，H_2O 和 N_2。试求乙烷和空气以化学计量比混合时的等容绝热火焰温度。（计算产物焓时，比定压热容取为常数）

1.9 已知某常压燃气锅炉（压力为 1 atm）的燃料主要由甲烷 CH_4 和丙烷 C_3H_8 组成，其体积分数均为 50%。空气和燃料的初始温度均为 298 K，当燃烧过程的当量比 $\boldsymbol{\Phi}$ 为 0.8 时，在燃烧完全的条件下，即燃烧产物只有 CO_2，H_2O 和 N_2，不考虑燃烧过程的离解，计算其定压燃烧的绝热火焰温度。（假设燃烧产物的比热容为定值）

1.10 CO_2 的离解是温度和压力的函数，其离解反应方程式为：$CO_2 \Longleftrightarrow CO+0.5O_2$，在初态为纯 CO_2，终态温度为 2 000 K，压力为 1 atm 时，求其达到平衡态时混合物中 CO_2，CO 和 O_2 的摩尔分数。

参考文献

［1］［美］Stephen R. Turns. 燃烧学导论：概念与应用［M］. 2 版. 姚强，李水清，王宇，等译. 北京：清华大学出版社，2009.

［2］严传俊，范玮. 燃烧学［M］. 2 版. 西安：西北工业大学出版社，2010.

［3］沈维道，郑佩芝，蒋淡安. 工程热力学［M］. 2 版. 北京：高等教育出版社，1993.

［4］曾丹苓，敖越，张新铭. 工程热力学［M］. 3 版. 北京：高等教育出版社，2002.

［5］Gordon S, McBride B J. Computer Program for Calculation of Complex Chemical Equilibrium Compositions, Rocket Performance, Incident and Reflected Shocks, and Chapman-Jouguet Detonations. NASA SP－273, 1976.

［6］Stull D R, Prophet H. JANAF Thermochemical Tables. 2nd Ed. NSRDS–NBS 37,

National Bureau of Standards, 1971.

[7] Reynolds W C. The Element Potential Method for Chemical Equilibrium Analysis: Implementation in the Interactive Program STANJAN—Department of Mechanical Engineering. Stanford University, 1986.

[8] Olikara C, Borman G L. A Computer Program for Calculating Properties of Equilibrium Combustion Products with Some Applications to I.C. Engines, SAE Paper 75－468, 1975.

[9] Industrial Heating Equipment Association, Combustion Technology Manual. 4th Ed. IHEA, Arlington, VA, 1988.

[10] Obert E F. Internal Combustion Engines and Air Pollution, Harper & Row, New York, 1973.

[11] Lefebvre A H. Gas Turbine Combustion. Taylor & Francis, Bristol, PA, 1983.

[12] Kee R J, Rupley F M, Miller J A. the Chemkin Thermodynamic Data Base, Sandia National Laboratories Report SAND87－8215 B, 1991.

[13] Moran M J, Shapiro H N. Fundamentals of Engineering Thermodynamics, Wiley, New York, 1988.

[14] Wark K Jr. Thermodynamics. 5th ED. McGraw-Hill, New York, 1988.

[15] Cengel Y A, BoIes M A. Thermodynamics: An Engineering Approach. McGraw-Hili, New York, 1989.

第 2 章
化学反应动力学

正确认识燃烧中所包含的化学反应过程，对了解燃烧机理具有十分重要的意义。在燃烧过程中，燃烧速率是由其中所包含化学反应的反应速率所决定的。因此化学反应速率对燃烧过程中的各种燃烧特性，如着火、熄火、火焰稳定及传播、污染物生成与消亡等存在着密不可分的关系。所谓化学反应动力学，是研究化学反应机理与化学反应速率的规律，并通过化学反应中反应物与生成物的化学反应关系，预测或测量相应的化学反应速率，从而得出与之相关的燃烧特性。

本章将介绍一些与燃烧相关的化学动力学基本概念，以及某些具有代表性的化学反应机理和分析方法。

2.1 总反应与基元反应

1 mol 燃料与 α mol 氧化剂发生化学反应，生成 β mol 产物的总反应可采用如下的总反应机理描述：

$$\text{Fuel}+\alpha\,\text{O}_x \longrightarrow \beta\,\text{Products} \tag{2.1}$$

式（2.1）的化学反应过程，燃料的消耗速率可表示为

$$\frac{\mathrm{d}[X_{\text{fuel}}]}{\mathrm{d}t}=-k_{\text{G}}(T)[X_{\text{fuel}}]^n[X_{\text{O}_x}]^m \tag{2.2}$$

式中：$k_{\text{G}}(T)$ 为总反应速率常数；$[X_i]$ 为反应过程中，第 i 种组分的浓度；m 和 n 分别为反应级数。式（2.2）表明：在燃烧化学反应过程中，燃料的消耗速率与反应物浓度幂次方成正比关系。此外，式（2.2）还表明：对燃料而言，燃烧反应为 n 级；对氧化剂而言，燃烧反应为 m 级；总反应为（n+m）级。m 和 n 不一定为整数，一般可采用实验方法获得。

反应机理描述了化学反应的微观过程，展现了物质从反应物转化为生成物的真实路径。在处理某些化学反应时，有时只关注生成物，而并不关注反应过程中的实际化学反应过程。例如对于如下反应：

$$H_2+Cl_2 \longrightarrow 2HCl \tag{2.3}$$

实际则包含了三个中间反应（基元反应）。基元反应又称简单反应，是指反应物粒子在反应碰撞过程中通过相互作用，直接转化为新产物的化学反应。而反应物粒子可以是分子、原子、离子及自由基等。所谓自由基是化合物在光热等外界条件作用下，其共价键断裂而形成的具

有不成对电子的原子或基团。自由基的主要特性是：化学性质活泼，存在时间短，一般具有磁性，对化学反应速率的影响较大。对于化学反应式（2.3），可用如下的基元反应表示：

基元反应 1： $$Cl_2 \longrightarrow 2Cl \tag{2.4}$$

基元反应 2： $$Cl+H_2 \longrightarrow HCl+H \tag{2.5}$$

基元反应 3： $$H+Cl_2 \longrightarrow HCl+Cl \tag{2.6}$$

以上基元反应 2 与基元反应 3 相加，便可得到总反应方程。

又如，对于如下的典型燃烧反应：

$$2H_2+O_2 \longrightarrow 2H_2O \tag{2.7}$$

该反应包含的基元反应为

基元反应 1： $$H_2+O_2 \longrightarrow HO_2+H \tag{2.8}$$

基元反应 2： $$H+O_2 \longrightarrow OH+O \tag{2.9}$$

基元反应 3： $$OH+H_2 \longrightarrow H_2O+H \tag{2.10}$$

基元反应 4： $$H+O_2+M \longrightarrow HO_2+M \tag{2.11}$$

描述一个总反应的所有基元反应为反应机理。反应机理可能包括若干基元反应；总反应方程并不能反映实际的反应过程，总反应方程只反映了参与化学反应的反应物与生成物之间的定量关系，不能代表反应机理。

2.2 质量作用定律、反应级数和反应分子数

质量作用定律，是指化学反应速率与参加化学反应的反应物浓度之间的关系，与反应物浓度幂次的乘积成正比。反应物浓度幂次则等于反应物所对应的质量化学计量数，如对于化学反应

$$\sum_{i=1}^{N} \nu_i A_i \longrightarrow \sum_{i=1}^{N} \nu'_i A_i \tag{2.12}$$

其反应速率可表示为

$$\frac{\mathrm{d}[A_i]}{\mathrm{d}t} = k_{\mathrm{f}} \prod_{i=1}^{N} \nu_i \tag{2.13}$$

式中：k_{f} 为反应速率常数。在大多数情况下，反应速率常数只与温度有关。

而反应级数 n 定义为

$$n = \sum_{i=1}^{N} \nu_i \tag{2.14}$$

反应级数反映了一定温度下，反应速率与压力之间的相互关系，反应级数与反应分子数有一定联系，反应分子数是反应物分子数目。简单反应的反应级数一般为反应分子数，一定是整数。如单分子反应为一级反应，双分子反应为二级反应。但三分子反应很少，因为三个分子碰撞到一起的概率很小，因此三级以上的反应几乎没有，而简单反应则能代表反应机理。

对于基元反应和总反应，反应级数和反应分子数两者之间是有区别的。基元反应明确表

明了化学反应的实际发生历程，反应分子数的概念则可用于解释微观反应机理。反应分子数是引起基元反应所需要的最少分子数目，也就是说，在分子碰撞中所涉及的所有组分都会在化学反应式中出现。而且在基元反应中，逆反应和正反应一样都可以进行。仅对基元反应而言，反应级数和反应分子数相同。

与之相反的是，总反应只代表主要组分（通常包括燃料、氧化剂和最稳定的燃烧产物）之间的化学计量关系，但并不代表实际的化学反应历程。总反应常涉及的化学计量系数是分数，且只出现分子组分（无活性中间体和原子），系数不是实际的反应物数目，逆反应也不能进行。如丙烷燃烧的化学方程式就具有这些特征，很显然，它也是总反应式：

$$C_3H_8+5(O_2+3.76N_2) \longrightarrow 3CO_2+4H_2O+5(3.76)N_2$$

可以看出：质量作用定律和反应分子数的概念均不适用于总反应，总反应的浓度与反应速率的关系式大多由实验或经验式确定，一般只需要对多次化学反应所测试出的浓度（在温度一定时）进行拟合，便可得出反应速率的表达式。其形式类似于质量作用定律，虽然假定总反应速率正比于组分浓度［A_i］的幂次乘积，但各组分浓度的指数是可调的。它们常常为分数甚至可能为负值，与化学计量系数之间并无任何关联，因为实际反应并不是按所表示的那样进行。在实际应用中，总反应的表观反应级数是由实验或经验数据得出的指数之和。由于依赖于实验，这些指数与表观反应级数仅适用于与实验条件相同的情形。无论对简单反应还是复杂反应，如果已知反应级数，就可以定量计算化学反应速率。若对某些复杂反应，则反应速率就不再具有上述形式，反应级数的概念也就无法得到应用了。

2.3 基元反应速率

2.3.1 分子反应与碰撞理论

由于燃烧过程所涉及的基元反应多为双分子反应，因此本节将主要介绍双分子反应。气体中，化学反应是原子和分子间发生碰撞所产生的结果。而所谓双分子反应，是指两个分子发生碰撞并由此形成另外两个不同分子的化学反应过程。双分子反应可简单表示为

$$A+B \longrightarrow C+D \tag{2.15}$$

所有双分子基元反应都是二级反应，相对于每一反应物都是一级反应。根据式（2.2），式（2.15）所表示的化学反应速率可表示为

$$\frac{d[A]}{dt}=-k_G[A][B] \tag{2.16}$$

可以用分子碰撞理论对式（2.16）进行解释。以下将讨论一种简单的情况（一对分子的碰撞频率），一个分子以恒定速度 v 运动并与一静止的分子发生碰撞，已知静止分子的直径为 σ。在 Δt 的时间间隔内，该分子所掠过的空间范围为 $\pi\sigma^2 v\Delta t$，在此空间范围内，有可能发生分子碰撞。如果静止分子以随机方式分布，其数量密度为 $\frac{n}{V}$，则运动分子在单位时间内经历的碰撞次数为 $\frac{n}{V}\pi\sigma^2 v$。

由于气体中所有的分子都处于运动状态，如果分子速度符合麦克斯韦分布，则同一特性

分子间的碰撞频率可表示为

$$Z_c = \sqrt{2}\frac{n}{V}\pi\sigma^2 v \tag{2.17}$$

如果发生碰撞的分子为两种不同性质的分子，则情况将会有所不同。如果两种不同性质的 A 分子和 B 分子发生相互碰撞，假设相互碰撞的粒子为刚性球体，其直径分别为 σ_A 和 σ_B，则有效碰撞直径 σ_{AB} 可表示为

$$\sigma_{AB} = \frac{1}{2}(\sigma_A + \sigma_B) \tag{2.18}$$

此时，单个的 A 分子与全部 B 分子的碰撞频率可表示为

$$Z_c = \sqrt{2}\frac{n_B}{V}\pi{\sigma_{AB}}^2 v_A \tag{2.19}$$

式中：$\pi\sigma_{AB}^2$ 为两种分子的碰撞面积。全部 A 分子与全部 B 分子的碰撞频率则应为单个 A 分子与全部 B 分子的碰撞频率与单位体积内 A 分子数目之乘积，此时分子速度采用两种分子速度的均方值。于是全部 A 分子与全部 B 分子的碰撞频率可表示为

$$Z_{AB} = \frac{n_A n_B}{V}\pi\sigma_{AB}^2(v_A^2 + v_B^2)^{1/2} \tag{2.20}$$

如果考虑温度对分子碰撞产生的影响，则式（2.20）可表示为

$$Z_{AB} = \frac{n_A n_B}{V}\pi\sigma_{AB}^2\left(\frac{8k_B T}{\pi m_{AB}}\right)^{1/2} \tag{2.21}$$

式中：k_B 为玻尔兹曼常数，其值为 1.381×10^{-23} J/K；$m_{AB} = \frac{m_A m_B}{m_A + m_B}$，$m_A$ 和 m_B 分别为 A 分子与 B 分子的质量，kg；T 为热力学温度，K。A 分子的浓度变化可表示为

$$\frac{d[A]}{dt} = -\left(\frac{Z_{AB}}{V}\right)PN_{AV}^{-1} \tag{2.22}$$

式中：$\frac{d[A]}{dt}$ 为化学反应速率；$\frac{Z_{AB}}{V}$ 为单位时间单位体积内 A 分子和 B 分子发生碰撞的分子数目；P 为分子碰撞所引起化学反应的可能性，而 N_{AV} 为阿佛加德罗（Avogadro）常数，其值为 $N_{AV} = 6.023\times10^{23}$，而 N_{AV}^{-1} 则代表了单位 A 分子数中所包含的 A 物质的质量。

通常分子间会产生两种类型的碰撞：一种是不会发生化学反应的碰撞，而另一种则是能发生化学反应的碰撞。不发生化学反应的碰撞中，相互碰撞的分子通过相互碰撞彼此交换能量，但化学键并未断裂。而在能发生化学反应的分子碰撞中，由于分子间相互碰撞的作用，物质的化学键发生断裂或形成了新的化学键。由于化学键断裂需要一定的能量，因此只有能量高的分子之间的碰撞才能发生化学反应。图 2.1 就直观表现了分子间碰撞引发化学反应的可能性与分子间相互碰撞能量的关系。

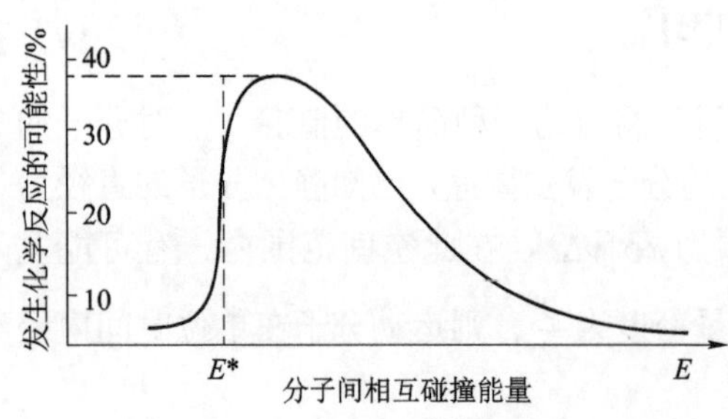

图 2.1　分子碰撞发生化学反应的可能性与分子间相互碰撞能量的关系

从图 2.1 可以看出：为了发生化学反应，分子间的相互碰撞能量必须超过一临界值 E^*。而对于分子间相互碰撞能量值小于 E^* 的分子碰撞，发生化学反应的可能性为几乎为零。但对于分子间相互碰撞能量值高于 E^* 的分子碰撞，发生化学反应的可能性则变为一常数，如图 2.1 所示。图中实线表示的是实际发生化学反应的可能性。值得注意的是：当分子间相互碰撞能量非常大时，产生化学反应的可能性反而趋于零，其原因是过高的分子间相互碰撞能量无法形成中间络合物。因为要发生化学反应，反应物首先应形成活化络合物，然后络合物再离解为反应物，或分解为产物。在分子碰撞中，只有形成活化络合物的碰撞才有可能引起化学反应。因此，过高的碰撞能量反而不利于引发化学反应。

由以上分析可以看出：分子间的相互碰撞能量是能否引发化学反应一个重要因素。发生化学反应的分子碰撞频率是以反应粒子数目表示的化学反应速率，因此可以用碰撞频率与能够克服活化能障碍的有效碰撞分数之乘积来表示。高于活化能 E_a 的碰撞分数与玻尔兹曼分布 $\exp(-E_a/R_u T)$ 有关，而 $\exp(-E_a/R_u T)$ 又称能量因子，它表示能量高于产生化学反应所需要极限条件下发生分子碰撞的比例份额。

影响化学反应速率的另外一个因素是几何因素。已有的研究结果表明：发生相互碰撞分子的运动方向对引发化学反应的可能性有显著影响。基于这种考虑，引入表示原子空间排列位置因子 p。几何因素与化学反应所形成的化学键有关，在化学反应所形成的产物中，在化学键的不同位置处，分子发生碰撞所引起的反应可能性会有明显区别，这种几何因素通常又称为位阻因子，一般认为与温度无关，其值为 $1\sim10^{-5}$。

考虑到影响化学反应的以上两种主要因素后，化学反应速率可表示为

$$\frac{\mathrm{d}[\mathrm{A}]}{\mathrm{d}t}=pN_{\mathrm{AV}}\sigma_{\mathrm{AB}}^2\left(\frac{8\pi k_{\mathrm{B}}T}{m_{\mathrm{AB}}}\right)^{1/2}\exp\left(-\frac{E_{\mathrm{a}}}{RT}\right)[\mathrm{A}][\mathrm{B}] \tag{2.23}$$

但目前现有的碰撞理论还无法确定活化能的位阻因子，需要采用活化络合物理论对其进行确定。

此外，以反应物摩尔浓度表示的反应速率又常表示为一个与温度有关的反应速率常数 $k(T)$ 和反应物组分浓度的乘积，即

$$\frac{\mathrm{d}[\mathrm{A}]}{\mathrm{d}t}=k(T)[\mathrm{A}][\mathrm{B}]$$

由上式对比式（2.23），可得

$$k(T)=pN_{\mathrm{AV}}\sigma_{\mathrm{AB}}^2\left(\frac{8\pi k_{\mathrm{B}}T}{m_{\mathrm{AB}}}\right)^{1/2}\exp\left(-\frac{E_{\mathrm{a}}}{RT}\right) \tag{2.24}$$

将式（2.24）与之前的反应速率和碰撞频率的关系式做比较，可以看出：k 与 T 的关系可表示为

$$k(T)\propto T^{1/2}\exp\left(-\frac{E_{\mathrm{a}}}{RT}\right) \tag{2.25}$$

如此的反应速率常数表达形式又称为阿累尼乌斯（Arrhenius）形式。通常与温度无关，指数因子前的组合项统称为指前因子 A，于是反应速率常数可表示为

$$k(T)=AT^{1/2}\exp\left(-\frac{E_{\mathrm{a}}}{RT}\right) \tag{2.26}$$

由式（2.26）可以看出：当活化能 E_a 很大时，反应速率与温度的 $T^{1/2}$ 关系可以忽略。一般采用 k 的对数与 $1/T$ 的阿累尼乌斯曲线整理实验数据，由此可以得到活化能的数值，该曲线的斜率为 $-E_a/R$。

目前还经常采用如下的三参数函数表示反应速率常数：

$$k(T) = AT^b \exp\left(-\frac{E_a}{RT}\right) \tag{2.27}$$

式中：A，b 和 E_a 为经验参数，表 2.1 为 Warnatz 推荐的 H_2–O_2 系统三参数相关数值。

表 2.1　H_2-O_2 反应速度系数

反应	$A/\text{cm}^3\cdot\text{mol}^{n-1}\cdot\text{s}^{-1}$	b	$E_a/(\text{kJ}\cdot\text{mol}^{-1})$	适用温度范围/K
$H+O_2 \longrightarrow OH+O$	1.2×10^{17}	–0.91	69.1	300～2 500
$OH+O \longrightarrow H+O_2$	1.8×10^{13}	0	0	300～2 500
$H_2+O \longrightarrow OH+H$	1.5×10^{7}	2.0	31.6	300～2 500
$OH+H_2 \longrightarrow H_2O+H$	1.5×10^{8}	1.6	13.8	300～2 500
$H_2O+H \longrightarrow OH+H_2$	4.6×10^{8}	1.6	77.7	300～2 500
$H_2O+O \longrightarrow OH+OH$	1.5×10^{10}	1.14	72.2	300～2 500
$H+H+M \longrightarrow H_2+M$ M=Ar（低压下） M=H_2（低压下）	 6.4×10^{17} 0.7×10^{16}	 – 1.0 – 0.6	 0 0	 300～2 500 100～5 000
$H_2+M \longrightarrow H+H+M$ M=Ar（低压下） M=H_2（低压下）	 2.2×10^{14} 8.8×10^{14}	 0 0	 402 402	 2 500～8 000 2 500～8 000
$H+OH+M \longrightarrow H_2O+M$ M=H_2O（低压下）	 1.4×10^{23}	 – 2.0	 0	 1 000～3 000
$H_2O+M \longrightarrow H+OH+M$ M=H_2O（低压下）	 1.6×10^{17}	 0	 478	 2 000～5 000

注：n 为反应级数。

例 2.1　反应 $O+H_2 \longrightarrow OH+H$ 中，已知反应温度为 2 000 K，O 的直径为 3.05 Å[①]，H_2 的直径为 2.827 Å，试求该反应的位阻因子。

解：由

$$k(T) = pN_{AV}\sigma_{AB}^2\left(\frac{8\pi k_B T}{m_{AB}}\right)^{1/2}\exp\left(-\frac{E_a}{RT}\right)$$

① 1 Å =0.1 nm。

及
$$k(T)=AT^b\exp\left(-\frac{E_a}{RT}\right)$$

可得
$$p=\frac{AT^b}{N_{AV}\sigma_{AB}^2\left(\frac{8\pi k_B T}{m_{AB}}\right)^{1/2}}$$

查表 2.1 可得：$A=1.5\times10^7\ cm^3/(mol\cdot s)$，$b=2.0$

$$\sigma_{O-H_2}=\frac{\sigma_O+\sigma_{H_2}}{2}=\frac{3.05+2.827}{2}=2.939\ \text{Å}=2.939\times10^{-8}\ (cm)$$

$$m_O=\frac{16}{6.023\times10^{23}}=2.66\times10^{-23}\ (g)$$

$$m_{H_2}=\frac{2.008}{6.023\times10^{23}}=0.332\times10^{-23}\ (g)$$

$$m_{O-H_2}=\frac{m_O m_{H_2}}{m_O+m_{H_2}}=\frac{2.66\times0.332}{2.66+0.332}\times10^{-23}=2.95\times10^{-24}\ (g)$$

$$k_B=1.381\times10^{-23}\ J/K=1.381\times10^{-16}\ g\cdot cm^3/(s^2\cdot K)$$

将以上数值代入位阻因子表达式，可得

$$p=\frac{1.5\times10^7\times2\,000^2}{6.023\times10^{23}\times\left(\frac{8\pi\times1.381\times10^{-16}\times2\,000}{2.95\times10^{-24}}\right)^{1/2}\times(2.939\times10^{-8})^2}=0.075$$

正如所预期的，位阻因子 $p=0.075$ 远小于 1，由此说明了简单碰撞理论所存在的不足。计算中，采用 CGS 单位制，计算组分质量时，采用阿佛加德罗常数。此外，$k(T)$ 的量纲与指数前因子 A 相同，因此 T^b 为量纲为 1 量。

2.3.2　基元反应类型

如前所述，能够代表反应机理并由反应微粒（分子、原子、离子和自由基等）一步实现，且无须通过中间或过渡状态的反应，称为基元反应，也称为简单反应。常见的基元反应包括单分子反应、双分子反应和三分子反应。

所谓单分子反应，是指单组分物质通过重新组合，形成一种或两种组分物质的化学反应。而双分子反应，是两组分物质通过分子碰撞并由此形成另两个不同组分物质的化学反应过程。三分子反应则是三个反应物组分，在低压时发生的单分子逆反应。

单分子反应是反应物分子的重组和分裂，且反应物为单组分的化学反应过程，可表示为

$$A\rightarrow products \tag{2.28}$$

在高压条件下，单分子反应为一级反应，此时的反应速率可表示为

$$\frac{d[A]}{dt}=-k_G[A] \tag{2.29}$$

而在低压条件下，由于反应物分子存在与任意分子发生碰撞的可能性，因此反应速率还与任意分子的浓度有关。此时，反应速率可表示为

$$\frac{d[A]}{dt}=-k_G[A][M] \tag{2.30}$$

在燃烧反应中，离解反应是典型的单分子反应，例如：

$$O_2 \longrightarrow O+O \tag{2.31}$$

$$H_2 \longrightarrow H+H \tag{2.32}$$

双分子反应是最常见的反应，其反应级数为 2，可表示为

$$A+B \longrightarrow \text{products} \tag{2.33}$$

$$A+A \longrightarrow \text{products} \tag{2.34}$$

双分子反应的化学反应速率可表示为

$$\frac{d[A]}{dt}=-k_G[A][B] \tag{2.35}$$

三分子反应可表示为

$$A+B+M \rightarrow C+M \tag{2.36}$$

其中 M 为任意分子，通常称之为第三体。三分子反应的反应级数为 3，其反应速率可表示为

$$\frac{d[A]}{dt}=-k_G[A][B][M] \tag{2.37}$$

值得注意的是，当 A 和 B 为同一组分时，式（2.37）的右侧应当乘以 2。其原因是在反应生成组分 C 的过程中，有两个 A 组分的分子消失。在自由基→自由基转化反应过程中，第三体的作用是将生成稳定组分时所释放的能量带走。在分子相互碰撞过程中，新生成的分子将其内部储存能传递至第三体。如果没有这部分能量的传递，新生成组分的分子将重新离解为其组成的基本形态（原子）。

三分子反应也可采用如下形式表示：

$$A+B+C \longrightarrow \text{products} \tag{2.38}$$

$$A+A+B \longrightarrow \text{products} \tag{2.39}$$

$$A+A+A \longrightarrow \text{products} \tag{2.40}$$

在燃烧反应中，常见的三分子反应包括

$$H+H+M \longrightarrow H_2+M \tag{2.41}$$

$$H+OH+M \longrightarrow H_2O+M \tag{2.42}$$

2.4 多步反应机理的反应速率

在确定了基元反应的反应速率后，就可以确定参与其中的一系列反应的某组分的组分变化率。例如在氧和氢发生反应生成水的总反应中，就可用以下几个基元反应来表示：

$$H_2+O_2 \longrightarrow HO_2+H \tag{2.43}$$

$$H+O_2 \longrightarrow OH+O \tag{2.44}$$

$$\mathrm{OH+H_2 \longrightarrow H_2O+H} \tag{2.45}$$

$$\mathrm{H+O_2+M \longrightarrow HO_2+M} \tag{2.46}$$

如果包括正反应和逆反应，则在如下反应中可以 $\Leftrightarrow$ 表示：

$$\mathrm{H_2+O_2} \underset{k_{r1}}{\overset{k_{f1}}{\Longleftrightarrow}} \mathrm{HO_2+H} \tag{2.47}$$

$$\mathrm{H+O_2} \underset{k_{r2}}{\overset{k_{f2}}{\Longleftrightarrow}} \mathrm{OH+O} \tag{2.48}$$

$$\mathrm{OH+H_2} \underset{k_{r3}}{\overset{k_{f3}}{\Longleftrightarrow}} \mathrm{H_2O+H} \tag{2.49}$$

$$\mathrm{H+O_2+M} \underset{k_{r4}}{\overset{k_{f4}}{\Longleftrightarrow}} \mathrm{HO_2+M} \tag{2.50}$$

式中：k_{fi} 和 k_{ri} 分别为第 i 个基元反应中的正反应和逆反应的反应速率常数。

因此，O_2 的净生成率等于每个生成 O_2 的基元反应速率之和与每个消亡 O_2 的基元反应速率之和的差值

$$\frac{\mathrm{d}[\mathrm{O_2}]}{\mathrm{d}t} = k_{r1}[\mathrm{HO_2}][\mathrm{H}] + k_{r2}[\mathrm{OH}] + k_{r4}[\mathrm{HO_2}][\mathrm{M}] + \cdots - k_{f1}[\mathrm{H_2}[[\mathrm{O_2}] - k_{f2}[\mathrm{H}][\mathrm{O_2}] - k_{f4}[\mathrm{H}][\mathrm{O_2}][\mathrm{M}] \tag{2.51}$$

对于 H 原子，其净生成率可表示为

$$\frac{\mathrm{d}[\mathrm{H}]}{\mathrm{d}t} = k_{f1}[\mathrm{H_2}][\mathrm{O_2}] + k_{r2}[\mathrm{OH}][\mathrm{O}] + k_{f3}[\mathrm{OH}][\mathrm{H_2}] + k_{r4}[\mathrm{HO_2}][\mathrm{M}] + \cdots - k_{r1}[\mathrm{HO_2}][\mathrm{H}] - k_{f2}[\mathrm{H}][\mathrm{O_2}] - k_{r3}[\mathrm{H_2O}][\mathrm{H}] - k_{f4}[\mathrm{H}][\mathrm{O_2}][\mathrm{M}] \tag{2.52}$$

对参与化学反应的每一组分，可采用相同的方法建立如上的净生成率表达式，由此构成一阶常微分方程组，通过该常微分方程组，便可描述在所给定的条件下化学反应的进程。

对于上述的常微分方程组，其物理意义为特定系统的化学反应进程，要对其进行求解，往往还需要相关的质量、动量、能量及组分状态方程，求解过程往往十分复杂，一般需要采用计算机进行数值求解。

2.5 净生成率

一般的化学反应机理可能包含多个基元反应和多个组分，采用上节的方法描述反应机理和某组分的生成率，需要采用多个方程，而且求解过程十分复杂。因此在实际中，为使用方便，可采用一种更为简洁的方法来描述。在燃烧所涉及的化学反应大多是双向进行的，即反应可以由反应物自发地到生成物，也可以由生成物自发地变回到反应物，这样的化学反应可以表示为

$$\sum_{j=1}^{N} \nu_{ji} A_j \underset{k_r}{\overset{k_f}{\Longleftrightarrow}} \sum_{j=1}^{N} \nu'_{ji} A_j \tag{2.53}$$

式中：ν_{ji} 和 ν'_{ji} 为 j 组分在第 i 个反应中，反应方程式中反应物和生成物的质量化学计量数，

可采用如下关系式更简洁地表达某组分在多步反应中的净生产率：

$$\dot{\omega}=\sum_{i=1}^{N}(\nu'_{ji}-\nu_{ji})q_i\,,\quad j=1,2,\cdots,N \tag{2.54}$$

$$q_i=k_{\mathrm{f}i}\prod_{j=1}^{N}[A_j]^{\nu_{ji}}-k_{\mathrm{r}i}\prod_{j=1}^{N}[A_j]^{\nu'_{ji}} \tag{2.55}$$

通过式（2.55）便可以确定某个基元反应的组分变化率，式中的符号 $\prod$ 为同向反应项的乘积。以 O_2 和 H 原子的生成率式（2.51）和式（2.52）为例，对于反应式（2.47），其生成率可表示为

$$\begin{aligned}q_i=&k_{\mathrm{f}1}[O_2]^1[H_2]^1[H_2O]^0[HO_2]^0[O]^0[H]^0[OH]^0[M]^0-\\&k_{\mathrm{r}1}[O_2]^0[H_2]^0[H_2O]^0[HO_2]^1[O]^0[H]^1[OH]^0[M]^0=k_{\mathrm{f}1}[O_2][H_2]-k_{\mathrm{r}1}[HO_2][H]\end{aligned} \tag{2.56}$$

对于其他反应，如 $i=2,3,4$，则可采用类似的方法写出相对应的表达式，并进行相加。无论在第 i 步骤第 j 组分是生成、消耗还是未参与反应，在计算中都应将其计入，由此便可得到完整的生成总速率表达式。

2.6 反应速率常数与平衡常数

基元反应的反应速率常数往往很难通过实验进行测量，即便可以通过实验测量，其结果也会存在很大的误差，并因此造成结果的不准确性。值得注意的是，在所谓的平衡条件下，即可逆化学反应中，正反应的反应速率与逆反应的反应速率相等时，可以采用热力学方法准确地确定反应速率。在如下的可逆反应中：

$$a\mathrm{A}+b\mathrm{B}+\cdots\underset{k_\mathrm{r}}{\overset{k_\mathrm{f}}{\Longleftrightarrow}}c\mathrm{C}+d\mathrm{D}+\cdots \tag{2.57}$$

对于反应物 A，其反应速率可表示为

$$\frac{\mathrm{d}[\mathrm{A}]}{\mathrm{d}t}=-k_\mathrm{f}[\mathrm{A}][\mathrm{B}]-(-k_\mathrm{r}[\mathrm{C}][\mathrm{D}])=-k_\mathrm{f}[\mathrm{A}][\mathrm{B}]+k_\mathrm{r}[\mathrm{C}][\mathrm{D}] \tag{2.58}$$

在平衡条件下，反应方程变为

$$a\mathrm{A}+b\mathrm{B}+\cdots=c\mathrm{C}+d\mathrm{D}+\cdots \tag{2.59}$$

此时，[A]，[B]，[C]，[D] 的时间变化率均为零。对于组分 A，有

$$\frac{\mathrm{d}[\mathrm{A}]}{\mathrm{d}t}=-k_\mathrm{f}[\mathrm{A}]^a[\mathrm{B}]^b\cdots+k_\mathrm{r}[\mathrm{C}]^c[\mathrm{D}]^d\cdots=0 \tag{2.60}$$

$$\frac{k_\mathrm{f}}{k_\mathrm{r}}=\frac{[\mathrm{C}]^c[\mathrm{D}]^d\cdots}{[\mathrm{A}]^a[\mathrm{B}]^b\cdots}=K_\mathrm{c} \tag{2.61}$$

根据之前章节中所定义的基于分压力的反应平衡常数，有

$$K_\mathrm{p}=\frac{\left(\dfrac{p_\mathrm{C}}{p^0}\right)^c\left(\dfrac{p_\mathrm{D}}{p^0}\right)^d\cdots}{\left(\dfrac{p_\mathrm{A}}{p^0}\right)^a\left(\dfrac{p_\mathrm{B}}{p^0}\right)^b\cdots} \tag{2.62}$$

式（2.62）中的指数为质量化学计量数，$\nu_i = a, b, \cdots$ 及 $\nu_i' = c, d, \cdots$；根据组分浓度与物质的量及分压力间的关系，有

$$[X_i] = x_i\, p_i/(RT) \tag{2.63}$$

于是，基于浓度的反应平衡常数 K_c 和基于压力的反应平衡常数 K_p 间的关系可表示为

$$K_p = K_c(RT/p^0)^{\sum\nu_i - \sum\nu_i'} = K_c(RT/p^0)^{c+d+\cdots-(a+b+\cdots)} \tag{2.64}$$

双分子反应中，$K_p = K_c$。因此，正反应速率常数、逆反应速率常数、平衡常数三参数中，只要已知其中的两个参数，第三个参数便可根据上述的关系式求得。

例 2.2　已知反应 $NO + O \longrightarrow N + O_2$ 中，反应速率常数与温度的关系可表示为

$$k_f = 3.8\times10^9 T\exp\left(-\frac{20\,820}{T}\right)[\mathrm{cm^3/(mol\cdot s)}]$$

试求该反应的逆反应 $N + O_2 \longrightarrow NO + O$ 在 2 300 K 时的反应速率常数 k_r。

解：该反应为双分子反应，因而有

$$K_c = K_p = \frac{k_f}{k_r}$$

由之前章节中 K_p 和吉布斯自由能的关系，可得

$$K_p = \exp\left(-\frac{\Delta G_T^0}{RT}\right)$$

$$\Delta G^0_{2\,300\mathrm{K}} = (\bar{g}^0_{f,N} + \bar{g}^0_{f,O_2} - \bar{g}^0_{f,NO} - \bar{g}^0_{f,O})_{2\,300\mathrm{K}} = 326\,331 + 0 - 61\,243 - 101\,627 = 163\,461\ (\mathrm{kJ/kmol})$$

由此，

$$K_p = \exp\left(-\frac{163\,461}{8.315\times2\,300}\right) = 1.94\times10^{-4}$$

因此，该反应在温度为 2 300 K 时的正反应速率常数为

$$k_f = 3.8\times10^9\times2\,300\exp\left(-\frac{20\,820}{2\,300}\right) = 1.024\times10^9\ [\mathrm{cm^3/(mol\cdot s)}]$$

所以，逆反应速率常数为

$$k_r = \frac{k_f}{K_p} = \frac{1.024\times10^9}{1.94\times10^{-4}} = 5.28\times10^{12}\ [\mathrm{cm^3/(mol\cdot s)}]$$

2.7　动力学近似

在燃烧所涉及的某些化学反应中，往往会形成高反应性的中间产物。在这样的系列化学反应中，可采用各种动力学近似的方法确定化学反应速率，以简化总反应过程，进而减少分析及计算所需的工作量。本节将介绍准稳态近似和局部平衡近似两种近似分析方法。

2.7.1　准稳态近似

准稳态近似（QSS）法是定义反应速率变化规律常用的方法，这种方法具有简单、可靠的特点，因为该方法在反应速率表达式中消除了难以测量的活性链载体浓度。

应当注意的是，QSS 法仅适用于反应中的组分，而不是某一特定反应。因为任何组分的净生成率 $d[X]/dt$，都可表示为不同反应的反应速率之和。QSS 法近似要求净积累项的数值要比该组分的生成与消耗速率小。在燃烧所涉及的化学反应中，由于会形成高反应性的中间产物，这些中间产物在经历了初期的快速增长后，其生成与消耗速率趋于相等，因此，它只适用于同时存在的两个或更多的反应。通常情况下，只适用于浓度很小的链载体，即由一个缓慢的吸热反应生成，而由快速的中性或放热反应消耗掉。如氮氧化物形成的 Zeldovich 机理中，高反应性中间产物为 N 原子。此时，该反应序列中 N 原子净生成速率可由如下反应中得出：

$$O+N_2 \xrightarrow{k_1} NO+N \tag{2.65}$$

$$N+O_2 \xrightarrow{k_2} NO+O \tag{2.66}$$

此时，N 原子净反应速率可表示为

$$\frac{d[N]}{dt} = k_1[O][N_2] - k_2[N][O_2] \tag{2.67}$$

反应过程中，在经历了一个浓度的快速增长期后，N 原子的浓度很快变得很小。此时可采用 QSS，即令 $d[N]/dt = 0$，由此便可以确定氮原子的稳定浓度。从此分析中可以看出：从数学原理上讲，QSS 的作用是将一种组分的浓度表示为其他相关变量（浓度）的函数，其直接结果是从反应方程中消去了一个反应速率方程，使求解过程变得更加便捷。由式（2.67）可得

$$[N]_{ss} = \frac{k_1[O][N_2]}{k_2[O_2]} \tag{2.68}$$

采用 QSS 并不意味着准稳态浓度 $[N]_{ss}$ 与时间无关，因为它牵涉其他几种与时间有关的浓度，并按以上变化规律进行快速自我调整。需要注意的是：化学动力学中有多个时间尺度，在活性中间体的积累期，QSS 不适用，通过稳态浓度和活性中间体的生成速率可预测此感应时间，其依据是在活性中间体的浓度很低时，消耗速率可忽略不计。例如对于以上的氮原子反应系统，对式（2.68）进行积分，可得

$$\int_0^{[N]_{ss}} d[N] = \int_0^{t_{感应}} k_1[N_2][O]dt = \int_0^{t_{感应}} \frac{1}{k_2[O_2]}dt$$

于是有

$$t_{感应} = \frac{[N]_{ss}}{k_1[N_2][O]} = (k_2[O_2])^{-1} \tag{2.69}$$

此后，当活性中间体浓度达到稳定状态，并具有很低数值时，QSS 则意味着准稳态浓度 $[N]_{ss}$ 的变化发生在感应时间 $t_{感应}$ 之后。此时，整个反应过程中，中间体浓度变化 $d[N]/dt$ 可以忽略。

QSS 的不足之处是很难进行验证的。对简单反应机理，稳态浓度可以与分析解的精确值进行比较，但对于复杂反应机理，计算过程很复杂。但采用 QSS 后，便可依据由实验验证得到的复杂机理模式，导出其中某些组分的反应速率变化规律的确定形式，这也正是 QSS 得以广泛应用的一个重要原因。

例 2.3 如下 Zeldovich 反应机理中：

$$O+N_2 \xrightarrow{k_1} NO+N$$

$$N+O_2 \xrightarrow{k_2} NO+O$$

因为第二个反应要比第一个反应快很多，所以可采用 QSS 方法来计算 N 原子浓度。此外，由于在高温条件下，NO 生成反应要比涉及 O_2 和 O 的反应慢得多，因此可以认为 O_2 和 O 之间处于平衡状态。

$$O_2 \overset{K_p}{\Longleftrightarrow} 2O$$

构造一个如下的总反应机理：

$$N_2+O_2 \xrightarrow{k_G} 2NO$$

$$\frac{d[NO]}{dt} = -k_G[N_2]^m[O_2]^n$$

试根据详细反应机理，利用基元反应速率常数确定 k_G 及所对应指数 m 和 n 的数值。

解：根据基元反应及质量作用定律，有如下关系式：

$$\frac{d[NO]}{dt} = k_1[N_2][O] + k_2[N][O_2]$$

$$\frac{d[N]}{dt} = k_1[N_2][O] - k_2[N][O_2]$$

忽略逆反应速率，并由稳态假设 $\frac{d[N]}{dt} = 0$，可得

$$[N]_{ss} = \frac{k_1[N_2][O]}{k_2[O_2]}$$

将 $[N]_{ss}$ 表达式代入 $\frac{d[NO]}{dt}$ 表达式，可得

$$\frac{d[NO]}{dt} = k_1[N_2][O] + k_2[O_2]\frac{k_1[N_2][O]}{k_2[O_2]} = 2k_1[N_2][O]$$

根据化学平衡近似，即 O_2 和 O 间处于平衡状态的假设消去［O］

$$K_p = \frac{(p_O/p^0)^2}{p_{O_2}/p^0} = \frac{p_O^2}{p_{O_2}p^0} = \frac{[O]^2(RT)^2}{[O_2](RT)p^0} = \frac{[O]^2(RT)}{[O_2]p^0}$$

整理得

$$[O] = \left(\frac{K_p p^0}{RT}[O_2]\right)^{1/2}$$

于是有

$$\frac{d[NO]}{dt} = 2k_1[N_2]\left(\frac{K_p p^0}{RT}[O_2]\right)^{1/2}$$

根据总反应机理，可得

$$k_G = 2k_1\left(\frac{K_p p^0}{RT}\right)^{1/2}$$

对比所构造的总反应机理，可得：m=1，n=1/2。

某些情况下，需要了解总化学反应机理，但详细动力学机理无法作为已知条件采用。通

过本例可以说明：总化学反应机理参数可从已知的基元反应机理推导中得出，由此也为通过测量总化学反应参数验证基元化学反应机理提供了可能性。

应当注意的是，例 2.3 中总反应机理只适用于［NO］形成的初始速率，此时忽略了逆反应。但当［NO］浓度增大时，逆反应将不能被忽略。

例 2.4　将空气加热，使其温度升至 2 500 K，压力升至 3 atm，利用例 2.3 结论计算：（1）NO 的初始生成速率；（2）反应开始 0.25 ms 时 NO 的生成量。

已知反应速率常数：$k_1 = 1.82\times10^{14}\exp\left(-\dfrac{38\,370}{T}\right)\ [\mathrm{cm^3/(mol\bullet s)}]$

解：（1）由例 2.3 可得 $\dfrac{\mathrm{d[NO]}}{\mathrm{d}t} = 2k_1[\mathrm{N_2}]\left(\dfrac{K_\mathrm{p}p^0}{RT}[\mathrm{O_2}]\right)^{1/2}$

χ_{NO} 和 χ_{O} 在反应初始阶段很小，可忽略，因此有

$$\chi_{\mathrm{N_2}} = \chi_{\mathrm{N_2},i} = 0.79\text{，}\quad \chi_{\mathrm{O_2}} = \chi_{\mathrm{O_2},i} = 0.21$$

将以上摩尔分数转换为相应的摩尔浓度，于是有

$$[\mathrm{N_2}] = \chi_{\mathrm{N_2}}\frac{p}{RT} = 0.79\times\frac{3\times101\,325}{8\,315\times2\,500} = 1.155\times10^{-2}\ (\mathrm{kmol/m^3})$$

$$[\mathrm{O_2}] = \chi_{\mathrm{O_2}}\frac{p}{RT} = 0.21\times\frac{3\times101\,325}{8\,315\times2\,500} = 3.071\times10^{-3}\ (\mathrm{kmol/m^3})$$

根据已知条件，可计算反应速率常数

$$k_1 = 1.82\times10^{14}\exp\left(-\frac{38\,370}{2\,500}\right) = 3.93\times10^{7}\ [\mathrm{cm^3/(mol\bullet s)}] = 3.93\times10^{4}\ [\mathrm{m^3/(kmol\bullet s)}]$$

采用吉布斯函数计算平衡常数

$$\Delta G_\mathrm{T}^0 = (2\times\overline{g}_{\mathrm{f,O}}^0 - 1\times\overline{g}_{\mathrm{f,O_2}}^0)_{2\,500\mathrm{K}} = 2\times88\,203 - 1\times0 = 176\,406\ (\mathrm{kJ/kmol})\text{（查附表）}$$

又由 $K_\mathrm{p} = \dfrac{p_\mathrm{O}^2}{p_{\mathrm{O_2}}p^0} = \exp\left(-\dfrac{\Delta G_\mathrm{T}^0}{RT}\right)$，可得

$$K_\mathrm{p}p^0 = \exp\left(-\frac{176\,406}{8.315\times2\,500}\right)\times1 = 2.063\times10^{-4}\ \mathrm{atm} = 20.9\times10^{-3}\,\mathrm{kPa}$$

根据 $\dfrac{\mathrm{d[NO]}}{\mathrm{d}t} = 2k_1[\mathrm{N_2}]\left(\dfrac{K_\mathrm{p}p^0}{RT}[\mathrm{O_2}]\right)^{1/2}$，可得

$$\frac{\mathrm{d[NO]}}{\mathrm{d}t} = 2\times3.93\times10^{4}\times1.155\times10^{-2}\times\left(\frac{20.9}{8\,315\times2\,500}\times3.071\times10^{-3}\right)^{1/2}$$

$$= 0.050\,5\ [\mathrm{kmol/(m^3\bullet s)}]$$

可将其换算成 ppm，根据

$$\frac{\mathrm{d}\chi_{\mathrm{NO}}}{\mathrm{d}t} = \frac{RT}{p}\frac{\mathrm{d[NO]}}{\mathrm{d}t} = \frac{8\,315\times2\,500}{3\times101\,325}\times0.050\,5 = 3.45\ [(\mathrm{kmol/kmol})/\mathrm{s}] = 3.45\times10^{6}\ (\mathrm{ppm/s})$$

（2）假定从反应开始到 0.25 ms 期间，N_2 和 O_2 浓度变化可忽略不计，同时逆反应也可忽

略，可直接对 $\frac{d\chi_{NO}}{dt}$ 或 $\frac{d[NO]}{dt}$ 进行积分求解：

$$\int_0^{[NO](t)} d[NO] = \int_0^t k_G[N_2][O_2]^{1/2} dt$$

因此有

$$[NO]t = k_G[N_2][O_2]^{1/2} t = 0.0505 \times 0.25 \times 10^{-3} = 1.263 \times 10^{-5} \text{ (kmol/m}^3\text{)}$$

$$\chi_{NO} = [NO]\frac{RT}{p} = 1.263 \times 10^{-5} \times \left(\frac{8315 \times 2500}{3 \times 101325}\right) = 8.64 \times 10^{-4} \text{ (kmol/kmol)} = 864 \text{ ppm}$$

可采用以上计算结果所得 NO 值和逆反应速率检查 Zeldovich 反应机理中逆反应的重要性，并以此确定本例第 2 部分计算的有效性。

2.7.2　单分子反应机理

上节中，没有涉及压力对单分子反应的影响。本节将讨论压力对反应的影响，考虑如下三步机理：

$$A + M \xrightarrow{k_1} A^{\bullet} + M \tag{2.70}$$

$$A^{\bullet} + M \xrightarrow{k_2} A + M \tag{2.71}$$

$$A^{\bullet} \xrightarrow{k_3} \text{products} \tag{2.72}$$

如上的反应过程可具体描述如下：

首先，A 分子先与第三体 M 发生碰撞［式（2.70）］，A 分子从 M 分子中获得了部分能量（动能），使其自身的内部储存能增加。发生碰撞后，有部分 A 分子由于获取了能量而被激活，由于具有较高的内部储存能，这部分被激活的 A 分子标记为 $A^{\bullet}$。A 分子被激活后，其内部储存能要么在被激活的逆过程中转化为动能［式（2.71）］，要么被激活的 A 分子 $A^{\bullet}$ 发生逃逸而发生单分子反应［式（2.72）］。

在这样的反应中，生成物的生成速率可表示为

$$\frac{d[\text{products}]}{dt} = k_3[A^{\bullet}] \tag{2.73}$$

采用准稳态近似假设，便可计算出 $A^{\bullet}$ 的净生成率，其表达式为

$$\frac{d[A^{\bullet}]}{dt} = k_1[A][M] - k_2[A^{\bullet}][M] - k_3[A^{\bullet}] \tag{2.74}$$

根据准稳态近似假设，在经历了一个快速短暂的过渡期后，被激活的 A 分子 $A^{\bullet}$ 将达到稳定状态，即 $\frac{d[A^{\bullet}]}{dt} = 0$，据此有

$$[A^{\bullet}] = \frac{k_1[A][M]}{k_2[M] + k_3} \tag{2.75}$$

将式（2.75）代入式（2.73），可得

$$\frac{d[\text{products}]}{dt} = \frac{k_1 k_3[A][M]}{k_2[M] + k_3} = \frac{k_1[A][M]}{(k_2/k_3)[M] + 1} \tag{2.76}$$

对于总反应 $A \xrightarrow{k_4} \text{products}$，有

$$-\frac{d[A]}{dt}=\frac{d[\text{products}]}{dt}=k_4[A] \tag{2.77}$$

式（2.77）中的 k_4 为单分子反应的表观反应速率常数，联立式（2.76）和式（2.77），可以得到总反应的表观反应速率常数

$$k_4=\frac{k_1[M]}{(k_2/k_3)[M]+1} \tag{2.78}$$

通过式（2.78），可以分析压力对单分子反应的影响。当压力增加时，第三体浓度［M］增加。从数学上分析，当压力很高时，$(k_2/k_3)[M]+1=(k_2/k_3)[M]$，因此式（2.78）中第三体浓度［M］的影响在式中便可消除，于是有

$$\underset{p\to\infty}{k_4}=\frac{k_3k_1}{k_2} \tag{2.79}$$

当压力很低时，

$$\underset{p\to 0}{k_4}=k_1[M] \tag{2.80}$$

由以上分析可以明显看出在极限压力条件下反应速率的变化规律。

2.7.3 链式反应和链式分支反应

一个自由基组分生成物连续反应形成另外一个自由基，新生成的自由基又继续反应形成另一个自由基，这样的反应过程称之为链式反应。但链式反应过程并不会无休止进行下去，当两个自由基形成稳定的生成物后，反应也将随之中断，即所谓的链中断。

就化学反应原理而言，在链式反应开始时，稳定的反应物分解形成了高度活泼的中间产物；从分子结构来看，这些中间产物在外层轨道上有不成对的电子分布，因而具有很强的反应性。因此，链式反应的传播可以看成为一个活性链载体的重新组合，并形成稳定的分子和一个新的活性链载体的全过程。

可以通过如下的链式反应说明链式反应的某些特征，如氢和氯结合的总反应可表示为

$$H_2+Cl_2 \longrightarrow 2HCl \tag{2.81}$$

其反应机理为

$$Cl_2+M \xrightarrow{k_1} Cl+Cl+M \tag{2.82}$$

$$Cl+H_2 \xrightarrow{k_2} HCl+H \tag{2.83}$$

$$H+Cl_2 \xrightarrow{k_3} HCl+Cl \tag{2.84}$$

$$Cl+Cl+M \xrightarrow{k_4} Cl_2+M \tag{2.85}$$

其中式（2.82）为链激发反应，而式（2.83）、式（2.84）为中间产物 H 和 Cl 的链传播反应，式（2.85）则为链终止反应。

在反应初期，产物 HCl 的浓度很低，在反应过程中，H 和 Cl 的浓度也很低，逆反应可忽略。因此，稳定组分的反应速率可表示为

$$\frac{d[Cl_2]}{dt}=-k_1[Cl_2][M]-k_3[Cl_2][H] \tag{2.86}$$

$$\frac{\mathrm{d}[H_2]}{\mathrm{d}t} = -k_2[H_2][Cl] \tag{2.87}$$

$$\frac{\mathrm{d}[HCl]}{\mathrm{d}t} = k_2[Cl][H_2] + k_3[H][Cl_2] \tag{2.88}$$

对于中间产物 H 和 Cl，可以采用准稳态近似方法，于是有

$$\frac{\mathrm{d}[Cl]}{\mathrm{d}t} = 2k_1[Cl_2][M] - k_2[Cl][H_2] + k_3[H][Cl_2] - 2k_4[Cl]^2[M] = 0 \tag{2.89}$$

$$\frac{\mathrm{d}[H]}{\mathrm{d}t} = k_2[Cl][H_2] - k_3[H][Cl_2] = 0 \tag{2.90}$$

$$\frac{\mathrm{d}[HCl]}{\mathrm{d}t} = k_2[Cl][H_2] + k_3[H][Cl_2] \tag{2.91}$$

由式（2.90）可得

$$[H] = \frac{k_2[Cl][H_2]}{k_3[Cl_2]} \tag{2.92}$$

将式（2.92）代入式（2.91），可得

$$\frac{\mathrm{d}[HCl]}{\mathrm{d}t} = 2k_2[Cl][H_2] \tag{2.93}$$

将式（2.90）代入式（2.89），可得

$$k_4[Cl]^2 = k_1[Cl_2]$$

于是有

$$[Cl] = \left(\frac{k_1}{k_4}[Cl_2]\right)^{1/2} \tag{2.94}$$

将式（2.94）代入式（2.93），可得

$$\frac{\mathrm{d}[HCl]}{\mathrm{d}t} = 2k_2\left(\frac{k_1}{k_4}[Cl_2]\right)^{1/2}[H_2] \tag{2.95}$$

通过以上分析可以发现：HCl 的形成过程可以用反应物 H_2 和 Cl_2 的浓度变化表示。尽管反应方程是一组常微分方程，但无法获得解析解；如果采用准稳态假设，则仍可获得结果。

消耗一个自由基形成两个自由基的反应被称为链式分支反应，如以下反应：

$$O + H_2O \longrightarrow OH + OH$$

这是一个典型的链式分支反应。在有链式分支反应存在的反应系统中，自由基的浓度可能增长很快，甚至以几何级数的形式增长。因此，产物也会在很短时间内形成。在有链式分支反应的反应系统中，总反应速率并不取决于链激发反应速率；在链分支反应过程中，自由基反应速率占主导地位。

2.7.4　化学特征时间尺度

从时间角度分析化学反应过程，可使我们更加深入细致地了解反应机理。与流体对流及混合时间尺度的作用相类似，化学特征时间尺度在反应数量级分析中起着十分重要的作用。本节将讨论各种基元反应的化学特征时间尺度。

在单分子反应中，化学反应速率可表示为

$$-\frac{\mathrm{d[A]}}{\mathrm{d}t}=\frac{\mathrm{d[products]}}{\mathrm{d}t}=k_4[\mathrm{A}] \tag{2.96}$$

对式（2.96）进行积分可得 $$[\mathrm{A}]=[\mathrm{A}]_{t=0}\exp(-k_4 t) \tag{2.97}$$

借助物理学电路分析中的方法，并参考电阻－电容电路中特征时间的定义，可以定义化学反应中的时间尺度 τ_{che}，其物理意义为：在反应中，反应物 A 组分的浓度降至反应开始时浓度（初值）的 $1/\mathrm{e}$ 所需时间。非常有趣的是，这一定义与传热学非稳态导热集总参数法中的时间常数定义也相类似。

如此有 $$k_4\tau_{\mathrm{che}}=1\Rightarrow\tau_{\mathrm{che}}=1/k_4 \tag{2.98}$$

式（2.98）说明，如果已知单分子反应的速率常数，就可确定其化学时间尺度。

对于双分子反应，如

$$\mathrm{A}+\mathrm{B}\xrightarrow{k_{\mathrm{f}}}\mathrm{C}+\mathrm{D}$$

其反应速率表达式为

$$\frac{\mathrm{d[A]}}{\mathrm{d}t}=-k_{\mathrm{f}}[\mathrm{A}][\mathrm{B}] \tag{2.99}$$

可以看出：式（2.99）建立了 A 组分和 B 组分浓度间的相互关系。因此 A 组分和 B 组分的变化是一一对应的，两者存在相互关联的关系，于是

$$[\mathrm{A}]_{t=0}-[\mathrm{A}]=[\mathrm{B}]_{t=0}-[\mathrm{B}] \tag{2.100}$$

于是有

$$[\mathrm{B}]=[\mathrm{B}]_{t=0}+[\mathrm{A}]-[\mathrm{A}]_{t=0}$$

将上式代入式（2.99），并积分，可得

$$\frac{[\mathrm{A}]}{[\mathrm{B}]}=\frac{[\mathrm{A}]_{t=0}}{[\mathrm{B}]_{t=0}}\exp[([\mathrm{A}]_{t=0}-[\mathrm{B}]_{t=0})k_4 t] \tag{2.101}$$

将式（2.100）代入式（2.101），并根据时间尺度的定义，可得

$$\tau_{\mathrm{che}}=\frac{\ln[\mathrm{e}+(1-\mathrm{e})([\mathrm{A}]_{t=0}/[\mathrm{B}]_{t=0})]}{([\mathrm{B}]_{t=0}-[\mathrm{A}]_{t=0})k_4} \tag{2.102}$$

作为特殊情况，当两种反应反应物的浓度有较大差别时，如 $[\mathrm{B}]_{t=0}\gg[\mathrm{A}]_{t=0}$ 时，该反应的时间常数变为

$$\tau_{\mathrm{che}}=\frac{1}{[\mathrm{B}]_{t=0}k_4} \tag{2.103}$$

可以看出：对于双分子反应，其特征时间尺度取决于反应物初始浓度和反应速率常数。

类似地，对于如下三分子反应：

$$\mathrm{A}+\mathrm{B}+\mathrm{M}\longrightarrow\mathrm{C}+\mathrm{M} \tag{2.104}$$

在某些特殊条件下，为方便起见，可适当进行简化处理。如对于恒温反应系统，第三体浓度［M］为常数，此时有

$$\frac{\mathrm{d[A]}}{\mathrm{d}t}=-k_{\mathrm{G}}[\mathrm{A}][\mathrm{B}][\mathrm{M}] \tag{2.105}$$

由于［M］为常数，式（2.105）实质上与双分子反应速率表达式相同。如需计算此时的三分子反应时间尺度，只需将 $k_G[M]$ 替代双分子反应中的 k_4 即可，将 $k_4 = k_G[M]$ 代入双分子反应时间尺度表达式（2.102），可得

$$\tau_{che} = \frac{\ln[e+(1-e)([A]_{t=0}/[B]_{t=0})]}{([B]_{t=0}-[A]_{t=0})k_G[M]} \tag{2.106}$$

同样，当两种反应的反应物浓度有较大差别时，如 $[B]_{t=0} >> [A]_{t=0}$ 时，三分子反应的时间常数就变为

$$\tau_{che} = \frac{1}{[B]_{t=0}k_G[M]} \tag{2.107}$$

例 2.5　已知反应 $CH_4+OH \longrightarrow CH_3+H_2O$ 中，其反应速率常数与温度的关系可表示为 $k=10^{-8}T^{1.6}\exp(-1\,570/T)$ [cm^3 / (mol • s)]，CH_4 摩尔分数 $\chi_{CH_4}=2.012\times10^{-4}$，OH 摩尔分数 $\chi_{OH}=1.818\times10^{-4}$，反应系统压力为 1 atm。试计算该反应在 1 344 K 时的化学特征时间。

解： 首先通过摩尔分数求出反应物浓度：

$$[CH_4]=\chi_{CH_4}\frac{p}{R_uT}=2.012\times10^{-4}\times\frac{101\,325}{8\,315\times1\,344}=1.824\times10^{-6}\ (\text{kmol/m}^3)$$

$$[OH]=\chi_{OH}\frac{p}{R_uT}=1.818\times10^{-4}\times\frac{101\,325}{8\,315\times1\,344}=1.648\times10^{-6}\ (\text{kmol/m}^3)$$

反应速率常数为

$$k=10^{-8}\times1\,334^{1.6}\exp(-1\,507/1\,344)=3.15\times10^{12}\ [\text{cm}^3/(\text{mol}\bullet\text{s})]$$

由此可得化学特征时间为

$$\tau_{che}=\frac{\ln\left[e-(e-1)\times\frac{[OH]}{[CH_4]}\right]}{([CH_4]-[OH])k}=\frac{\ln\left(2.718-1.718\times\frac{1.648\times10^{-6}}{1.824\times10^{-6}}\right)}{(1.824\times10^{-6}-1.648\times10^{-6})\times3.15\times10^{12}}=2.8\times10^{-4}\ (\text{s})$$

2.7.5　局部平衡近似

燃烧从反应开始，在经历了链载体总数增加、稳定过程后，达到最终放热阶段。而分析方法上，可以在反应初期应用 QSS 法分析反应机理，但其只适合于比感应期更长的时间历程中。而在燃烧过程所涉及的化学反应中，还包括了快速反应和慢速反应，在一定条件下，作为近似，也可将快速反应作为平衡态处理，而无须了解其所涉及的反应速率方程，这种方法称之为局部平衡（PE）法。

与 QSS 适用于特定组分不同的是，局部平衡可能与反应机理中的一个或几个反应有关。局部平衡说明反应中正反应与逆反应速率相等，从而达到化学平衡。如对以下反应：

$$H_2+O_2 \underset{k_r}{\overset{k_f}{\Longleftrightarrow}} HO_2+H \tag{2.108}$$

当达到化学平衡时

$$k_f[H_2][O_2]=k_r[HO_2][H] \tag{2.109}$$

因此有

$$K_p = \frac{k_f}{k_r} = \frac{[HO_2][H]}{[H_2][O_2]} \tag{2.110}$$

当局部平衡适用时，无论整个系统是否达到平衡，或达到局部平衡反应中的某个组分，如以上反应中的H_2和H，无论彼此间是否达到平衡，这一结论将一直成立。局部平衡将系统中各组分浓度进行相互关联。从数学上讲，局部平衡假设替代了一个速率方程；当各步反应达到平衡时，加入关系式的数目等于达到平衡的反应数目。

实际反应中，局部平衡反应中的组分也会参加一些相对缓慢且远未达到平衡的反应，但由于这些反应进行非常缓慢，平衡反应能很快补偿这些缓慢变化，因而能够快速恢复局部平衡。

无论是局部平衡还是准稳态平衡假设，在分析化学反应中所起的作用相类似，其结果也相同。其数学意义是可以用代数方程确定自由基浓度，而无须求解常微分方程。但两种假设的物理意义却完全不同，准稳态假设的前提是一个或多个组分的净生成率为零，而局部平衡假设的前提则是一个或一组反应方程处于平衡。

习　题

2.1　总反应与基元反应的区别与联系是什么？

2.2　碰撞理论的基本思想是什么？

2.3　基元反应的基本类型有哪些？

2.4　反应级数和反应分子数的区别是什么？

2.5　动力学近似基本思想及适用范围是什么？

2.6　化学特征时间的物理意义是什么？

2.7　链锁反应的机理是什么？

2.8　局部平衡和准稳态平衡的区别是什么？

2.9　已知在反应$CH_4+M \underset{k_r}{\overset{k_f}{\Longleftrightarrow}} CH_3+H+M$中，逆反应的反应速率常数表达式为$k_r = 2.82\times 10^5 T\exp\left(-\frac{9\,835}{T}\right)$。求正反应速率常数$k_f$。

2.10　在反应$CO+O_2 \longrightarrow CO_2+O$中，初始温度为2 000 K，压力为1 atm，同时有CO 1 000 ppm，O_2 3%，其余为N_2。$k_f = 2.5\times10^{12}\exp\left(-\frac{47\,800}{RT}\right)$，其中$k_f$单位为$cm^3/(mol \cdot s)$，$E_a$的单位为cal/mol。求CO消耗90%所需的时间。

2.11　在以下一组基元反应中，正逆反应均考虑：

$$\begin{cases} \text{i.} & CO+O_2 \Longleftrightarrow CO_2+O \\ \text{ii.} & O+H_2O \Longleftrightarrow OH+OH \\ \text{iii.} & CO+OH \Longleftrightarrow CO_2+H \\ \text{iv.} & H+O_2 \Longleftrightarrow OH+O \end{cases}$$

根据这一反应机理确定系统的化学反应进程需要多少个反应速率方程。

2.12　H_2和Br_2反应生成稳定的产物HBr，其反应机理为

$$\begin{cases} \text{i.} & M+Br_2 \longrightarrow Br+Br+M \\ \text{ii.} & M+Br+Br \longrightarrow Br_2+M \\ \text{iii.} & Br+H_2 \longrightarrow HBr+H \\ \text{iv.} & H+HBr \longrightarrow Br+H_2 \end{cases}$$

求：（1）判断各基元反应类型，并指出其在链式反应中的作用。

（2）Br 原子反应速率表达式。

（3）氢原子浓度表达式。

2.13 高温氮氧化物生成的反应机理如下：

$$\text{i.} \quad O+N_2 \xrightarrow{k_1} NO+N$$

$$\text{ii.} \quad N+O_2 \xrightarrow{k_2} NO+O$$

求：（1）NO 和 N 浓度变化率。

（2）当 N 原子处于稳态时，且 O，O_2 和 N_2 处于平衡浓度，忽略逆反应条件下，NO 的浓度变化率。

（3）N 原子稳态浓度。

2.14 已知：$CO+OH \xrightarrow{k} CO_2+H$ 反应中，$k = 1.17 \times 10^7 T \exp(3\,000 / RT)$ $[\text{cm}^3/(\text{mol} \cdot \text{s})]$，$R = 8.315\ \text{J/(mol} \cdot \text{K)}$，CO 的摩尔分数为 0.011，OH 的摩尔分数为 0.003 68。试计算该反应的特征时间。

参 考 文 献

［1］Benson S W. The Foundations of Chemical Kinetics. McGraw-Hill, New York, 1960.

［2］Kuo K K. Principles of Combustion. John Wiley & Sons, 1986.

［3］Penner S S. Chemistry Problems in Jet Propulsion. Pergamon, London-Paris, 1957.

［4］［美］Stephen R Turns. 燃烧学导论：概念与应用［M］. 2 版. 姚强，李水清，王宇，等译. 北京：清华大学出版社，2009.

［5］严传俊，范玮. 燃烧学［M］. 2 版. 西安：西北工业大学出版社，2010.

第3章 预混气体着火理论

掌握着火过程的基本规律，认清各种因素对着火过程的影响，对解决实际工程燃烧装置在不利燃烧条件下的可靠着火问题，以及有火灾隐患区域的火灾防治和灭火问题有重要作用。

按着火方式的不同，预混气体的着火可分为自燃着火和点燃着火。自燃着火是预混气体在无外界热源条件下，自身依靠一定温度和压力（浓度）下的氧化反应自动加速到预混气体整体发生爆炸状态。例如一些煤田地区的地下火现象，就是由于煤的自燃形成的。点燃着火是在有外界热源条件下，先使预混气体的局部反应速度急剧加速达到局部的着火状态，然后再通过火焰传播使周围未燃的预混气体着火，实现全面燃烧。实际工程装置中的燃烧，都采用点燃着火方式。

根据化学反应机制的不同，着火分为热着火机理和链式反应着火机理。热着火机理是由于预混气体自身氧化反应放出的热量大于系统向周围环境散失的热量，使系统的热量积累并引起系统温度不断升高，促使反应急剧加速达到爆炸状态。链式反应着火机理是由于预混气体自身在分支链式反应中活性中心增加的速率大于活性中心销毁的速率，使系统活性中心浓度不断升高，促使链式反应急剧加速达到爆炸状态。这两种机理代表两种极限情况，在大部分实际工程燃烧装置中，热着火和链式着火这两种机制同时存在。

3.1 热着火机理

3.1.1 闭口系统着火机理

1. 着火机理分析

热着火模型中燃料和氧化剂的混合物的爆炸特性可用混合物的能量平衡来解释。图 3.1 所示为热着火模型的一种简单描述，假设燃烧过程中燃烧装置与外界没有物质交换，体积为 V，表面积为 S 的封闭反应容器内装有燃料和氧化剂均匀混合的预混气体，预混气体的温度（T）均匀分布，均相预混气体氧化反应自动加速导致着火。在反应过程中，容器壁面温度恒定不变，始终保持初始温度 T；反应气体与容器壁面之间的换热系数 h_s 保持不变。反应容器内预混气体的能量方程为

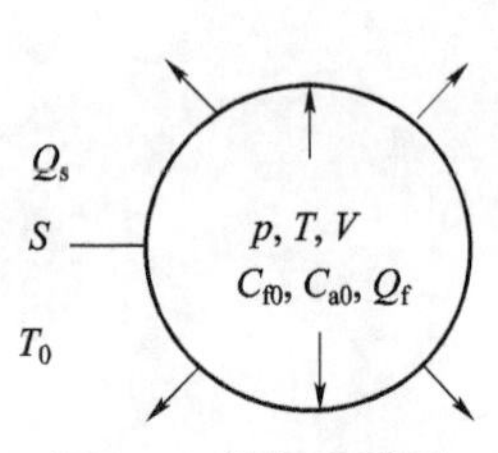

图 3.1 热着火模型

$$\rho c_V V \frac{\mathrm{d}T}{\mathrm{d}t} = q_r V - h_s (T - T_0)$$

即　　　　　反应容器内气体能量的变化=预混气反应放热量 − 系统的热损失

式中：ρ 为预混气密度；c_V 为比定容热容；q_r 为反应热。

系统中单位体积预混气体在单位时间内反应所放出的热量为

$$\dot{q}_r = QW = Qk_0 \exp(-E/R_u T) C_f^a C_a^b \tag{3.1}$$

式中：Q 为燃料气体的反应热；W 为预混气体的反应速度；k_0 为反应速度常数的指前因子；E 为气体的活化能；R_u 为通用气体常数；T 为容器内反应气体温度；C_f 和 C_a 分别为燃料及空气的浓度。对于确定的预混气体，Q，k_0，E 以及 a 和 b 都是常量。C_f 和 C_a 取决于容器内预混气体的压力和空燃比。在其他变量固定时，$\dot{q}_r = f(T)$ 是一条指数函数曲线。

系统中单位体积预混气体在单位时间内所生成的燃烧产物向容器壁的散热量 $\dot{q}_l$ 可利用牛顿冷却公式计算得到：

$$\dot{q}_l = \frac{h_s(T-T_0)S}{V} = f\left(\frac{h_s S}{V}, T, T_0\right) \tag{3.2}$$

在其他变量固定时，$\dot{q}_l = f(T)$ 是一条直线。系统是否发生着火取决于预混气体反应放热量和系统散热量的相对大小。

对于一定的反应物浓度和确定的 $\frac{h_s S}{V}$，可画出 $\dot{q}_r$ 和 $\dot{q}_l$ 关于反应物温度 T 的曲线，如图 3.2 所示。

对于容器壁温度 $T_0 = T_{03}$，$\dot{q}_r > \dot{q}_l$，着火总会发生。

对于容器壁温度 $T_0 = T_{01}$，$\dot{q}_r$ 和 $\dot{q}_l$ 相交于 A、B 两点。A 点处于缓慢氧化状态的低温稳定点，在反应气体温度低于 T_A 时，系统反应放热量 $\dot{q}_r$ 大于散热量 $\dot{q}_l$，气体温度升高；在反应气体温度高于 T_A 时，系统反应放热量 $\dot{q}_r$ 小于散热量 $\dot{q}_l$，气体温度降低，最终稳定在 A 点，系统不能自动加速升温达到着火状态。B 点为亚稳定点，温度向下扰动导致系统变成缓慢反应状态，稳定在 A 点；温度向上扰动导致系统反应加速，进入爆炸状态。系统不能自发地从初始状态到达 B 点，该点不属于热自燃着火范畴。

对于容器壁温度 $T_0 = T_{02}$，$\dot{q}_r$ 和 $\dot{q}_l$ 相切于 C 点，是介于上述两种情况的分界线，T_{02} 是着火能够发生的最低容器壁温度，T_c 定义为系统的临界着火条件，即热着火临界热力条件为

$$\dot{q}_r = \dot{q}_l, \quad \frac{d\dot{q}_r}{dT} = \frac{d\dot{q}_l}{dT} \tag{3.3}$$

如图 3.3 所示，散热量增加，可导致熄火。

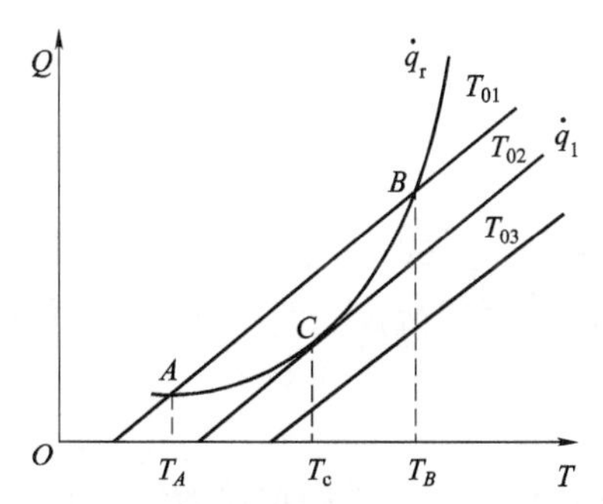

图 3.2　不同容器壁温度下热着火分析

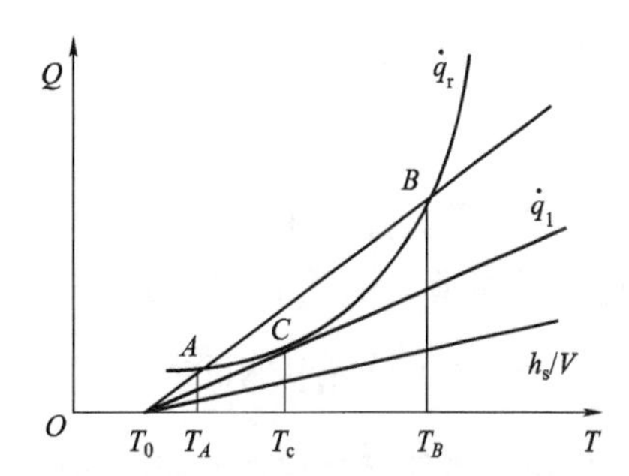

图 3.3　散热强度增加对热着火的影响

2. 着火温度讨论

以上对着火温度进行了定性讨论，临界着火条件下有两个温度，临界壁温 T_{0c} 和临界 T_c 着火温度。下面根据临界着火条件对这两个温度进行定量分析和讨论。

由着火临界条件可得

$$\dot{q}_r = \dot{q}\big|_{T=T_c} \tag{3.4}$$

$$\frac{d\dot{q}_r}{dT} = \frac{d\dot{q}_l}{dT}\bigg|_{T=T_c} \tag{3.5}$$

代入 $\dot{q}_r$ 和 $\dot{q}_l$ 的表达式，由 $\dot{q}_r = \dot{q}\big|_{T=T_c}$ 得到

$$Qk_0 C_f^a C_a^b \exp\left(-\frac{E}{RT_c}\right) = \frac{h_s S}{V}(T_c - T_{0c}) \tag{3.6}$$

由 $\frac{d\dot{q}_r}{dT} = \frac{d\dot{q}_l}{dT}\bigg|_{T=T_c}$ 可得

$$Qk_0 C_f^a C_a^b \exp\left(-\frac{E}{RT_c}\right)\frac{E}{RT_c^{\ 2}} = \frac{h_s S}{V} \tag{3.7}$$

联合式（3.6）和式（3.7）得

$$\frac{R}{E}T_c^2 + T_c + T_{0c} = 0 \tag{3.8}$$

解式（3.8）二次方程，根据实验经验舍去不合理的解，可得

$$T_c = \frac{E}{2R}\left(1 - \sqrt{1 - \frac{4RT_{0c}}{E}}\right) \tag{3.9}$$

对典型的碳氢燃料，一般 $T_{0c} \ll \frac{E}{R}$，按幂级数展开式（3.9），取前三项：

$$\left(1 - \frac{4RT_{0c}}{E}\right)^{1/2} \approx 1 - \frac{2RT_{0c}}{E} - 2\left(\frac{2RT_{0c}}{E}\right)^2$$

得近似关系式

$$T_c \approx T_{0c} + \frac{RT_{0c}^{\ 2}}{E} \tag{3.10}$$

由于 $T_{0c} \ll \frac{E}{R}$，可得到

$$T_c \approx T_{0c} \tag{3.11}$$

因此，临界着火温度在临界着火条件下约等于壁温。工程上允许用可容易测量的临界壁面温度 T_{0c} 来代替着火温度 T_c 的数值，这不但使实验测试方便易行，而且具有可靠的精度。

3.1.2 开口系统着火机理

实际燃烧室中的燃烧过程是在流动过程中完成的，反应气体不断地流入燃烧室，同时燃烧产物又不断地流出燃烧室。开口系统中的着火问题与闭口系统中的着火问题有所不同。闭

口系统着火理论认为，一旦满足着火条件后，系统内燃烧过程就能进行到底。开口系统着火理论则强调，反应条件和流动条件改变时，稳定的着火工况会发生变化，甚至会由着火工况变为熄火工况。

1. 分析模型和量纲为 1 的参数

在开口系统着火分析时采用的是均匀搅拌绝热燃烧模型，如图 3.4 所示，并进行如下假设：

图 3.4　开口系统

（1）进入燃烧室时气体的温度为 T_0，燃料浓度为 C_0；

（2）由于湍流作用，燃烧室内反应气体的温度场和浓度场处处均匀；

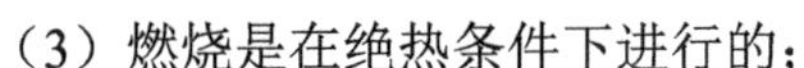

（3）燃烧是在绝热条件下进行的；

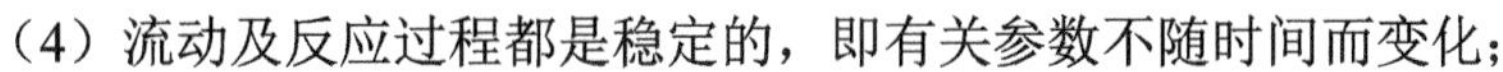

（4）流动及反应过程都是稳定的，即有关参数不随时间而变化；

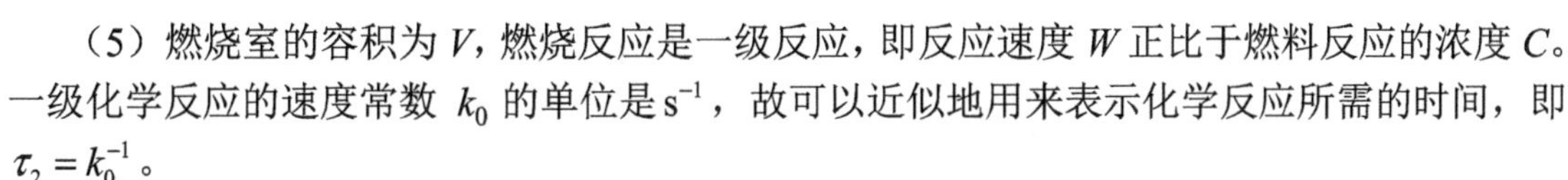

（5）燃烧室的容积为 V，燃烧反应是一级反应，即反应速度 W 正比于燃料反应的浓度 C。一级化学反应的速度常数 k_0 的单位是 s^{-1}，故可以近似地用来表示化学反应所需的时间，即 $\tau_2 = k_0^{-1}$。

为便于分析，引入下列量纲为 1 的参数。

1）燃烧完全系数（或称为量纲为 1 的发热率）

$$\phi_1 = \frac{C_0 - C}{C_0} = \frac{q(C_0 - C)}{qC_0} = 1 - \frac{C}{C_0} \leqslant 1 \tag{3.12}$$

式中：C 为燃烧室出口及燃烧室中燃料的体积浓度；C_0 为燃烧室进口处燃料气的体积浓度。

$$\phi_1 = \frac{q(C_0 - C)}{qC_0} = \frac{\text{实际的燃烧发热量}}{\text{完全燃烧的发热量}} \leqslant 1$$

$\phi_1 = 0$，意味着没有着火；$\phi_1 = 1$，意味着完全燃烧。

2）量纲为 1 的温度 θ

量纲为 1 的温度定义为

$$\theta = \frac{R_u T}{E} \tag{3.13}$$

式中：R_u 为通用气体常数；E 为燃烧反应的活化能；T 为燃烧室中反应气体的绝对温度。

3）量纲为 1 的时间 τ

量纲为 1 的时间 τ 定义为

$$\tau = \frac{\tau_1}{\tau_2} \tag{3.14}$$

式中：τ_1 为气体在燃烧室内停留的时间；τ_2 为燃烧反应所需的时间。

4）量纲为 1 的内部换热率

量纲为 1 的内部换热率是指单位体积内燃烧产物的实际热量与单位体积内燃料气的发热量之比，即

$$\phi_2 = \frac{c_P(T - T_0)}{qC_0} = \frac{c_P E(\theta - \theta_0)}{qRC_0} \tag{3.15}$$

式中：c_p 为燃烧气体产物的平均比定压热容；q 为燃气的发热量。

$\phi_2=0$，意味着没有着火；$\phi_2=1$，意味着完全燃烧。

2. 稳定燃烧的条件

燃烧室单位容积内反应的发热量为

$$\dot{q}_{\mathrm{r}}=k_0\exp\left(-\frac{E}{RT}\right)c_p=W_{\mathrm{q}}=\frac{C_0-C}{\tau_1}q \tag{3.16}$$

燃烧室单位容积内燃烧产物的热量可表示为

$$\dot{q}_{\mathrm{p}}=\frac{c_p(T-T_0)}{\tau_1}=\frac{\phi_2 qC_0}{\tau_1} \tag{3.17}$$

代入 $k_0=1/\tau_2$ 后，由式（3.16）可得

$$\frac{C_0-C}{C}=\frac{\tau_1}{\tau_2}\exp\left(-\frac{1}{\theta}\right)=\frac{\tau}{\exp\left(\frac{1}{\theta}\right)} \tag{3.16a}$$

由式（3.12）燃烧完全系数定义式可得

$$\frac{C_0-C}{C}=\frac{C_0}{C}-1=\frac{\phi_1}{1-\phi_1} \tag{3.12a}$$

联合式（3.16a）和式（3.12a）得

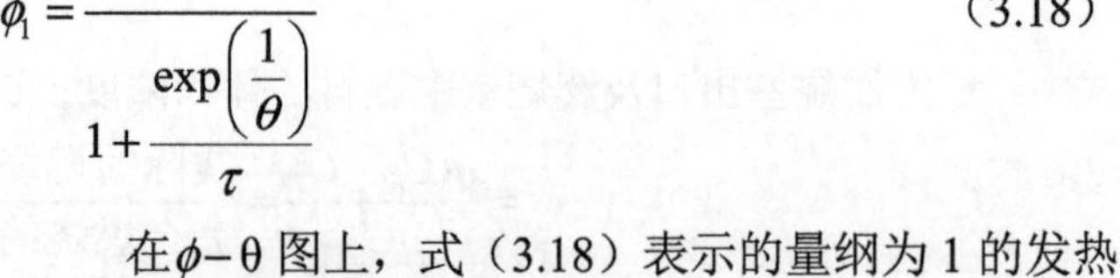

$$\phi_1=\frac{1}{1+\dfrac{\exp\left(\frac{1}{\theta}\right)}{\tau}} \tag{3.18}$$

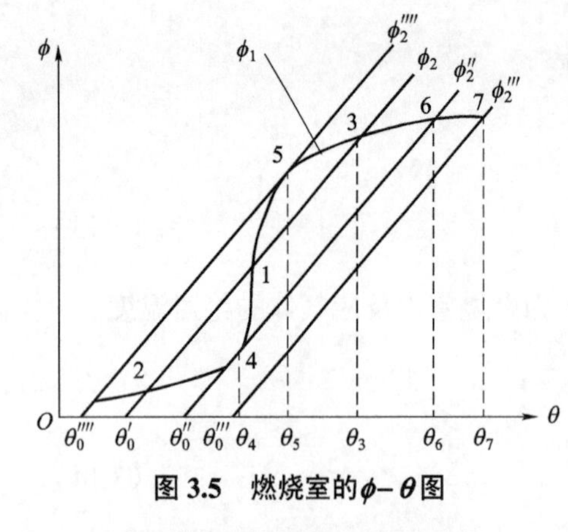

图 3.5　燃烧室的 $\phi-\theta$ 图

在 $\phi-\theta$ 图上，式（3.18）表示的量纲为 1 的发热率是一条具有拐点的函数曲线，如图 3.5 所示。当量纲为 1 的时间 τ 增加时，曲线 ϕ_1 向左上方移动。

由式（3.15）量纲为 1 的内部换热率可得

$$\phi_2=\frac{c_p(T-T_0)}{qC_0}=\frac{c_pE}{qC_0R}(\theta-\theta_0)$$

在 $\phi-\theta$ 图上，式（3.15）表示的量纲为 1 的发热率是一条直线。当量纲为 1 的初始温度 θ_0 增加时，曲线 ϕ_2 向右下方移动。

对于开口系统是否稳定燃烧取决于量纲为 1 的发热率和量纲为 1 的内部换热率的相对大小。

稳定燃烧时，在 $\phi-\theta$ 图上应该满足 $\phi_1=\phi_2$ 条件。图 3.5 中的 3，6，7 各点都是高温稳定工作点。燃烧室进口初温 θ_0 越高，稳定工作的燃烧室温度就越高。图中因 θ_0' 较小，θ_0''' 最大，故有 $\theta_3<\theta_6<\theta_7$。由图中还可看出，初温 θ_0 提高，燃烧室内的完全燃烧程度（量纲为 1 的数 ϕ_1）也有所提高。

图 3.5 中 1 点不是稳定燃烧工况，在该点，当温度略有升高时，ϕ_1 比 ϕ_2 增长更快，稳定点向 3 点移动；当温度略有降低时，ϕ_1 比 ϕ_2 下降更快。稳定点向 4 点和 2 点方向移动。2 点

是低温稳定工作点，这时预混气尚未着火燃烧，仅处于低温氧化反应中。4 点是 ϕ_1 和 ϕ_2'' 的下切点。此时恰满足燃烧室着火临界条件。在 $\phi-\theta$ 图上，燃烧室着火临界条件（熄火条件）为

$$\phi_1=\phi_2=\phi，\quad \frac{\mathrm{d}\phi_1}{\mathrm{d}\theta}=\frac{\mathrm{d}\phi_2}{\mathrm{d}\theta}=\frac{\mathrm{d}\phi}{\mathrm{d}\theta} \tag{3.19}$$

图 3.5 中 5 点也满足式（3.19）的条件，它是 ϕ_1 和 ϕ_2'''' 的上切点。但是它不是临界着火点，而是临界熄火点。在 ϕ_1 固定时，当 ϕ_2 的初温大于 θ_0'''' 时，燃烧室处于稳定着火状态；当 ϕ_2 的初温小于 θ_0'''' 时，燃烧室处于熄火状态。由图中还可以看出，当 ϕ_2 与 ϕ_1 相切于下切点（凹向上时），燃烧室处于临界着火状态，燃烧室温度大于临界着火温度时，燃烧室处于稳定着火工况。

在初始温度 $\theta_0=\theta_0''''$ 时，只要燃烧室温度小于临界熄火温度，燃烧室就处于熄火工况。

3. 影响燃烧室高温稳定工作点的主要因素

影响燃烧室高温稳定工作点的主要因素除燃烧室入口初始温度 θ_0、初始浓度 C_0 外还有燃料的发热量、时间、系统与环境的散热量。下面在 $\phi-\theta$ 坐标图上进一步说明。

1）燃料发热量

由式（3.16）可知，燃料发热量 q 对内部换热率线 ϕ_2 的斜率有影响。如图 3.6 所示，燃料发热量增大，ϕ_2 的斜率变小。在其他条件固定不变时，q 增大使高温稳定工作点向右上方移动。如 q 大，则 $\mathrm{d}\phi/\mathrm{d}\theta$ 小，燃烧室稳定工作的温度 θ 就较高，燃烧完全度 ϕ_1 也较高。

2）量纲为 1 的时间

由式（3.18）可知，量纲为 1 的时间 τ 增大时，发热率 ϕ_1 的值有所增加，即燃烧完全度较高。其原因是预混气体在燃烧室停留时间越长，或化学反应时间越短，对提高燃烧完全程度越有利。如图 3.7 所示，τ 增大时曲线 ϕ_1 变陡，向左方移动。

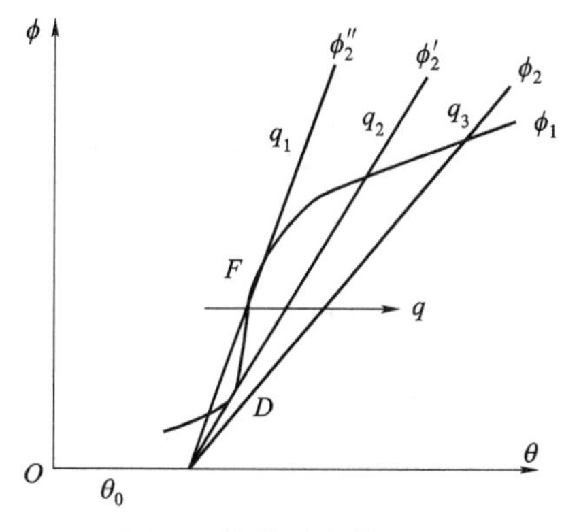

图 3.6　热量发热量的影响

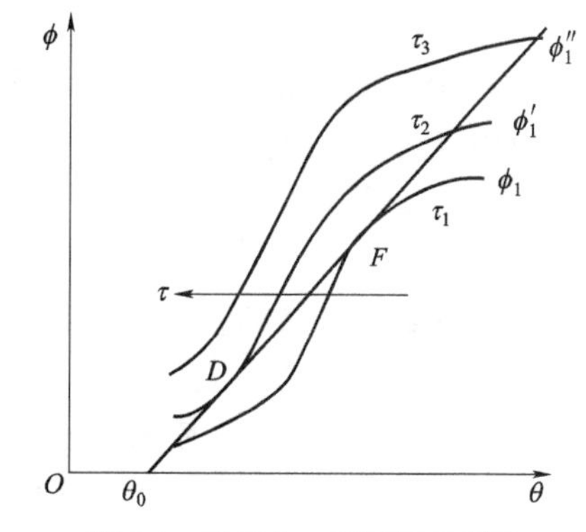

图 3.7　量纲为 1 的时间的影响

3）烟气循环倍率

在燃烧室中常将部分高温燃烧烟气循环加入到初始混合气中，以提高初始温度 θ_0。这使燃烧室的内部换热率 ϕ_2 线的斜率改变。烟气循环倍率 a 是指循环烟气量与进口新鲜混气量之比。a 值越大，ϕ_2 线的斜率越大。由图 3.8 可看出，提高循环倍率 a 时，ϕ_2 线变陡，这使得在出现工作点偏移时，ϕ_1 与 ϕ_2 的差值变大，有利于燃烧工况的稳定。

4）散热损失的影响

实际燃烧过程，燃烧室通过燃烧室壁与外界有热量交换，当考虑燃烧室壁与气体之间有换热时，换热线 ϕ_2 不再是直线，而是变成曲线。在固定不变的燃烧室温度 θ 条件下，换热率

ϕ_2 将更大。火焰向燃烧区外的辐射换热系数 K 越大，燃烧室高温稳定点的温度 θ 就越低，燃烧完全度系数 ϕ_1 也越低，如图 3.9 所示。

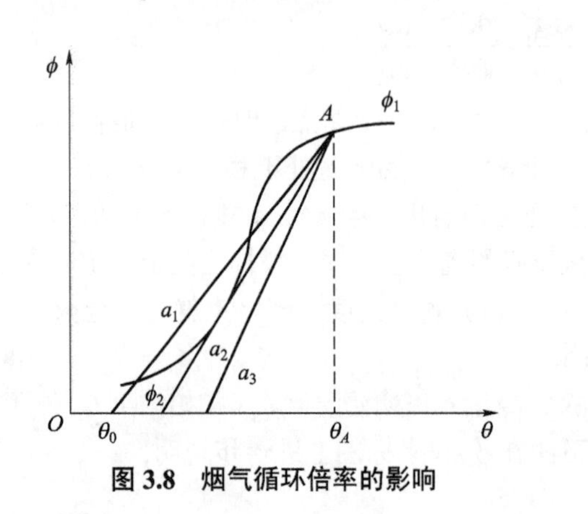

图 3.8　烟气循环倍率的影响

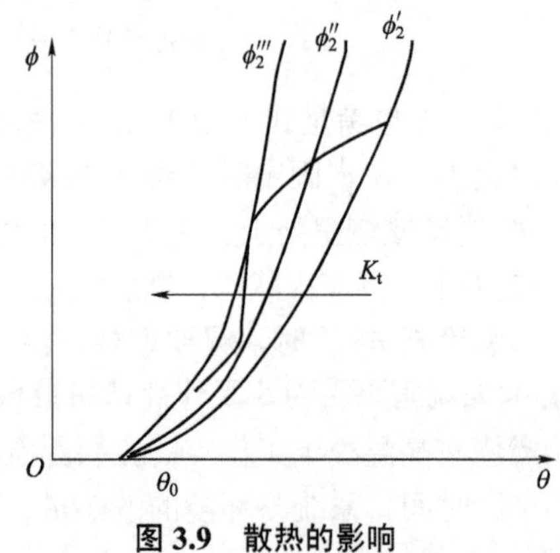

图 3.9　散热的影响

3.1.3　着火界限

在一定的实验条件下，预混气体的空燃比必须保持在一定浓度范围内才能着火。这种预混气体能够发生着火的燃料浓度范围，称为燃料的着火界限。着火界限可以用预混气内燃料的质量浓度 C_f 来表示，也可以用摩尔（体积）浓度 X_f 来表示。如将预混气体看作理想气体，则采用以上两种浓度单位的着火浓度界限（着火极限）值的关系为

$$C_{fi}=\frac{p_{fi}}{RT_c}=\frac{X_{fi}p_i}{RT_c} \tag{3.20}$$

式中：p_{fi} 为燃气分压力；p_i 为混合气总压力。

着火界限内有两个极限值，用 X_{f1}，C_{f1} 和 X_{f2}，C_{f2} 表示。其中 X_{f1} 和 C_{f1} 浓度最低，称为下限；X_{f2} 和 C_{f2} 最高，称为上限。

为了形象地说明不同热力状态下可燃气体的着火极限，也可以用状态参数和浓度的坐标图来分析。图 3.10 给出了临界着火温度 T_c 与临界着火压力 p_c 的关系线。当燃料性质与散热强度固定时，T_c 与 p_c 一一对应。当温度为 T_{c_1} 时，其对应压力为 p_{c_1}，着火发生。$T_{c_1}(T_{0.c1})$ 高，对应的 p_c 就低。反之，p_c 就高，对应的 $T_{c_1}(T_{0.c1})$ 也低。

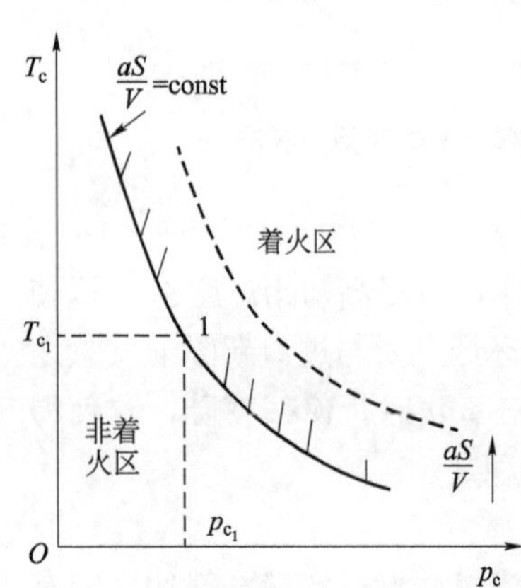

图 3.10　预混气 T_c-p_c 关系曲线

图 3.11 给出了压力和散热强度固定时，不同温度下的着火界限。图 3.12 给出了温度和散热强度固定时，不同压力下的着火界限。由图 3.11 和图 3.12 可看出，当压力或温度固定时，预混气体仅在一定范围内才能着火，这个范围就是着火界限。预混气体在此浓度内为着火区，否则为非着火区。在一定的温度（或压力）下，若预混气体因可燃气体浓度太低，即便有点火源，也不会着火。若预混气体氧化剂气体的浓度太低，也不能着火。但是，这种浓度高的预混气体一旦从容器中扩散到大气中，遇到点火源就会因补充了新空气而发生燃烧。由此可见，着火界限是燃烧技术和消防工作中的一个

重要参数。

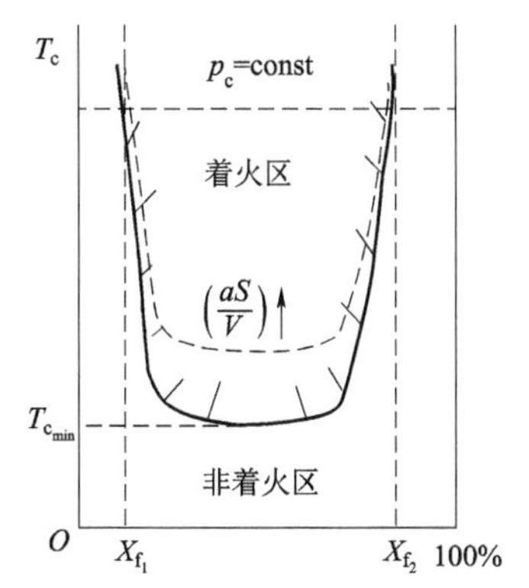

图 3.11　预混气体 T_c 与 X_f 的关系曲线

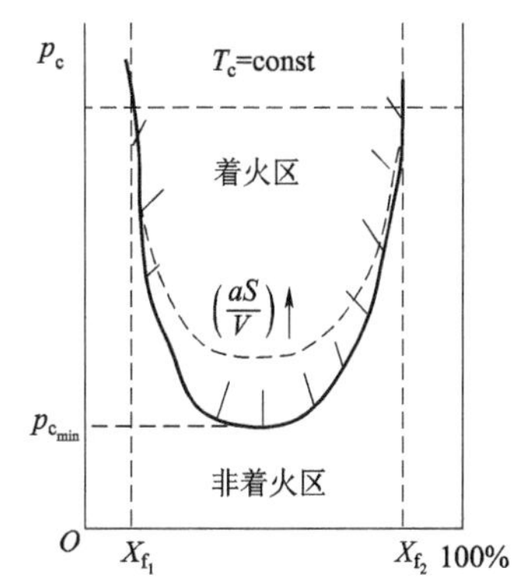

图 3.12　预混气体 p_c 与 X_f 的关系曲线

图 3.11 表明，在压力和散热强度固定时，有一个最小的临界着火温度 $T_{c_{min}}$，预混气体温度低于此值就不能着火。图 3.12 表明，在温度和散热强度固定时，有一个最小的着火压力 $p_{c_{min}}$，预混气体低于此压力时也不能着火。因此说，预混气体只有同时满足一定压力、温度和燃料浓度时才能着火。

当压力固定时，预混气体的着火浓度范围 $(\Delta X_f = X_{f_2} - X_{f_1})$ 随温度 $T_c(T_0)$ 的降低而缩小，在较低的温度下 ΔX_f 缩小更明显。同样地，当温度固定时，预混气体的着火浓度范围 $(\Delta X_f = X_{f_2} - X_{f_1})$ 随压力的降低而缩小，在较低压力下 ΔX_f 缩小更明显。反之，在较高的温度和压力下，预混气体的着火浓度范围 $(\Delta X_f = X_{f_2} - X_{f_1})$ 较宽。在其他条件固定时，（aS/V）增大，着火区变小；反之，（aS/V）减小，着火区变大。

3.2　链式反应着火机理

3.2.1　链式反应着火临界条件

链式反应着火的实质在于反应的初始阶段活化中心的浓度急剧增长，从而使反应速度自动加速到爆炸状态。为了简单说明链式反应着火的概念，我们假定反应是一个等温反应过程。链式反应过程如图 3.13 所示。

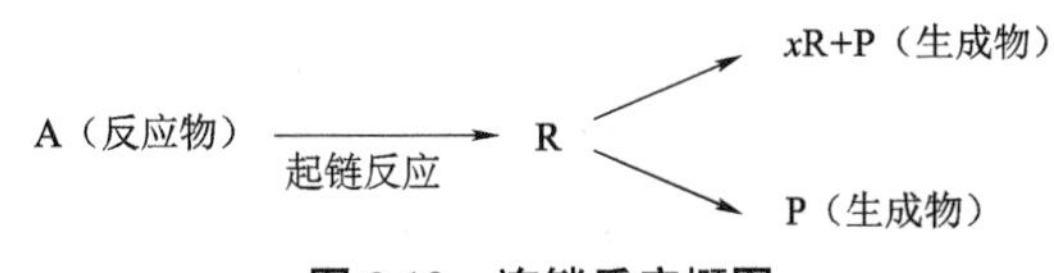

图 3.13　连锁反应概图

R 代表活性中心（如 H，O 或 OH 基），A 代表反应物，P 代表生成物。x 是在链分支/传递过程中产生的活性中心的数目。有两种可能的终止反应，一种是三级气相终止反应，另一种是一级终止反应。活性中心的浓度随时间的变化率决定了整个反应的特性。在等温反应条件下，链式反应中活性中心增长速度高于活性中心销毁（由于链中断）速度，从而活性中心不断增殖最终达到着火状态；活性中心增长的速度低于活性中心销毁的速度，活性中心数量不断减少，始终达不到着火状态；活性中心增长与活性中心销毁的速度相等，这时处于着火的临界状态，即链式反应着火的临界条件。

设链式反应的动力学机制可由下列一组反应式来描述：

链激发反应：$A \xrightarrow{k_1} R$

链分支/传递反应：$A + R \xrightarrow{k_2} P + xR$

链的终止反应：$R + A + M \xrightarrow{k_3} P$，$R \xrightarrow{k_4} M$(壁面)

反应过程中，活性中心浓度［R］随时间的变化率为

$$\frac{d[R]}{d\tau} = k_1[A] + (x-1)k_2[R][A] - k_3[R][A][M] - k_4[R] \tag{3.21}$$

一般链激发反应的速度远远小于链传递的速度，在忽略第一项起链反应速度 $k_1[A]$ 时，式（3.21）变为

$$\frac{d[R]}{d\tau} = (x-1)k_2[R][A] - k_3[R][A][M] - k_4[R] \tag{3.22}$$

在临界条件着火条件时，活性中心的生产率等于消除率，着火的临界关系式为

$$(x-1)k_2[A] = k_3[A][M] + k_4 \tag{3.23}$$

注意，式（3.23）只适用于单类低浓度的活性中心链分支反应，当活性中心浓度较大时，以上稳态假定可能不成立。

3.2.2 链式反应着火界限

实验研究表明，分支链式反应的着火界限 $p_c \sim T_c$ 曲线的形状，与热着火界限 $p_c \sim T_c$ 曲线的形状不同，呈半岛形。图 3.14 所示为氢氧混合气的链式反应着火界限图。该图表明，在一定温度下，氢氧混合气有三个临界着火压力 p_{ca}, p_{cb}, p_{cd}。例如，在 500 ℃附近，当混合气压力在 4 000 mmHg[①]以上时，会出现着火。这可以用热着火理论加以解释。而当混合气压力在 5～80 mmHg 范围内时，也会出现着火，这则不能用热着火理论加以解释。图中 $d-n-c$ 曲线是着火边界线，称为第三着火界限；$n-b-m-a$ 曲线呈半岛形状，称为第一着火界限和第二着火界限，属于分支链式反应着火界限。它们构成一个低压区，这种在很低压力下出现的自然着火区，在 $p_c \sim T_c$ 坐标图上呈半岛图形，称为着火半岛现象。一氧化碳与氧气混合物也有类似的实验结果。对于丙烷、氧气混合物，实验表明在相同的着火压力下，有三个临界着火温度 t_{ca}, t_{cb}, t_{cd}，也有三条着火界线。

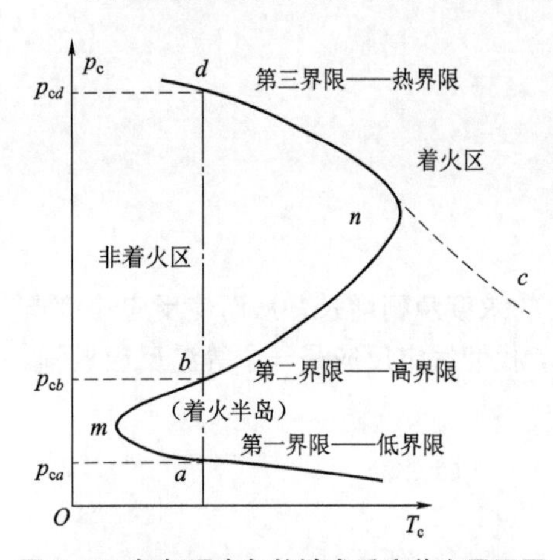

图 3.14 氢氧混合气的链式反应着火界限图

对于着火半岛现象，可以用链式反应理论加以解释。在一定的温度下，链分支反应速度常数 f 几乎与压力无关，而链中断反应的速度常数 g 却与压力有关。压力越低，活性中心扩散速度越高，活性中心越容易与器壁碰撞而销毁。压力增高，虽然减少了活性中心与容器壁

① 1 mmHg（毫米汞柱）=133.322 Pa。

碰撞的机会，但是由于浓度的提高，却增加了活性中心之间的碰撞机会。

3.3　热力点火模型

根据外界点火源的不同，有以下四种点燃方法：

（1）电火花点火。该方式是利用数千伏至数万伏的高压使气体电离并形成电火花，用电火花所具有的能量来进行点火。

（2）电弧点火。该方式是利用两极之间的大电流（30 A 以上）产生的电弧热量来进行点火。

（3）炽热表面点火。该方式是利用电热丝、电热棒、电热陶瓷等具有发热表面的元件直接接触混合气进行点火。

（4）小火焰点火。该方式是利用小火焰或小火焰形成的高温燃气流来使燃料着火燃烧的。

实际燃烧装置中，为了保证点火的可靠，常采用两种点燃方法组合来进行点火。

3.3.1　局部热力点火

我们考虑一个简化的局部点火模型，预混合气体在热表面附近所形成的边界层内，在点火之前一定会经历一个不稳定的导热过程，如图 3.15 所示。图中实线为惰性气体在不稳定导热过程中的温度曲线。显然，可燃混合气的氧化反应热效应会使边界层内的混合气升温更快。要达到点燃着火，需要满足下列临界着火条件：

$$\left(\frac{\mathrm{d}T}{\mathrm{d}x}\right)_{\mathrm{w}}=0 \tag{3.24}$$

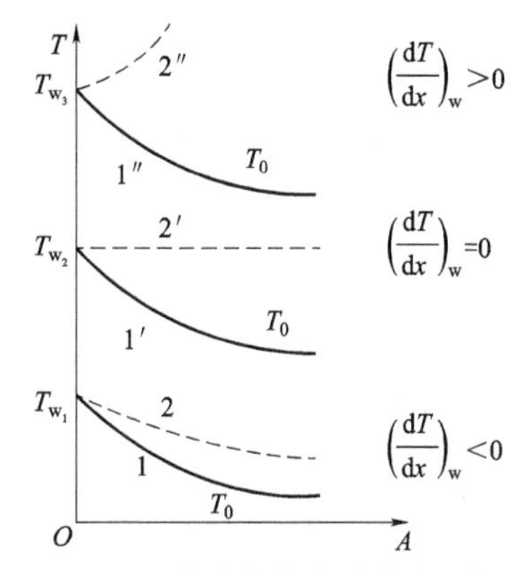

图 3.15　惰性气体在不稳定导热过程中的温度曲线

即热源壁面上沿法线的温度梯度等于零。这种条件一旦出现，热源就不再向预混气体传热，而可燃混合气就依靠自身氧化反应的热效应使温度继续升高，反应不断加速并达到着火状态。

在热力局部点火过程中，比较关心的是点火所需要加入的最小能量和最小临界尺寸。下面将对这两个问题进行讨论。

$t=0$ 时，在一薄层静止反应气体内从外部加入能量，使其达到一个初始均匀温度 T，该温度大于反应气体的绝热燃烧温度。如果薄层内的反应气体放热量 $\dot{Q}_{\mathrm{r}}$ 小于通过热传导散失在周围未燃气体中的热量 $\dot{Q}_{\mathrm{l}}$，局部燃烧气体的温度会下降，直到熄火。在临界条件下，需要满足

$$\dot{Q}_{\mathrm{r}}=QW(T)V=RR_{\mathrm{f}}\Delta H_{\mathrm{c}}(d_{\mathrm{c}}A)=\dot{Q}_{\mathrm{l}}=2\lambda A\frac{\mathrm{d}T}{\mathrm{d}x} \tag{3.25}$$

式中：RR_{f} 为点火容积内的平均反应速率；A 为点火容积的端面面积。

由于

$$\frac{\mathrm{d}T}{\mathrm{d}x}\approx\frac{T_{\mathrm{b}}-T_{\mathrm{u}}}{\frac{1}{2}d_{\mathrm{c}}}$$

可得到点火临界尺寸

$$d_{\mathrm{c}}\approx 2\frac{\lambda(T_{\mathrm{b}}-T_{\mathrm{u}})}{RR_{\mathrm{f}}\Delta H} \tag{3.26}$$

点火容积内的平均反应速率为

$$RR_{\mathrm{f}} = \frac{1}{V}\int_{V} RR_{\mathrm{f}}\mathrm{d}V = \frac{1}{T_{\mathrm{b}} - T_{\mathrm{u}}}\int_{T_{\mathrm{u}}}^{T_{\mathrm{b}}} RR_{\mathrm{f}}\mathrm{d}T \tag{3.27}$$

当整个总的一步不可逆反应的活化能足够大时，RR_{f} 可用燃烧温度 T_{b} 估算，其表达式为

$$RR_{\mathrm{f}} = \rho_{\mathrm{f}}^{a}\rho_{\mathrm{O}}^{b} A\exp\left(\frac{-E_{\mathrm{total}}}{RT_{\mathrm{b}}}\right) \tag{3.28}$$

式中：ρ_{f} 为燃料的密度；ρ_{O} 为氧气的密度。

联立式（3.25）和式（3.27），对给定未燃气体的状态有

$$d_{\mathrm{c}} \propto p^{-(a+b)/2}\exp\left(\frac{E_{\mathrm{total}}}{2RT_{\mathrm{b}}}\right) \tag{3.29}$$

由于可燃气体的火焰温度与当量比 $\boldsymbol{\Phi}$ 有关，式（3.29）将最小临界尺寸 d_{c} 和当量比 $\boldsymbol{\Phi}$ 联系起来。最小临界 d_{c} 称为淬熄距离。当点火容积小于 d_{c} 时，如果热传导散失的热量大于反应气体放出的热量，反应最终停止，点火不能成功。要实现点火成功，点火容积必须大于淬熄距离 d_{c}。

点火最小能量 $E_{\min}$ 是指为了使可燃气体温度升高到着火温度 T_{b} 所需的最小能量。其最小值是指点燃最小可能范围（容积）内气体所需能量值，对直径为 d_{c} 的球形容积有

$$E_{\min} \propto p^{[2-3/2(a+b)]/2}\exp\left(\frac{3E_{\mathrm{total}}}{2RT_{\mathrm{b}}}\right) \tag{3.30}$$

点火最小能量 $E_{\min}$ 与淬熄距离 d_{c} 都与点火装置的几何形状有关，对于大多数碳氢燃料与空气的混合物，两者具有以下的经验关系式：

$$E_{\min} \propto kd_{\mathrm{c}}^{2}$$

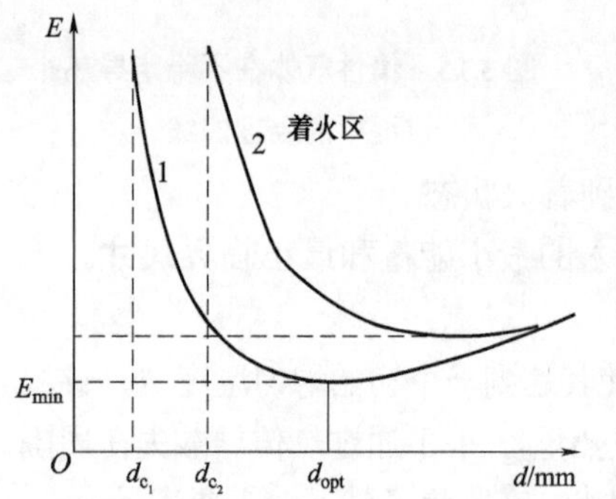

图 3.16　电火花最小点火能量

图 3.16 电火花点火过程中最小点火能量与电极间距离之间的关系曲线表明，对于甲烷混合气，ϕ4 mm 不锈钢圆头电极的淬熄距离 d_{c_1} 约为 1 mm，而 ϕ10 mm 不锈钢平头电极的淬熄距离 d_{c_2} 约为 2 mm。在电极间距过小时，由于所包含的混合气绝对量太少，反应发热量很少，可能无法补偿金属电极所吸收的热量和发热量，这导致不能达到点火的临界条件，因而无法使它点着。

有关淬熄距离的概念构成了火焰传焰管、防回火孔和阻火器等元件设计的基础。火焰传焰筒的直径应大于淬熄直径，否则就不能维持火焰的正常传播。防回火孔的直径则应小于淬熄直径。

图 3.17 给出了最小点火能量与燃气浓度之间的关系曲线，说明了最小点火能量明显地受混合气性质及其浓度的影响。燃料气浓度 X_{f} 对 $E_{\min}$ 的影响呈 U 字形。对于一般碳氢燃料，随着其分子中碳原子数的增加，点火 $E_{\min}$ 的最低值将向富油侧方向（小于 1 侧）偏移。例如内燃机启动过程中，浓混合气有利于点火。此外，燃料发热量高、燃烧反应速度快、混合气流速小、压力高、密度低、比热容小等也都有利于点火。点火表面的污浊和氧化常常妨碍正常的点火，必须及时清理和维修。

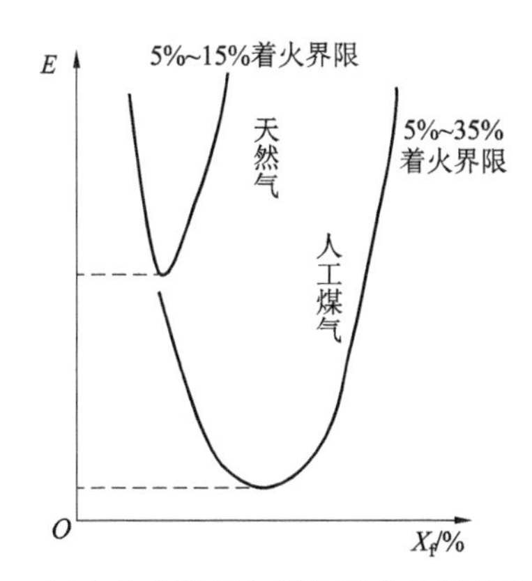

图 3.17　最小点火能量与燃气浓度之间的关系曲线

3.3.2　热射流（火焰）点火

在许多发动机和锅炉等燃烧装置中，经常采用热射流（火焰）点火。通常有一小股预混可燃气体先由电火花点燃后形成小火焰或热射流，然后再利用它们去点燃更大空间内的可燃混合气。

热射流点火的物理模型如图 3.18 所示。温度 T_f、流速 u_f 的燃烧产物热射流从直径为 d_0 的圆管中喷出，在前方空间将温度为 T_0（$T_0 < T_f$）、浓度为 C_{f0}、流速为 u_{f0} 的可燃混合气点着并形成火焰。由射流理论可知，射流于周围流体的黏性形成了外边界 01 和内边界 02；在外边界 01 上，流体参数为 T_0，C_{f0} 和 u_{f0}；在内边界 02 上，流体参数为 T_f 和 u_f，燃料浓度则为零。由于在 01 和 02 边界构成的边界层内，混合气具有适当的浓度和温度，因此是氧化反应激烈进行的有利地带，并最终形成了初始火焰。初始火焰的轴向位置用 x_i 表示，称为着火距离。初始火焰的出现将使传热过程强化，温度分布出现剧烈的变化，导致火焰穿越边界层，在 x_p 处形成传播火焰。显然，初始火焰的形成是传播火焰形成的前提。经验表明，热射流温度 T_f 较高时，初始火焰位置 x_i 较小；反之，热射流温度 T_f 较低时，初始火焰位置 x_i 较大。当 x_i 超过射流核心区长度 x_b 时，由于温度普遍降低，热射流的热量不足以点燃混合气。因此，可将 $x_i \leqslant x_b$ 看作为热射流点火的成功条件和临界条件。

实验表明，着火距离 x_i 及传播火焰位置 x_p 与点燃火焰的温度 T_f 有一定的关系。图 3.19 给出了这种关系。此外，小火焰喷口的安装位置、可燃混合气的性质、空气系数以及流速等参数对 x_i 和 x_p 也有影响。

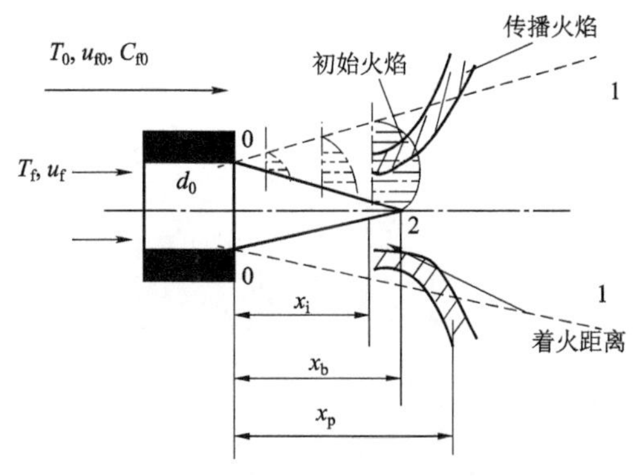

图 3.18　热射流点火的物理模型

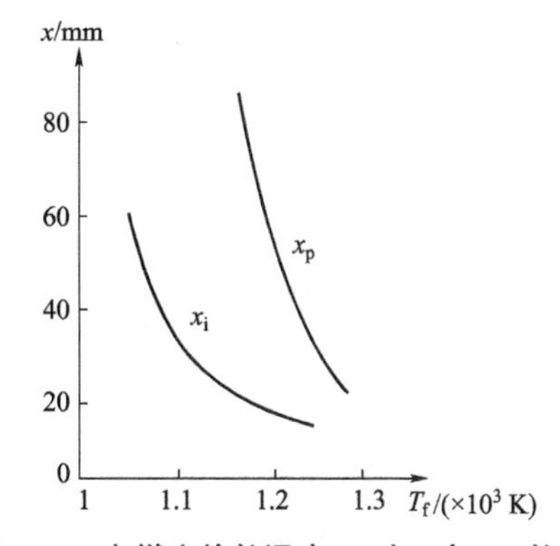

图 3.19　点燃火焰的温度 T_f 对 x_i 与 x_p 的影响

习　题

3.1　闭口系统和开口系统的着火极限如何确定？影响因素有哪些？

3.2　有哪些因素会影响可燃极限？

3.3　为什么链式反应会出现着火半岛现象？

3.4　阻火器是用来阻止易燃气体火焰蔓延的安全装置，阻火芯通常由许多细小的通道构成，试着分析阻火器为什么可以有效地防治火焰蔓延。

3.5　热射流点火成功的条件是什么？

参考文献

[1]［美］Stephen R Turns. 燃烧学导论：概念与应用［M］. 2 版. 姚强，李水清，王宇，等译. 北京：清华大学出版社，2009.

[2] 严传俊，范玮. 燃烧学［M］. 2 版. 西安：西北工业大学出版社，2010.

[3] 徐通模. 燃烧学［M］. 4 版. 北京：机械工业出版社，2011.

[4] 岑可法，等. 高等燃烧学［M］. 4 版. 杭州：浙江大学出版社，2002.

[5] 刘联胜，等. 燃烧理论与技术［M］. 4 版. 北京：化学工业出版社，2008.

[6] 刘嘉智. 燃烧学. 天津大学讲义，2010.

[7] 张松寿. 工程燃烧学［M］. 3 版. 上海：上海交通大学出版社，1987.

[8] Reginald Mitchell. Combustion fundamentals. 斯坦福大学讲义，1999.

第4章
预 混 燃 烧

预混燃烧是燃烧中的一个重要现象，在预混燃烧形成的火焰中，能量、组分扩散及化学动力学起着十分重要的作用。根据流体的流动状态不同，一般将预混燃烧分为层流预混燃烧和湍流预混燃烧两种基本形式。本章将分别予以详细介绍，讨论这两种燃烧现象的物理机理。

4.1 层流预混燃烧

层流预混燃烧常应用于各种热工设备和日常生活中，如热处理工艺中的各种加热炉、玻璃品加工的加热器、各种燃气灶具等。层流燃烧火焰对于了解包括湍流燃烧火焰在内的火焰机理有着重要的作用，因为即使在湍流燃烧火焰中，也会发生一些与层流燃烧火焰中相同的物理过程，许多湍流燃烧理论都是建立在层流燃烧理论基础之上的。在层流预混燃烧中，燃烧火焰自身是以亚声速传播的，并可以自身维持燃烧的一个局部区域。燃烧火焰的局部特征是其中的一个重要特性，说明火焰在燃烧过程中自始至终在可燃物中只占其中一部分。这些特性也决定了火焰温度分布的明显特征，这一点可以从 Friedman 和 Burke 采用实验得出的结果看出，如图 4.1 所示。

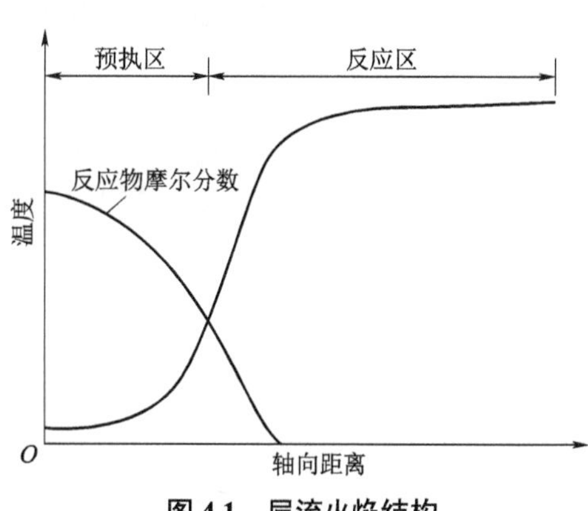

图 4.1 层流火焰结构

需要对图 4.1 进行说明的是：由于火焰是自由移动传播的，因此在图中，参考坐标系建立于燃烧波上，属于移动坐标系。如果观察者随参考坐标系一起移动，便可感觉到未燃烧的燃气混合物以一定的速度接近观察者，该速度就是层流火焰速度，通常将其标记为 S_L。由于坐标系建立在燃烧波上，因此火焰相对于坐标系是静止的，所以未燃的反应物向火焰移动的速度与火焰的传播速度相等。从图 4.1 中可以看出：随火焰传播距离的增加，反应物的摩尔分数迅速降低并逐渐降低为零，由此表明了燃烧反应的进程。燃烧温度随着火焰传播距离的增加而迅速增加。

以上结论是基于火焰的一维假设而提出的，所谓一维假设是假定未燃混合物以垂直于火焰面的方向向火焰移动，且火焰面为一平面。在火焰燃烧所涉及的反应中，由于燃烧产物被加热，因此其密度应小于反应物密度，其连续性方程为

$$\rho_u S_L A = \rho_u v_u A = \rho_b v_b A \tag{4.1}$$

由式（4.1）可看出：要满足连续性方程，燃烧产物的速度应大于未燃气体的速度。在一些常见的燃烧现象中，气流在火焰前后的加速现象可以明显观察到，其原因正是由于已燃和未燃气体密度差所致。

如图 4.1 所示，火焰区可分为预热区和反应区两部分。在预热区未燃气体受到来自反应区已燃气体的加热，温度升高；但由于未发生反应，燃料的化学能没有释放，因此温度升高幅度有限；而在反应区，由于燃烧已经开始发生，因此燃料中的化学能大量释放，导致火焰温度的急剧升高。实际火焰中，在定压条件下，火焰厚度往往很小，通常为毫米数量级。一般可进一步将反应区分为一个很窄的快速反应区和一个相对较宽的慢速反应区两部分。反应物（燃料）的消耗和中间产物的生成均在快速反应区完成。从化学动力学角度分析，快速反应区的化学反应主要为双分子反应。快速反应区的另一个重要作用是通过其中的高温及浓度梯度为火焰的维持提供驱动力，其中温度梯度确保了已燃气向未燃气提供热量，使其维持在较高的温度水平；而浓度梯度则保证了自由基快速向预热区的不断扩散。慢速反应区由三自由基反应支配，反应速度要低于双分子反应。

本生灯火焰是层流预混燃烧火焰的一个典型实例，我们将以此为例来说明层流预混火焰的基本特性。图 4.2 所示为一个简单的本生灯层流预混火焰基本结构，其中燃料和空气分别从不同位置进入管道中进行混合，本生灯火焰由两种火焰组成，火焰里层为预混火焰，而火焰外层则为扩散火焰，而关于扩散火焰的特性将在随后章节详细介绍，本章将主要讨论预混火焰。

本生灯火焰的基本形状及层流火焰速度如图 4.3 所示，当火焰处于静止状态时，火焰速度和未燃气速度在火焰面法向的分量相等，因此有

$$S_{\mathrm{L}} = v_{\mathrm{u}} \sin \beta \tag{4.2}$$

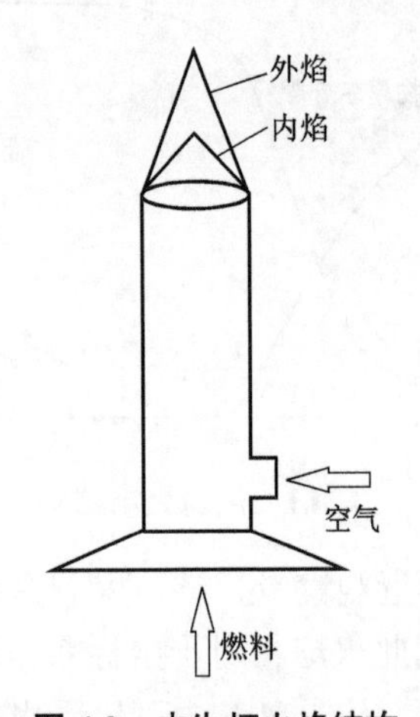

图 4.2　本生灯火焰结构

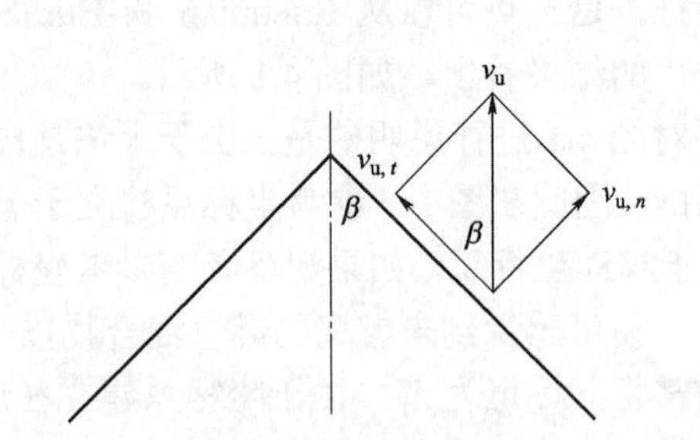

图 4.3　本生灯火焰的基本形状及层流火焰速度

如果满足式（4.2），火焰面将呈现圆锥形。稳定火焰之所以呈现圆锥形，其本质是未燃气体在管内的速度分布所至。根据流体力学中有关边界层的基本理论可知，由于流体的黏性作用，管内流体的速度分布也呈现出管中心速度高，而接近壁面处的速度低的特征，流体的这一特性也决定了火焰的基本形状。

按照未燃气体的流动特性，如果想形成平面火焰，最重要的是要保持未燃气体在管道内

的流速均匀分布，即管道中心与壁面处的速度相同或接近相同，一般可采用多孔介质作为填充物置于管道中，以形成均匀的未燃气速度，从而最终形成平面火焰。

此外，可以根据火焰速度、未燃气速度分布等特征参数，确定火焰的形状。

4.2　层流火焰模型

有关层流火焰的研究已经很多。虽然研究者对传热和传质在层流火焰中所起的作用认识各不相同，但总体而言，传热与传质是层流火焰所涉及的两个关键问题。本节将依据 Spalding 提出的理论，重点讨论层流预混火焰的物理机理，而不过多涉及其复杂的数学推导及演绎，并推出层流预混火焰传播速度的具体表达式。

4.2.1　基本假设

在分析层流预混火焰传播时，首先进行如下假设：

（1）火焰传播中所涉及的流动为一维稳态；

（2）忽略流体流动过程中的黏性耗散；

（3）传热和传质过程中服从傅里叶定律和菲克定律；

（4）能量方程与质量扩散方程具有相同的解，即刘易斯数等于 1；

（5）各组分的物性参数为常数且相等；

（6）燃料燃烧在化学当量比条件下进行，燃料在火焰中被完全消耗。

4.2.2　控制方程

1. 质量守恒方程

$$\rho u = \dot{m} = 常数 \tag{4.3}$$

式中：ρ 为预混气体的密度；u 为预混气体的速度；$\dot{m}$ 为 i 组分的质量流通量。

2. 组分守恒方程

$$\frac{\mathrm{d}\left(\dot{m}Y_i - \rho D\frac{\mathrm{d}Y_i}{\mathrm{d}x}\right)}{\mathrm{d}x} = \frac{\mathrm{d}\dot{m}}{\mathrm{d}x} \tag{4.4}$$

式中：$\mathrm{d}\dot{m}/\mathrm{d}x$ 为 i 组分的单位体积质量生成率，其单位为 $\mathrm{kg}/(\mathrm{s}\cdot\mathrm{m}^3)$。在燃烧反应中，由于在化学反应中所起作用的不同，不同组分的质量生成率在数值上也会有所不同。如燃料的质量生成率为负值，氧化剂的质量生成率也为负值，其原因是两种组分在燃烧反应中均只有消耗，而没有生成。可以以一个简单的燃烧反应作为例子，说明组分守恒方程在实际中的应用。如对于下列反应：

$$\mathrm{Fuel} + \alpha \mathrm{O}_x \longrightarrow \beta\ \mathrm{products} \tag{4.5}$$

并有

$$\frac{\mathrm{d}\dot{m}_\mathrm{F}}{\mathrm{d}x} = \frac{1}{\alpha}\frac{\mathrm{d}\dot{m}_{\mathrm{O}_x}}{\mathrm{d}x} = -\frac{1}{\beta}\frac{\mathrm{d}\dot{m}_{\mathrm{pr.}}}{\mathrm{d}x} \tag{4.6}$$

当以质量（kg）为计量单位时，根据质量守恒原理，显然有：$1+\alpha=\beta$。于是式（4.6）可写为

$$\frac{\mathrm{d}\dot{m}_{\mathrm{F}}}{\mathrm{d}x}=\frac{1}{\alpha}\frac{\mathrm{d}\dot{m}_{\mathrm{O}_x}}{\mathrm{d}x}=-\frac{1}{\alpha+1}\frac{\mathrm{d}\dot{m}_{\mathrm{pr.}}}{\mathrm{d}x} \tag{4.7}$$

以上表达式中的$\frac{\mathrm{d}\dot{m}_{\mathrm{F}}}{\mathrm{d}x}$、$\frac{\mathrm{d}\dot{m}_{\mathrm{O}_x}}{\mathrm{d}x}$及$\frac{\mathrm{d}\dot{m}_{\mathrm{pr.}}}{\mathrm{d}x}$分别为燃料、氧化剂及生成物的质量变化率，其中反应物及生成物的质量变化率符号相反。

对于不同组分，可分别按照式（4.4）列出其组分守恒方程，如对于燃料有

$$\frac{\mathrm{d}\left(\dot{m}Y_{\mathrm{F}}-\rho D\frac{\mathrm{d}Y_{\mathrm{F}}}{\mathrm{d}x}\right)}{\mathrm{d}x}=\frac{\mathrm{d}\dot{m}_{\mathrm{F}}}{\mathrm{d}x} \tag{4.8}$$

对于氧化剂O_x，其组分守恒方程也类似。所不同的是要考虑参加反应中组分的质量变为α；同样，对于产物products，参加反应的质量为$\beta=1+\alpha$。因此，氧化剂的组分守恒方程可写为

$$\frac{\mathrm{d}\left(\dot{m}Y_{\mathrm{O}_x}-\rho D\frac{\mathrm{d}Y_{\mathrm{O}_x}}{\mathrm{d}x}\right)}{\mathrm{d}x}=\alpha\frac{\mathrm{d}\dot{m}_{\mathrm{F}}}{\mathrm{d}x} \tag{4.9}$$

类似地，燃烧产物的组分守恒方程可表示为

$$\frac{\mathrm{d}\left(\dot{m}Y_{\mathrm{pr.}}-\rho D\frac{\mathrm{d}Y_{\mathrm{pr.}}}{\mathrm{d}x}\right)}{\mathrm{d}x}=(\alpha+1)\frac{\mathrm{d}\dot{m}_{\mathrm{F}}}{\mathrm{d}x} \tag{4.10}$$

3. 能量守恒

能量守恒方程可表示为

$$\dot{m}c_p\frac{\mathrm{d}T}{\mathrm{d}x}-\frac{\mathrm{d}}{\mathrm{d}x}\left(\rho c_p D\frac{\mathrm{d}T}{\mathrm{d}x}\right)=-\sum h_{\mathrm{f},i}^0\frac{\mathrm{d}\dot{m}}{\mathrm{d}x} \tag{4.11}$$

对于式（4.5）和式（4.6）所表示的化学反应及化学当量关系有

$$-\sum h_{\mathrm{f},i}^0\frac{\mathrm{d}\dot{m}}{\mathrm{d}x}=-[h_{\mathrm{f,F}}^0+\alpha h_{\mathrm{f,O}_x}^0-(\alpha+1)h_{\mathrm{f,pr}}^0]\frac{\mathrm{d}\dot{m}_{\mathrm{F}}}{\mathrm{d}x} \tag{4.12}$$

或采用

$$-\sum h_{\mathrm{f},i}^0\frac{\mathrm{d}\dot{m}_i}{\mathrm{d}x}=-\frac{\mathrm{d}\dot{m}_{\mathrm{F}}}{\mathrm{d}x}\Delta h_{\mathrm{c}}$$

式中：Δh_{c}为燃料燃烧热，$\Delta h_{\mathrm{c}}=h_{\mathrm{f,F}}^0+\alpha h_{\mathrm{f,O}_x}^0-(\alpha+1)h_{\mathrm{f,pr.}}^0$

由于$Le=\frac{\lambda}{\rho c_p D}=1$，因此有：$\lambda=\rho c_p D$，将其代入式（4.11），于是有

$$\dot{m}c_p\frac{\mathrm{d}T}{\mathrm{d}x}-\frac{\mathrm{d}}{\mathrm{d}x}\left(\lambda\frac{\mathrm{d}T}{\mathrm{d}x}\right)=-\frac{\mathrm{d}\dot{m}_{\mathrm{F}}}{\mathrm{d}x}\Delta h_{\mathrm{c}} \tag{4.13}$$

在层流燃烧火焰中，层流火焰速度S_{L}和单位体积质量通量（流量）有如下关系：

$$\dot{m}=\rho_{\mathrm{u}}S_{\mathrm{L}} \tag{4.14}$$

4.2.3　求解过程

为求解以上方程组，并最终根据式（4.14）确定层流火焰速度，可采用类似于传热学中求解层流外掠平板边界层时的积分解法，即首先根据温度在层流燃烧火焰中的特性，进行温度分布假设，然后根据火焰燃烧特性进行求解。在温度分布假设中，最简单的假设是线性分布假设，即假设在火焰层内部，温度为线性分布，如图 4.4 所示。

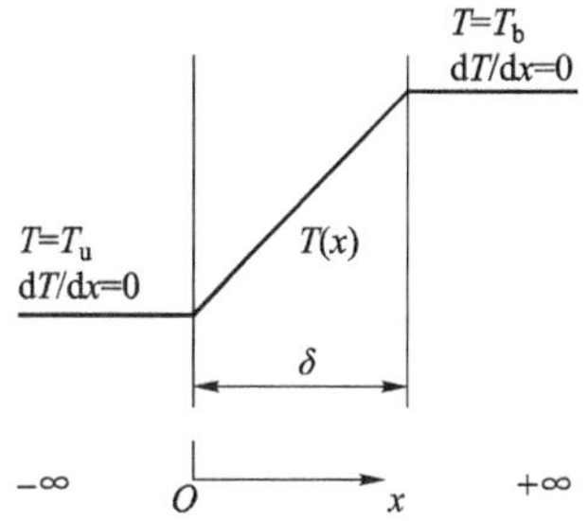

图 4.4　预混层流火焰中的温度分布及边界条件

根据图 4.4 所示温度分布及边界条件，可给出如下数学表达式：

在上游无穷远处有

$$T_{x\to-\infty}=T_{\mathrm{u}}\,,\quad \left.\frac{\mathrm{d}T}{\mathrm{d}x}\right|_{x\to-\infty}=0 \tag{4.15}$$

类似地，在下游无穷远处，有

$$T_{x\to\infty}=T_{\mathrm{b}}\,,\quad \left.\frac{\mathrm{d}T}{\mathrm{d}x}\right|_{x\to\infty}=0 \tag{4.16}$$

数学处理中，可按在火焰层厚度内，温度呈线性分布，而超出此范围，按式（4.15）和式（4.16）的规律分布，即满足两式的数学条件。式（4.13）为二阶常微分方程，有三个未知量，即温度 T 、单位体积质量通量 $\dot{m}$ 和火焰厚度 δ; 在假设了温度分布后，只需求解质量通量和火焰厚度，然后根据边界条件，即式（4.15）和式（4.16），便可求解此方程。

采用积分法，对方程（4.13）进行积分，可得

$$\dot{m}c_pT\Big|_{x=-\infty}^{x=+\infty}-\lambda\frac{\mathrm{d}T}{\mathrm{d}x}\Big|_{\mathrm{d}T/\mathrm{d}x|_{x=-\infty}}^{\mathrm{d}T/\mathrm{d}x|_{x=+\infty}}=-\Delta h_{\mathrm{c}}\int_{-\infty}^{+\infty}\frac{\mathrm{d}\dot{m}_{\mathrm{F}}}{\mathrm{d}x}\mathrm{d}x \tag{4.17}$$

对式（4.17）进行化简后，可得

$$\dot{m}c_p(T_{\mathrm{b}}-T_{\mathrm{u}})=-\Delta h_{\mathrm{c}}\int_{-\infty}^{+\infty}\frac{\mathrm{d}\dot{m}_{\mathrm{F}}}{\mathrm{d}x}\mathrm{d}x \tag{4.18}$$

由于燃料只是在火焰层内被消耗，因此在火焰层厚度外，燃料的质量变化率为零，即 $\mathrm{d}\dot{m}_{\mathrm{F}}/\mathrm{d}t=0$；根据火焰层内的温度分布假设有

$$\frac{\mathrm{d}T}{\mathrm{d}x}=\frac{T_{\mathrm{b}}-T_{\mathrm{u}}}{\delta} \tag{4.19}$$

于是式（4.18）可变为

$$\dot{m}c_p(T_{\mathrm{b}}-T_{\mathrm{u}})=-\Delta h_{\mathrm{c}}\frac{\delta}{T_{\mathrm{b}}-T_{\mathrm{u}}}\int_{T_{\mathrm{u}}}^{T_{\mathrm{b}}}\frac{\mathrm{d}\dot{m}_{\mathrm{F}}}{\mathrm{d}x}\mathrm{d}T \tag{4.20}$$

定义平均反应速度

$$\overline{\frac{\mathrm{d}\dot{m}_{\mathrm{F}}}{\mathrm{d}x}}=\frac{1}{T_{\mathrm{b}}-T_{\mathrm{u}}}\int_{T_{\mathrm{u}}}^{T_{\mathrm{b}}}\frac{\mathrm{d}\dot{m}_{\mathrm{F}}}{\mathrm{d}x}\mathrm{d}T \tag{4.21}$$

从而有

$$\dot{m}c_p(T_b - T_u) = -\Delta h_c \delta \overline{\frac{d\dot{m}_F}{dx}} \tag{4.22}$$

通过方程（4.18）确定质量通量 m 和火焰厚度 δ 还需要一个方程。根据层流预混燃烧火焰的物理特性，可以做进一步假设。由于燃烧火焰发生在高温区，因此从下游无穷远处至火焰中心面 $(-\infty < x \leqslant \delta/2)$，燃料的消耗率应为零 $(d\dot{m}_F/dt = 0)$。

根据这一特性，改变积分限，对方程（4.17）进行积分，可得

$$\dot{m}c_p T\Big|_{x=-\infty}^{x=\delta/2} - \lambda\frac{dT}{dx}\Big|_{dT/dx|_{x=-\infty}}^{dT/dx|_{x=\delta/2}} = -\Delta h_c \int_{-\infty}^{\delta/2} \frac{d\dot{m}_F}{dx} dx \tag{4.23}$$

而在火焰中心面 $x = \delta/2$ 处，根据火焰温度分布假设有

$$\frac{dT}{dx} = \frac{T_b - T_u}{\delta}，\ T = \frac{T_b + T_u}{2} \tag{4.24}$$

于是式（4.23）可简化为

$$\dot{m} = \frac{2\lambda}{c_p \delta} \tag{4.25}$$

将式（4.25）代入式（4.22）可得

$$\dot{m} = \left(-\frac{2\lambda}{c_p^2}\frac{\Delta h_c}{T_b - T_u}\overline{\frac{d\dot{m}_F}{dx}}\right)^{1/2} \tag{4.26}$$

层流火焰速度 $S_L = \dot{m}/\rho_u$，热扩散系数 $a = \lambda/(\rho_u c_p)$。此外，根据热力学第一定律，燃料通过燃烧，释放其化学能，将未燃气温度从 T_u 提高至 T_b，于是燃烧热也可表示为

$$\Delta h_c = (\alpha + 1)c_p(T_b - T_u) \tag{4.27}$$

于是有

$$S_L = \left[-\frac{2\lambda}{\rho_u^2 c_p}(\alpha + 1)\overline{\frac{d\dot{m}_F}{dx}}\right]^{1/2} \tag{4.28}$$

$$\delta = \left[-\frac{2\lambda}{(\alpha + 1)c_p\overline{(d\dot{m}_F/dx)}}\right]^{1/2} \tag{4.29}$$

例 4.1 丙烷−空气混合物层流预混燃烧火焰中，已知未燃气温度 $T_u = 300\ K$，已燃气温度 $T_b = 2\ 260\ K$，假设火焰层内温度呈线性变化，且反应速率满足关系式 $\frac{d[C_3H_8]}{dt} = -k_G[C_3H_8]^{0.1}[O_2]^{1.65}$，且 $k_G = 4.836 \times 10^9 \exp\left(-\frac{15\ 098}{T}\right)$，试计算该燃烧反应的平均化学反应速率。

解：丙烷的燃烧反应方程为

$$C_3H_8 + 5O_2 \longrightarrow 3CO_2 + 4H_2O$$

假设燃气中氧化剂及燃料全部被消耗，即没有燃料或者氧气剩余，由此可计算出燃料和

氧气的平均质量分数分别为

$$\overline{Y}_{\mathrm{F}}=\frac{1}{2}(Y_{\mathrm{F,u}}+0)=\frac{0.060\,15}{2}=0.030\,1$$

$$\overline{Y}_{\mathrm{O_2}}=\frac{1}{2}[0.233\,1(1-Y_{\mathrm{F,u}})+0]=0.109\,5$$

丙烷－空气混合物的空燃比 $\alpha=A/F=15.625$

根据反应速率方程

$$\frac{\mathrm{d}[\mathrm{C_3H_8}]}{\mathrm{d}x}=-k_{\mathrm{G}}[\mathrm{C_3H_8}]^{0.1}[\mathrm{O_2}]^{1.65}=-k_{\mathrm{G}}\rho^{1.75}\left(\frac{\overline{Y}_{\mathrm{F}}}{M_{\mathrm{W_F}}}\right)^{0.1}\left(\frac{\overline{Y}_{\mathrm{O_2}}}{M_{\mathrm{W_{O_2}}}}\right)^{1.65}$$

及
$$k_{\mathrm{G}}=4.836\times10^{9}\exp\left(-\frac{15\,098}{T}\right)$$

假设燃烧发生在火焰厚度层的后半部分 ($\delta>x>\delta/2$)，选取该区域平均温度计算化学反应速率，由此计算出该区域平均温度为

$$\overline{T}=\frac{1}{2}\times\left[\frac{1}{2}(T_{\mathrm{u}}+T_{\mathrm{b}})+T_{\mathrm{b}}\right]=\frac{1}{2}\times\left[\frac{1}{2}\times(300+2\,260)+2\,260\right]=1\,770\ (\mathrm{K})$$

于是该反应的反应速率常数为

$$k_{\mathrm{G}}=4.836\times10^{9}\exp\left(-\frac{15\,098}{T}\right)=4.836\times10^{9}\exp\left(-\frac{15\,098}{1\,770}\right)=9.55\times10^{5}\left[\left(\frac{\mathrm{kmol}}{\mathrm{m^3}}\right)^{0.75}\bullet\mathrm{s^{-1}}\right]$$

$$\rho=\frac{p}{(R/M_{\mathrm{W}})\overline{T}}=\frac{101\,325}{(8\,315/29)\times1\,770}=0.199\,7\ (\mathrm{kg/m^3})$$

$$\frac{\mathrm{d}[\mathrm{C_3H_8}]}{\mathrm{d}x}=-k_{\mathrm{G}}\rho^{1.75}\left(\frac{\overline{Y}_{\mathrm{F}}}{M_{\mathrm{W_F}}}\right)^{0.1}\left(\frac{\overline{Y}_{\mathrm{O_2}}}{M_{\mathrm{W_{O_2}}}}\right)^{1.65}=-9.55\times10^{5}\times0.199\,7^{1.75}\times\left(\frac{0.030\,1}{44}\right)^{0.1}\times\left(\frac{0.109\,5}{32}\right)^{1.65}$$

$$\frac{\mathrm{d}[\mathrm{C_3H_8}]}{\mathrm{d}x}=-2.439[\mathrm{kmol/(s\bullet m^3)}]=-2.439\times44[\mathrm{kg/(s\bullet m^3)}]=-107.3\,[\mathrm{kg/(s\bullet m^3)}]$$

热扩散系数的定义为：$a=\dfrac{\lambda}{\rho_{\mathrm{u}}c_p}$，其中的导热系数、密度、比定压热容与温度有关，都是温度的函数。由于火焰中的导热发生在整个火焰层内，因此应当选取火焰层内的平均温度作为热扩散系数中相关物性参数的定性温度。

$$\overline{T}=\frac{1}{2}(T_{\mathrm{u}}+T_{\mathrm{b}})=\frac{1}{2}\times(2\,260+300)=1\,280\ (\mathrm{K})$$

于是，热扩散系数为：
$$a=\frac{\lambda}{\rho_{\mathrm{u}}c_p}=\frac{0.080\,9}{1.16\times1186}=5.89\times10^{-5}\ (\mathrm{m^2/s})$$

代入式（4.28）中，可计算出层流火焰速度

$$S_{\mathrm{L}}=\left[-\frac{2\lambda}{\rho_{\mathrm{u}}^{2}c_p}(\alpha+1)\frac{\mathrm{d}\overline{\dot{m}_{\mathrm{F}}}}{\mathrm{d}x}\right]^{1/2}=\left[-\frac{2\times5.89\times10^{-5}\times(-107.3)}{1.16\times\dfrac{1}{15.625+1}}\right]^{1/2}=0.425(\mathrm{m/s})$$

实验中，丙烷－空气混合物的层流火焰速度的测量值为0.39 m/s。由于计算简化中的假设与实际情况存在一定差异，因此会使计算结果出现偏差，如温度分布假设、燃料和空气浓度与温度的线性关系等，这些也是由积分方法自身的特点所决定的。如采用精确的反应，便可以得到相对精确的结果。

4.3 层流火焰特性及其影响因素

4.3.1 火焰速度

如前所述，可从式（4.28）和式（4.29）分析得出层流火焰速度 S_L 与火焰层厚度和温度间的相互关系。在火焰模型中，燃烧反应发生区域位于温度 T_i（ $x=x_i$ 处的温度）和 T_b 间。在高活化能时，T_i 与 T_b 非常接近，此时便可按绝热火焰温度 T_b 计算平均反应速率，反应物密度与压力和温度相关。而热扩散系数也与压力和温度有关，可表示为

$$a \propto T_u \overline{T}^n p^{-1} \tag{4.30}$$

更具体地，可用 T_b 估算 $\frac{d\dot{m}_F}{dx}$，有

$$\overline{\frac{d\dot{m}_F}{dx}} \propto \rho_u T_u T_b^n p^{n-1} \exp\left(-\frac{E_a}{RT_b}\right) \tag{4.31}$$

式中：n 为总反应级数。平均温度 $\overline{T}=\frac{1}{2}(T_u+T_b)$，于是有

$$S_L \propto \overline{T}^{0.375} T_u T_b^{-n/2} \exp\left(-\frac{E_a}{2RT_b}\right) p^{(n-2)/2} \tag{4.32}$$

在式（4.32）中，当 $\frac{E_a}{2R} \gg T_b$ 时，火焰速度将由 $\exp\left(-\frac{E_a}{2RT_b}\right)$ 决定。因此燃烧火焰参数中，包括当量比、反应物温度、混合物中氧摩尔分数等参数对绝热火焰温度有重要影响，并由此影响火焰速度。

对于烃类反应，其总反应级数约为 2，层流火焰速度与温度的变化有直接的关系。从式（4.32）经过计算可以得出结论：当未燃气温度由300 K 升至600 K 时，火焰速度增大了 3.64 倍。同样，如果不考虑温度对离解和比热容的影响，提高未燃气温度，会使已燃气温度升高，且升高幅度与未燃气温度升高幅度相同。

化学当量条件下，甲烷－空气火焰温度与速度可采用下式计算：

$$S_L = 0.1 + 3.71 \times 10^{-6} T_u \, (\mathrm{m/s}) \tag{4.33}$$

Metghalchi 和 Keck 实验研究了各种燃料－空气混合物在典型温度和压力工况下，内燃机和燃气轮机中的层流火焰传播速度，并给出如下经验公式：

$$S_L = S_{L,ref} \left(\frac{T_u}{T_{u,ref}}\right)^{\gamma} \left(\frac{p}{p_{ref}}\right)^{\beta} (1-2.1Y_{dil}) \tag{4.34}$$

式（4.34）中，$T_{\mathrm{u}} \geqslant 350\,\mathrm{K}$，$T_{\mathrm{u,ref}} = 298\,\mathrm{K}$，$p_{\mathrm{ref}} = 101\,325\,\mathrm{Pa}$，$S_{\mathrm{L,ref}}$ 由下式计算：

$$S_{\mathrm{L,ref}} = B_{\mathrm{M}} + B_2(\phi - \phi_{\mathrm{M}})^2 \tag{4.35}$$

其中的系数 B_{M}，B_2 和 ϕ_{M} 是与燃料相关的参数，见表 4.1。

表 4.1　公式（4.35）中的系数

燃料	ϕ_{M}	$B_{\mathrm{M}}\,/\,(\mathrm{cm \cdot s^{-1}})$	$B_2\,/\,(\mathrm{cm \cdot s^{-1}})$
甲醇	1.11	36.92	−140.51
丙烷	1.08	34.22	−138.65
辛烷	1.13	26.32	−84.72
RMFD−303	1.13	27.58	−78.34

式（4.34）中温度与压力的指数 γ，β 为当量比函数，可写为

$$\gamma = 2.18 - 0.8(\phi - 1)\,,\quad \beta = -0.16 + 0.22(\phi - 1)$$

式（3.34）中 Y_{dil} 是燃料－空气混合物中冲淡剂的质量分数，以此考虑回流燃烧产物的影响。

4.3.2　火焰层厚度

由火焰特性可知，火焰中温度和浓度梯度与火焰厚度直接相关，这些梯度是维持火焰扩散的驱动力；火焰传播速度与其厚度之间的关系可以从火焰中的任意位置 x_i 处的能量平衡关系推导求得，如图 4.5 所示。

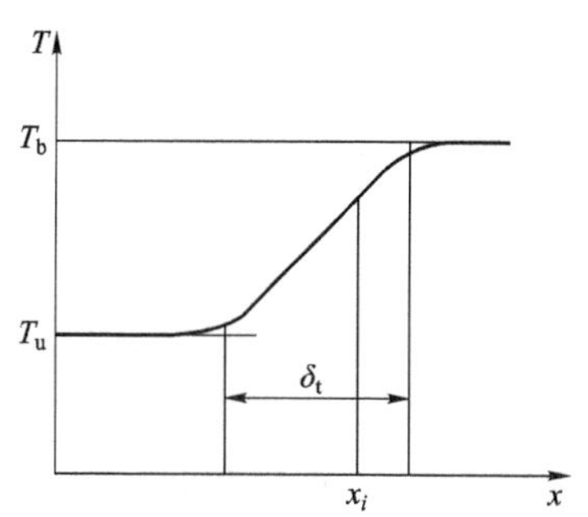

图 4.5　火焰传播速度与厚度的关系

在火焰层中的任意位置处，未燃气获得的热量等于已燃气由导热方式向其传递的热量，根据能量平衡关系有

$$\rho_{\mathrm{u}} c_p S_{\mathrm{u}} (T_i - T_{\mathrm{u}}) = -\lambda \left.\frac{\mathrm{d}T}{\mathrm{d}x}\right|_{x=x_i} \tag{4.36}$$

由于假设火焰层内温度为线性分布，于是有

$$\rho_{\mathrm{u}} c_p S_{\mathrm{u}} (T_i - T_{\mathrm{u}}) = -\lambda \left.\frac{\mathrm{d}T}{\mathrm{d}x}\right|_{x=x_i} = \lambda \frac{T_{\mathrm{b}} - T_{\mathrm{u}}}{\delta} \tag{4.37}$$

对于大的活化能，$T_i = T_{\mathrm{b}}$，于是

$$\delta = \frac{\lambda}{\rho_{\mathrm{u}} c_p S_{\mathrm{u}}} = \frac{a}{S_{\mathrm{u}}} \tag{4.38}$$

当燃料、氧化剂及反应物的温度和压力确定时，由于热扩散系数 a 与化学当量比呈弱函数关系，即两者间的关系并不明显，此时火焰厚度与火焰速度成反比。如甲烷－空气混合物在常压（大气压）条件下的火焰厚度变化规律如图 4.6 所示，图中 $1/S_{\mathrm{u}}$ 曲线归一于化学当量比火焰厚度。

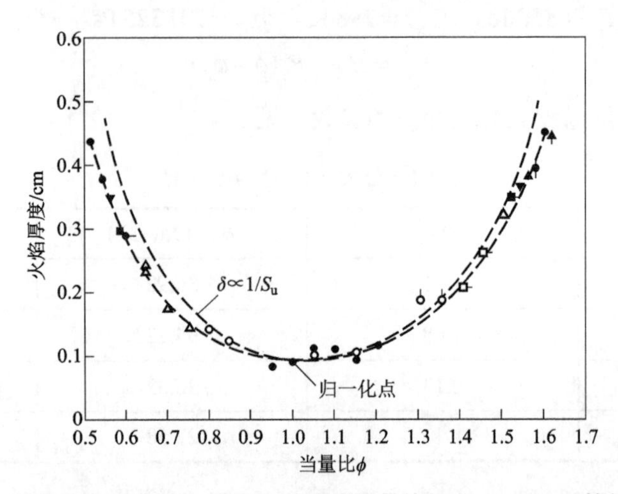

图 4.6　常压条件预混甲烷–空气火焰厚度测量值与式（4.38）计算值的比较

例 4.2　在标准大气压下，贫燃丙烷–空气混合物中火焰传播速度为$0.3\,m/s$，火焰厚度为$2\,mm$。求当压力下降至$0.25\,atm$时，火焰的传播速度和火焰厚度。

解：由式（4.32）可知，$S_L \propto p^{(n-2)/2}$，本题中，$n=1.5$，于是有：$S_L \propto p^{-0.25}$

因此有：$S_L\big|_{p=0.25atm} = S_L\big|_{p=1atm}\left(\dfrac{0.25}{1}\right)^{-\frac{1}{4}} = 1.41 S_L\big|_{p=1atm} = 0.42\,(m/s)$

此外，还有：$\delta \propto \dfrac{a}{S_L} \propto \dfrac{p^{-1}}{p^{(n-2)/2}} = p^{-0.75}$

$$\delta\big|_{p=0.25atm} = \delta\big|_{p=1atm}\left(\frac{0.25}{1}\right)^{-0.75} = 2.83\,\delta\big|_{p=1atm} = 5.6\,(mm)$$

4.3.3　压力对火焰传播速度的影响

式（4.32）表明层流火焰传播速度$S_L \propto p^{(n-2)/2}$。显而易见，当总反应级数为 2 时，火焰传播速度恰巧与压力无关。但实验研究表明：火焰传播速度还与压力有关，由此也说明了理论分析由于各种假设所存在的近似性而引起的计算结果与实际情况之间的偏差。如 Andrews 和 Bradley 通过实验研究发现在压力大于 5 atm 的条件下，甲烷–空气火焰的传播速度与压力存在如式（4.39）所示的关系。如图 4.7 所示，可以看出：随压力增加，火焰传播速度呈下降趋势。

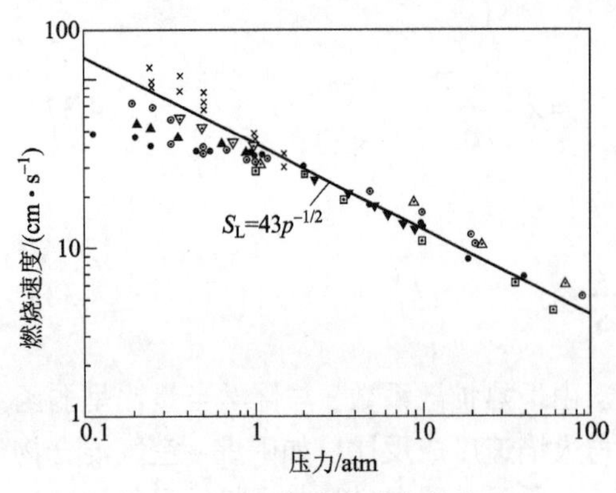

图 4.7　压力与燃烧速度的关系

$$S_L = 43p^{-1/2} \tag{4.39}$$

4.3.4　化学当量比对火焰传播速度的影响

化学当量比对火焰传播速度也同样会产生一定影响。化学当量比对火焰传播速度产生影响的根本原因是由于其影响了火焰燃烧温度。可以想象的是，火焰传播速度在燃烧反应即将达到当量比时达到最大值，而在燃烧反应未达到其当量比和超过其当量比时，火焰传播速度都将降低。这一现象也说明了化学当量比高于或低于其恰当化学当量比时，都会导致燃烧火焰温度降低，从而使燃烧速度降低。而火焰厚度的变化规律与其传播速度变化规律正相反，在反应接近化学当量比时，由于火焰温度最高，因而其厚度最小；反之，当量比高于或低于恰当化学当量比时，火焰温度降低，因而火焰厚度将增加。

4.3.5　燃料类型对火焰传播速度的影响

燃料对火焰速度的影响主要是由其物性参数所决定的。如燃料的热扩散系数、质量扩散率及化学反应速度。常见的氢气火焰传播速度很快，正是由于氢气具有以上三方面的优势。而在烃类燃烧反应中，由于反应 $CO \longrightarrow CO_2$ 进行得很慢，因而导致了其燃烧速度的降低。

此类研究及实验数据有很多，有兴趣的读者可以通过相关文献进行查阅。表 4.2 列出了几种常用燃料的层流火焰传播速度数据。

表 4.2　几种常用燃料的层流火焰传播速度

燃料	分子式	层流火焰传播速度 S_L/（$m \cdot s^{-1}$）
甲烷	CH_4	0.4
乙炔	C_2H_2	1.36
乙烯	C_2H_4	0.67
乙烷	C_2H_6	0.43
丙烷	C_3H_8	0.44
氢	H_2	2.1

4.4　湍流预混燃烧

预混燃烧中的另一种常见形式是湍流预混燃烧，显而易见，湍流预混燃烧是由预混火焰中的流体流动特性所决定的，因此湍流预混火焰中的许多特性与湍流相关，但由于目前湍流理论中仍然有许多不确定部分，因此湍流预混火焰中的很多结论仍然具有争议性。本节中，我们将不过多地讨论湍流机理或进行复杂的数学推导演绎，而将注意力集中于对湍流预混燃烧火焰现象的理解和讨论，更着重于对物理机理的理解。

由流体流动特性可知，湍流预混燃烧火焰特征与层流预混燃烧火焰会有明显区别，从实验得到的层流预混燃烧火焰与湍流预混燃烧火焰照片对比来看，层流火焰轮廓清晰，而湍流火焰表面轮廓模糊，并在火焰前缘出现了不规则皱褶。

4.5 湍流火焰速度

层流预混火焰的传播速度和参与燃烧反应物质的热物性及化学特性相关；而湍流预混火焰中，由于湍流运动的复杂性，湍流预混火焰的传播速度不仅和参与燃烧反应物的热物性和化学特性有关，还与流体的流动特性有关。与层流预混火焰速度的定义相类似，在湍流预混火焰中，同样以火焰为参考坐标系，未燃气沿火焰面法向进入火焰区的速度被定义为湍流火焰速度，湍流火焰速度标记为S_t。根据湍流的特性可知，由于湍流中特有的脉动特性，湍流火焰中特定空间位置的物理参数，如速度、温度等都是不确定并具有脉动特性的。因此，在燃烧计算中常采用平均值来表征，如此湍流火焰速度可表示为

$$S_t = \frac{m}{\rho_u \overline{A}} \tag{4.40}$$

式中：m为反应物质量流量；ρ_u为未燃气密度；$\overline{A}$为火焰表面的时间积分平均面积，有时也称为湍流火焰表观面积。由于湍流火焰面具有不确定性，因此火焰面积的测量具有相当大的难度，从而使得湍流火焰速度的测量也非常困难。

4.6 湍流预混火焰结构特征

与层流预混火焰结构不同，湍流预混火焰有其明显的结构特征。图 4.8（a）所示为湍流预混火焰不同时刻火焰反应锋面，该图像是在不同时刻湍流火焰图像外轮廓线的叠加；图中出现了具有明显厚度的反应区，该反应区通常被称之为湍流火焰刷，如图 4.8（b）所示。由图像中还可以看出：实际湍流预混火焰反应区与层流预混火焰类似，相对很薄，也称为层流火焰片。当预混的未燃气自下向上流动，并进入环境时，瞬时火焰面发生卷曲现象，卷曲现象在火焰顶部表现得最为明显。

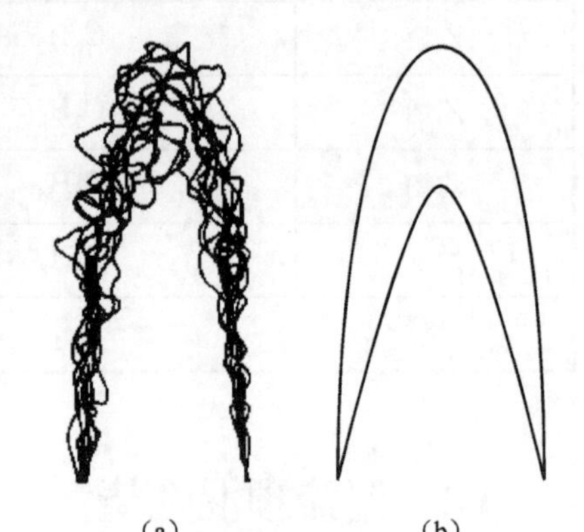

图 4.8 湍流预混火焰的结构特征

（a）不同时刻火焰反应锋面；

（b）火焰的时均图（火焰刷）

4.7 湍流火焰模式

由于湍流会使层流火焰前缘面产生皱褶或扭曲，此类型的湍流火焰被称为皱褶层流火焰模式，这种模式是湍流预混火焰的一种极端情况，另一种极端条件下的湍流预混火焰模式为分布反应模式，而介于这两种之间的火焰模式为旋涡小火焰模式，以下将分别介绍这三种模式。

4.7.1 湍流预混火焰模式判据

在详细介绍湍流火焰模式之前，首先介绍湍流火焰的判断标准。为准确判断湍流火焰模式，有必要建立一种客观的判断模式，并以此为依据进行湍流火焰模式的判定。根据流体力

学中关于湍流尺度的基本概念，湍流尺度可以用来有效表征湍流运动的基本特点。因此湍流火焰模式中，将借助这一概念，对火焰模式进行判别。在湍流结构尺度中，科莫哥洛夫尺度 l_k 是湍流中的最小涡尺度，其特点是具有很高的涡旋强度，其作用是将流体的动能通过黏性耗散的方式转化为流体内部储存能（内能），从而使流体的温度升高。与此相对应，湍流运动中的另一个具有代表性的结构尺度便是最大湍流尺度，即湍流积分尺度 l_0，它是湍流运动中的最大结构尺度。因此，我们自然地可以推测湍流火焰的基本结构是由这两个湍流极限尺度和层流火焰厚度 δ 决定的，因为层流火焰厚度的物理意义是湍流作用无法达到的反应区，根据这一原则，湍流预混火焰基本模式可定义为

皱褶层流火焰模式　　$\delta \leqslant l_k$　　（4.41）

旋涡小火焰模式　　$l_k < \delta < l_0$　　（4.42）

分布反应模式　　$l_0 < \delta$　　（4.43）

以上三个表达式均有明确的物理意义，式（4.41）说明层流火焰厚度比湍流最小尺度要小，小尺度的湍流运动能使很薄的层流火焰区发生皱褶变形；如果湍流尺度小于层流火焰厚度，则反应区内的传热传质过程不仅受分子运动控制，同时还要受到湍流运动的影响。上述判断反应模式的判据也称为丹姆克尔（Damköhler）判据。

4.7.2　丹姆克尔数

在燃烧学中还引入了丹姆克尔数，用于表征流体流动特征时间与燃烧反应的化学特征时间之间的比值，它是一个量纲为 1 的数，其定义式为

$$Da = \frac{\text{流体流动特征时间}}{\text{化学反应特征时间}} = \frac{t_{\text{flow}}}{t_{\text{chem}}} \tag{4.44}$$

其中流体的流动特征时间表征了流体中旋涡结构在反应区中的驻留时间，具体可表示为：$t_{\text{flow}} = l_0/u'_{\text{rms}}$，其中 u'_{rms} 为湍流脉动速度的均方根值。层流火焰的化学特征时间可表示为：$t_{\text{chem}} = \delta/S_L$，它表征了层流火焰在火焰层厚度中驻留所经历的时间。据此，丹姆克尔数可表示为

$$Da = \frac{l_0/u'_{\text{rms}}}{\delta/S_L} = \frac{l_0}{\delta}\frac{S_L}{u'_{\text{rms}}} \tag{4.45}$$

丹姆克尔数表征了燃烧反应速度与流体间混合（动量交换）速度的比值。因此，当燃烧反应速度较快时，$Da \gg 1$，此时称为快速化学反应模式。同样，当燃烧反应速度较慢时，$Da \ll 1$。从另一角度来看，丹姆克尔数也可以理解为几何尺度与相对湍流强度倒数之乘积。

可以通过 l_k/δ，l_0/δ，Re_{l_0}，Da 和 u'_{rms}/S_L 等量纲为 1 的数来判断燃烧反应中的火焰模式，如图 4.9 所示。图中，湍流雷诺数定义为：$Re_{l_0} = u'_{\text{rms}} l_0/\nu$，式中 ν 为运动黏度。

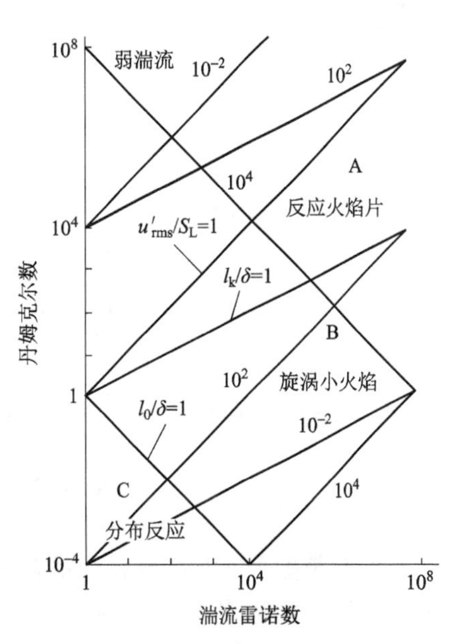

图 4.9　湍流预混燃烧特性

图 4.9 中，可分为三个区域，分别对应于式（4.41）～式（4.43）中的三种火焰模式。在 $l_k/\delta=1$ 线的上方，燃烧反应发生在很薄的厚度内，此时为皱褶层流火焰模式。而在 $l_0/\delta=1$ 线的下方，燃烧反应发生在相对较厚的区域内，以上两线之间的区域即为湍流小火焰模式。在实际应用中，可以根据相应的燃烧反应条件分别计算出丹姆克尔数和湍流雷诺数，在图 4.9 中确定其具体位置，由此判断其湍流火焰模式。

4.7.3 皱褶层流火焰模式

当湍流火焰模式为皱褶层流火焰模式时，燃烧反应在很薄的火焰层中进行，如图 4.9 所示，由此可以确定火焰反应以快速反应模式为其特征。

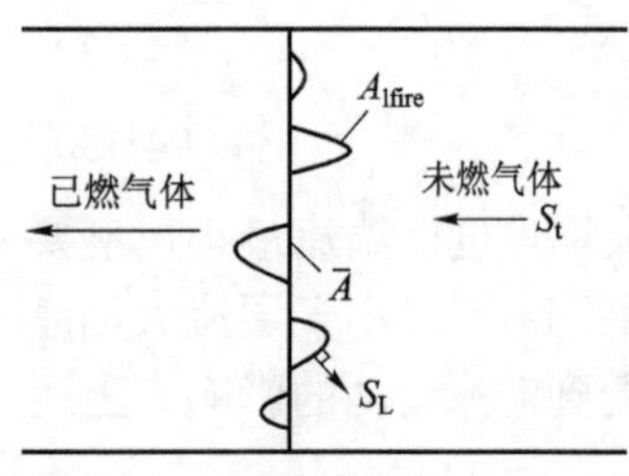

图 4.10 皱褶层流火焰结构

确定湍流皱褶层流火焰模式的一种简便方法是可以假设火焰为一维平面层流，此时的火焰面积相当于时均火焰面积。由于湍流特有的脉动特性，一维层流平面火焰面发生皱褶，导致火焰面积增大。因此湍流火焰速度与层流火焰速度的比值就应等于皱褶火焰（湍流）面积与时均火焰面积（层流）的比值。图 4.10 所示为褶皱层流火焰结构示意图，从中可以看出瞬时火焰面积与平均火焰面积间的相互联系。可将湍流燃烧速率 m 表示为

$$m=\rho_{\rm u}\overline{A}S_{\rm t}=\rho_{\rm u}A_{\rm lfire}S_{\rm L} \tag{4.46}$$

$$\frac{S_{\rm t}}{S_{\rm L}}=\frac{A_{\rm lfire}}{\overline{A}} \tag{4.47}$$

运用皱褶层流火焰概念可将湍流火焰速度与流体流动相联系，有许多模型对其进行了描述。在层流火焰中，层流火焰速度为常数，湍流燃烧速率与流速和火焰面积的关系可由层流火焰速度定义给出：

$$m=\rho_{\rm u}u\overline{A}=\rho_{\rm u}S_{\rm L}A_{\rm lfire} \tag{4.48}$$

于是有

$$A_{\rm lfire}/\overline{A}=u/S_{\rm L} \tag{4.49}$$

式中：$A_{\rm lfire}$ 为火焰面积；$\overline{A}$ 为时均火焰面积。将此关系推广至湍流火焰中，并假设

$$A_{\rm fold}/\overline{A}=u'_{\rm rms}/S_{\rm L} \tag{4.50}$$

式中：$A_{\rm fold}$ 为火焰皱褶面积，其值为火焰面积与火焰时均面积之差，可表示为

$$A_{\rm fold}=A_{\rm lfire}-\overline{A} \tag{4.51}$$

于是根据湍流火焰速度的定义式（4.46），可得出湍流火焰速度表达式：

$$S_{\rm t}=\frac{A_{\rm lfire}}{\overline{A}}S_{\rm L}=\frac{\overline{A}+A_{\rm fold}}{\overline{A}}S_{\rm L}=\left(1+\frac{u'_{\rm rms}}{S_{\rm L}}\right)S_{\rm L} \tag{4.52}$$

这就是由 Damköhler 提出的湍流火焰模型。此外，由 Clavin 等提出的模式中，湍流火焰速度有如下表达式：

$$S_{\rm t}/S_{\rm L}=0.5\{1+[1+8(C\,u'^2_{\rm rms}/S_{\rm L}^2)^{1/2}]\}^{1/2} \tag{4.53}$$

此外，Klimov 也提出了有关湍流火焰速度的模型，如下表达式：

$$S_t/S_L = 3.5(u'_{rms}/S_L)^{0.7} \tag{4.54}$$

式（4.54）的应用条件为：$u'_{rms}/S_L \gg 1$。

图 4.11 展示了采用实验方法测得的湍流火焰速度及采用 Damköhler 和 Klimov 模型的计算结果。从图中可以看出计算结果与实验数据吻合较好。虽然有许多模型可以用来计算湍流火焰速度，但其共同之处为湍流火焰速度仅与脉动速度及层流火焰速度有关，而与湍流的其他特性无关。

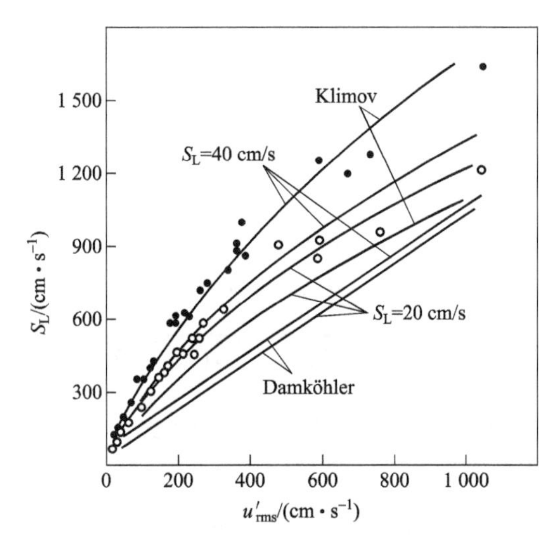

图 4.11　湍流火焰速度和湍流脉动速度的关系

4.7.4　分布反应模式

在湍流预混火焰中，当积分尺度 l_0/δ 和 Da 均小于 1 时，火焰属于分布反应模式。此模式要求湍流积分尺度 l_0 很小，而湍流脉动速度均方根值 u'_{rms} 很大。实际应用中，燃烧反应所在流道的几何尺度要求很小，而流速又要求很大，因此压力损失很大，这样一来往往很难在实际燃烧设备中运用。但在一些污染物的生成反应中，由于污染物的生成反应很慢，往往会在分布反应模式下进行。因此，研究这种模式下化学反应与湍流的相互作用仍具有十分重要的实际意义。

如图 4.12 所示，在湍流预混火焰的分布反应模式中，反应区中包含了全部的湍流尺度，已燃气体和未燃气体被分布反应区相隔在反应区的两侧，燃烧反应发生在已燃气体和未燃气体间的中间区域。当 Da <1 时，根据 Da 的定义，此时意味着燃烧反应时间大于旋涡驻留时间，速度脉动、温度脉动及质量分数脉动都将同时发生。很容易想象，此时的瞬时反应速率将由这些脉动量共同决定。同样，时均反应速率中也会出现脉动关联项（类似于流体力学中的雷诺应力）。

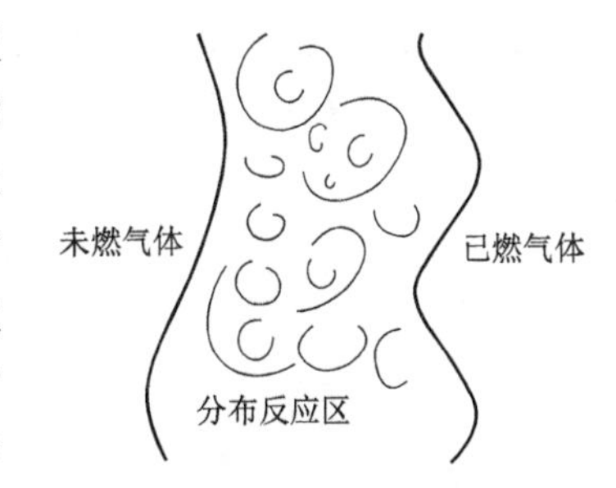

图 4.12　湍流火焰的分布反应模式

以下以双分子反应为例，说明如何确定其平均反应速率。

对于双分子反应

$$\mathrm{A + B \xrightarrow{k(T)} AB}$$

其中，组分 A 的反应速率表示为

$$\frac{\mathrm{d}[\mathrm{A}]}{\mathrm{d}t}=-k[\mathrm{A}][\mathrm{B}] \tag{4.55}$$

将式（4.55）改用质量分数表示，于是式（4.55）可变为

$$\frac{\mathrm{d}Y_{\mathrm{A}}}{\mathrm{d}t}=-kY_{\mathrm{A}}Y_{\mathrm{B}}\frac{\rho}{M_{\mathrm{W_B}}} \tag{4.56}$$

式中：ρ 为混合物的密度。根据湍流中瞬时值、平均值及脉动值的相互关系，有下式存在：

$$\begin{cases} k=\bar{k}+k' \\ Y_{\mathrm{A}}=\bar{Y}_{\mathrm{A}}+Y'_{\mathrm{A}} \\ Y_{\mathrm{B}}=\bar{Y}_{\mathrm{B}}+Y'_{\mathrm{B}} \\ \rho=\bar{\rho}+\rho' \end{cases}$$

将以上关系式代入式（4.56），并对等式两边同时进行时间平均，于是可得

$$\overline{\frac{\mathrm{d}Y_{\mathrm{A}}}{\mathrm{d}t}}=-\overline{k\rho Y_{\mathrm{A}}Y_{\mathrm{B}}}=-\overline{(\bar{k}+k')(\bar{\rho}+\rho')(\overline{Y_{\mathrm{A}}}+Y'_{\mathrm{A}})(\overline{Y_{\mathrm{B}}}+Y'_{\mathrm{B}})} \tag{4.57}$$

为处理方便，式（4.57）中的系数 k 中包含了式（4.56）中的 $M_{\mathrm{W_B}}$，相当于 $k_0=k/M_{\mathrm{W_B}}$，于是式（4.57）右边可进一步写为

$$\overline{\rho kY_{\mathrm{A}}Y_{\mathrm{B}}}+\overline{\rho kY'_{\mathrm{A}}Y'_{B}}+\overline{k\rho' Y'_{\mathrm{A}}Y'_{\mathrm{B}}}+\overline{k'\rho' Y'_{\mathrm{A}}Y'_{\mathrm{B}}}+\text{二变量关联（5项）}+\text{三变量关联（3项）}$$

由上式可以看出：由于湍流的脉动特点，求解过程非常复杂，如果将上式进一步推导演绎，还会出现更多的脉动关联项。因此，这类问题往往要借助于类似湍流模型的方法进行才能求解。

4.7.5 旋涡小火焰模式

旋涡小火焰模式介于皱褶层流火焰模式与分布式反应模式之间，其主要特征是 Da 值适中，但流体的湍流强度较高（$u'_{\mathrm{rms}}/S_L \gg 1$）。在许多燃烧设备中，火焰处于这种模式，如汽油机燃烧、预混丙烷火焰等。

图 4.13 所示为湍流旋涡小火焰模式的示意图，该模式已经较为成功地应用于一些实际的燃烧设备中。如图所示，燃烧火焰区域由许多已燃的燃气团组成。旋涡破碎模型的基本物理思想是：燃烧速度取决于未燃气体旋涡破碎所形成的更小尺度旋涡的速度，由于旋涡的不断破碎，未燃气体和已燃气体之间有足够的接触界面进行反应。在这样的机理下，燃烧速度并不是由化学反应速度支配，而是由湍流运动（涡的破碎）所决定。在这样的过程中，燃料燃烧速率可表示为

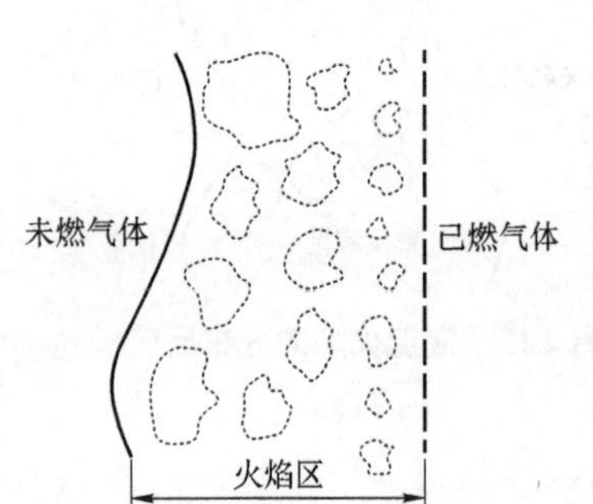

图 4.13　湍流旋涡小火焰模式

$$\overline{\frac{\mathrm{d}\dot{m}_{\mathrm{F}}}{\mathrm{d}x}}=-\rho C_{\mathrm{F}}Y'_{\mathrm{F,rms}}\varepsilon_0/(3u'^2_{\mathrm{rms}}/2) \tag{4.58}$$

式中：C_{F} 为常数 $(0.1<C_{\mathrm{F}}<100)$；$Y'_{\mathrm{F,rms}}$ 为燃料质量分数的脉动均方根值；ε_0 为湍流耗散率；$3u'^2_{\mathrm{rms}}/2$ 为湍动能（假设湍流为均匀各向同性）。将湍流耗散率的定义代入式（4.58）并将其

常数归入 C_F，于是可得

$$\frac{\overline{\mathrm{d}\dot{m}_F}}{\mathrm{d}x} = -\rho C_F Y'_{F,rms} u'^2_{rms} / l_0 \tag{4.59}$$

式（4.59）说明：燃料燃烧速率由其质量分数的脉动值和旋涡特征时间（驻留时间）u'_{rms}/l_0 决定。可以看出：与之前所介绍的皱褶层流火焰模型不同，湍流小火焰旋涡模型中，起主导作用的是湍流特征参数，它们直接影响着湍流燃烧速率。

4.8　湍流预混火焰的稳定性

由于在实际工程中经常会用到湍流预混燃烧火焰，如各种燃烧器、汽油机等。而湍流预混燃烧火焰的稳定性对燃烧设备的性能有着十分重要的影响，因此有必要对其稳定性进行分析与讨论。

所谓火焰稳定性是指火焰可以根据实际要求稳定在特定的空间位置，且不出现回火、推举和吹熄现象，以下将简要介绍一些常用的火焰稳定方法。

1. 低速旁路喷口

低速旁路喷口是在燃烧器中增加若干旁路喷口，其作用是用来点燃被吹熄的主火焰。

2. 燃烧器耐火碹口

燃烧器中，火焰通常稳定在一个固定的空间位置，一般为一个耐火通道，这种装置被称为耐火碹口，如图 4.14 所示。当燃烧器开始工作后，碹口可形成接近绝热的边界，将燃烧产生的热量重新通过辐射方式返回到燃烧器中，因此可使火焰温度接近绝热燃烧温度。由于层流燃烧速率受温度影响很大，因此在辐射热的作用下，湍流燃烧速度会得到提高。在实际设计中，碹口还经常采用渐扩通道方式，使已燃气体由于流道扩大产生边界层分离，从而在碹口内形成回流区；回流的已燃气体会使上游未燃气体温度升高，促进其着火。

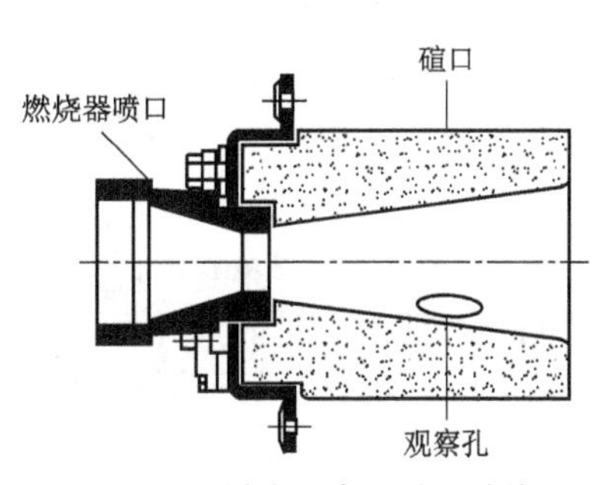

图 4.14　燃烧器中的碹口结构

3. 钝体火焰稳定器

钝体火焰稳定器是指在流场中设置钝体，利用钝体尾流特性，在其下游形成流动特性相对稳定的区域，从而保持稳定的燃烧特性。由于流体在钝体表面会产生旋涡脱落，并在其后部形成回流区，从而使燃烧温度接近绝热燃烧温度，因此利用钝体扰流特性可以提高燃烧火焰的稳定性。

此外，也可利用流体力学中常用的后台阶结构来产生回流以保持火焰稳定，该方法与钝体扰流作用类似，也是利用由高温已燃气体形成的回流区将未燃气体点燃，形成局部湍流火焰速度与气流速度相等的区域，保持火焰稳定。

4. 旋流及射流诱导回流流动

除以上介绍的方法之外，在流场中利用旋流或射流也是常见的火焰稳定方法。

由上述讨论可知：可以利用在流场中设置钝体或利用流道截面积变化的特殊结构，在流场中形成回流区，以达到稳定火焰的作用。

习　题

4.1　层流预混火焰的基本特征是什么？

4.2　确定层流火焰速度所采用的积分解法的基本思路是什么？

4.3　影响层流火焰传播速度的因素有哪些？

4.4　湍流预混火焰的基本特征是什么？

4.5　湍流预混火焰模式判据的物理意义是什么？

4.6　几种湍流预混火焰模式的特点是什么？

4.7　湍流预混火焰稳定的基本原理是什么？

4.8　在标准大气压力下，丙烷－空气混合物中火焰传播速度为 40 cm/s，火焰厚度为 5 mm。求当压力降至 0.5atm 时，火焰传播速度及火焰厚度。

4.9　假定层流火焰以球形方式沿径向传播，其外部为未燃气体，且已燃气体温度、未燃气体温度及层流火焰速度均为常数，试推导火焰径向速度的表达式。

4.10　试证明：在层流预混火焰中，$\Delta h_c = c_p(\alpha+1)(T_b - T_u)$。

4.11　求甲烷－空气以化学当量比混合，未燃气体温度为300 K，并以一维层流平面火焰燃烧时已燃气体传播速度。

4.12　甲烷－空气预混气以均匀速度0.8 m / s 从圆形管道喷出并在出口处点燃，其层流火焰速度为0.4 m / s，试求火焰的锥角。

4.13　已知丙烷－空气混合物燃烧参数为：当量比 $\phi = 0.6$，$T_u = 350\ \text{K}$，$p = 2\ \text{atm}$，$u'_{rms} = 4\ \text{m/s}$，$l_0 = 5\times10^{-3}\ \text{m}$。试计算特征化学时间和特征流动时间，并判断反应类型。

4.14　燃气－空气混合物从直径为 30 mm 的圆形管道中流出，如图 4.15 所示。已知混合物流速为 50 m/s，锥形火焰锥角为 12°，未燃气体温度为 T=300 K，压力 $p = 1.5\ \text{atm}$，未燃气体摩尔质量 $M = 29\ \text{kg/kmol}$。试计算湍流燃烧速度。

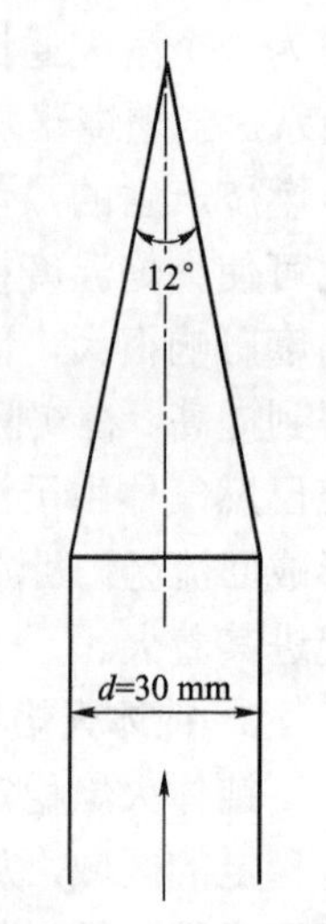

图 4.15　习题 4.14 图

4.15　已知未燃气体温度为600 K，已燃气体温度为1800 K，压力为1 atm，气体流速为90 m / s，燃烧在恰当化学当量比下进行，燃料为丙烷，燃烧器直径为0.4 m；假定相对湍流强度为10%，积分尺度为0.03 m，求该燃烧反应的丹姆克尔数 Da 和科莫哥洛夫尺度 l_k 与层流火焰厚度之比 l_k/δ_L，并判断火焰状态。

参考文献

［1］［美］Stephen R Turns. 燃烧学导论：概念与应用［M］. 2 版. 姚强，李水清，王宇，等译. 北京：清华大学出版社，2009.

［2］严传俊，范玮. 燃烧学［M］. 2 版. 西安：西北工业大学出版社，2010.

［3］Bowman C T. Combustion Applications. 斯坦福大学讲义，1999.

[4] Friedman R, Burke E. Measurement of Temperature Distribution in a Low-Pressure Flat Flame. Journal of Chemical Physics, 1954, 22: 824 – 830.

[5] Spalding D B. Combustion and Mass Transfer. Pergamon, New York, 1979.

[6] Andrews G E, Bradley D. The Burning Velocity of Methane-Air Mixtures. Combustion and Flame, 1972, 19: 275 – 288.

[7] Metghalchi M, Keck J C. Burning Velicity of Mixture of Air with Methanol, Isooctane, and Indolene at High Pressure and Temperatures. Combustion and Flame, 1982, 48: 191 – 210.

[8] Abraham J, Williams F A, Bracco F V. A Discussion of Turbulent Flame Structure in Premixed Charges. Paper 850345, SAE P – 156, Society of Automotive Engineers, Warrendale, PA, 1985.

[9] Damköhler, G. The Effect of Turbulence on the Flame Velocity in Gas Mixtures. Zeitschrift Electrochem, 1940, 46: 601 – 626 (English translation, NACA TM 1112, 1947).

[10] Clavin P, Williams F A. "Effects of Molecular Diffusion and of Thermal Expansion on the Structure and Dynamics of Premixed Flames in Turbulent Flows of Large Scale and Low Intensity", Journal of Fluid Mechanics, 1982, 116: 251 – 282.

[11] Klimov A M. "Premixed Turbulent Flames-Interplay of Hydrodynamic and Chemical Phenomena", in Flames, Laser, and Reactive System (J. R. Bowen, N. Manson, A. K. Oppenheim, and R. I. Soloukhin, eds.), Progress in Astronautics and Aeronautics, Vol. 88, American Institute of Aeronautics and Astronautics, New York, 1983: 33 – 146.

第5章
扩 散 燃 烧

除预混燃烧外，工程实际中的许多燃烧设备，燃料与氧化剂被分别输入，发生燃烧反应。在这种燃烧方式中，化学动力学对燃烧的影响作用较预混燃烧要弱，火焰特性主要由输运特性所决定。因此，通过这种燃烧方式所产生的火焰通常被称为扩散火焰（diffusion flame）或非预混火焰（non-premixed flame）。由于主导因素的差异，扩散火焰与之前讨论的预混火焰有着明显区别。由于扩散燃烧火焰发生时的局部燃料–空气当量比范围较大，并且由输运特性决定，因此，扩散火焰中，火焰结构及燃烧速率等特性主要由输运特性所决定。与预混燃烧不同的是，扩散燃烧火焰中无法具体描述其基本特性参数，如火焰速度等。

在扩散燃烧火焰中，火焰外形（尤其是火焰长度）与总能量释放率有关。根据流体的流动状态，扩散燃烧火焰可分为层流扩散火焰和湍流扩散火焰。本章中，将分别介绍层流扩散火焰结构与湍流扩散火焰结构，并建立相应描述火焰结构的数学物理模型，并讨论扩散火焰稳定性问题。

5.1 层流扩散

5.1.1 层流扩散火焰结构

第 4 章中所介绍的本生灯火焰中的外焰是一种典型的扩散火焰结构，由于射流是扩散火焰的一种典型方式，因此本章首先讨论射流情况。扩散火焰中射流的基本特征为：无反应的流体（燃料）自管道喷口喷入一个充满静止流体（氧化剂）的大空间中。

首先讨论层流射流中的流动特性和扩散过程，图 5.1 所示为燃料从直径为 D 的圆形喷口喷入静止空气中的情形。为简化起见，假定燃料为气体，且在管道出口的速度均匀一致。从流体力学特性可知：在靠近喷口位置附近，由于流体速度较高且分布较为均匀，因此流体黏性力和质量扩散效果较弱，在流场中还起不到主导作用。另外，在此区域，由于流体速度和质量分数不变，流体速度等于喷口处的值，该区域也被称为气流核心区。

由于射流特有的性质，在气流核心与射流边界之间的区域，燃料的速度及浓度都将减小，并在射流边界处达到与环境相同的参数。当环境为静止状态时，燃料的速度与浓度均为零。而在气流核心区与射流边界之间的区域，由于流场速度出现显著变化，流体黏性力不容忽视，因此在此区域黏性力对流场中的质量扩散将起到重要作用。

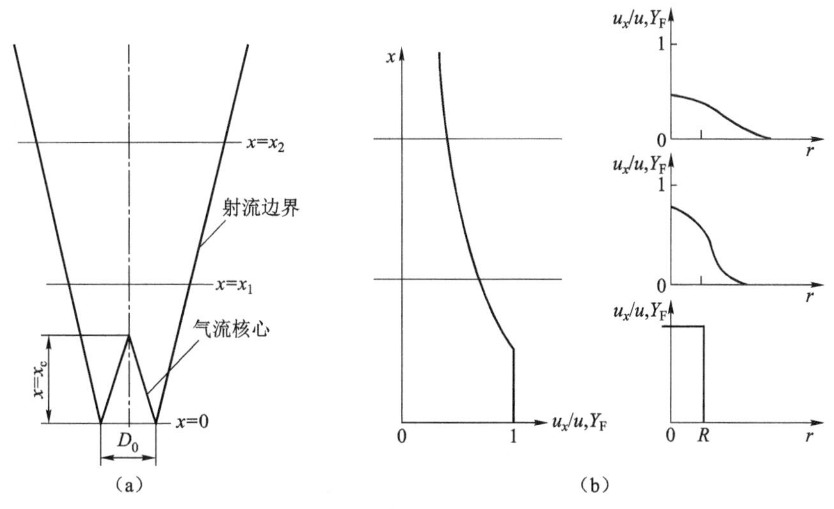

图 5.1　喷入静止环境（空气）的射流

当射流流体通过喷口进入射流环境中后，由于其中的一部分动量将传至周围环境（一般为空气）中，结果使得其速度减小。而由于部分环境流体得到了来自射流流体的动量，因此这部分环境流体被射流流体带进入射流区（相当于被“吸入”），由喷口进入射流空间环境的流体动量应保持守恒，因此可用下式表示为

$$\rho_0 u_0^2 \pi R^2 = \int_0^\infty 2\pi \rho u^2 r \mathrm{d}r \tag{5.1}$$

式（5.1）左侧代表了从喷口以射流方式进入环境流体的动量，而等式右侧则为射流流体在流场某位置处的动量。式中 ρ_0 与 u_0 分别为射流流体（燃料）在喷口处的密度与速度，射流流体速度及浓度变化规律如图 5.1（b）所示，可以看出：速度在射流中心线处（ $r=0$ ）为最大，而在射流边界处变为零（与环境流体速度相同）。

射流流体在流场中的动量传递对其速度场有直接影响。与此类似，射流流体的浓度分布则取决于质量（组分）传递。动量传递和质量传递体现了对流和扩散的作用，具有相似性，从动量方程及质量传递方程也可以很容易看出这一点。由此可以确定，如果射流流体为某种燃料，那么燃料的浓度和速度分布具有相似性。为更好地体现这两种不同物理参数的相似性，多采用量纲为 1 的数体现这种相似性。在这些量纲为 1 的数中，浓度采用质量分数，速度采用量纲为 1 的速度，两者均与空间位置有关，可分别表示为 $Y_\mathrm{F}(r,x)$ 和 $u_x(r,x)/u_0$ 。与速度分布相似，燃料的浓度在射流中心轴线处最高。由于射流环境中燃料的浓度为零，因此，在浓度梯度的驱使下，燃料会沿径向向周围环境扩散。由于射流流体在轴向存在速度，因此燃料沿轴向的流动会在一定程度上减弱其沿径向的扩散，其直接结果是燃料的扩散时间增加。最终，随沿轴向距离的不断增加，轴向中心线处的燃料浓度逐渐随之减小，由于燃料的不断扩散，包含燃料组分的空间区域不断增大（变宽），与动量分析相类似，从喷口进入空间环境的燃料质量也应当保持守恒，于是有

$$\rho_0 u_0 \pi R^2 Y_{\mathrm{F},0} = \int_0^\infty 2\pi \rho u Y_\mathrm{F} r \mathrm{d}r \tag{5.2}$$

由于喷口处燃料的质量分数 $Y_{\mathrm{F},0}=1$，于是式（5.2）也可表示为

$$\rho_0 u_0 \pi R^2 = \int_0^{\infty} 2\pi \rho u Y_F r \mathrm{d}r \tag{5.3}$$

为进一步确定燃料的速度分布和浓度分布，做如下假设：

（1）射流流体的密度为常数；

（2）射流流体的质量扩散服从菲克扩散定律；

（3）速度分布和浓度分布相似，即动量扩散系数和质量扩散系数相同；

（4）轴向动量与质量扩散均忽略。

5.1.2 控制方程及求解

采用质量、动量及组分扩散方程，便可得出以上问题的速度与浓度分布。在前述的假设条件下，质量、动量及组分方程可分别表示如下：

$$\frac{\partial u}{\partial x} + \frac{1}{r}\frac{\partial (ur)}{\partial r} = 0 \tag{5.4}$$

$$u\frac{\partial u}{\partial x} + v\frac{\partial v}{\partial r} = \upsilon \frac{1}{r}\frac{\partial}{\partial r}\left(r\frac{\partial v}{\partial r}\right) \tag{5.5}$$

$$u\frac{\partial Y_F}{\partial x} + v\frac{\partial Y_F}{\partial r} = D\frac{1}{r}\frac{\partial}{\partial r}\left(r\frac{\partial Y_F}{\partial r}\right) \tag{5.6}$$

$$Y_F + Y_{O_2} = 1 \tag{5.7}$$

方程（5.4）～方程（5.7）共包含三个未知量，即轴向速度u、径向速度v和燃料质量分数Y_F，根据射流特征，可给出如下边界条件：

在中心对称轴上（$r=0$），有

$$v = 0 \tag{5.8}$$

$$\frac{\partial u}{\partial r} = 0 \tag{5.9}$$

$$\frac{\partial Y_F}{\partial r} = 0 \tag{5.10}$$

在半径无穷大处（$r \to \infty$），即位于射流环境位置中，流体处于与环境流体相同的状态（静止状态），且无燃料存在（环境中无扩散质量存在），于是有

$$u = 0 \tag{5.11}$$

$$Y_F = 0 \tag{5.12}$$

此外，在射流喷口处（$x=0$）流体的轴向速度和燃料浓度（质量分数）均匀一致，在喷口外部值均为零，于是有

$$u = u_0 \ (r \leqslant R) \tag{5.13}$$

$$v = 0 \ (r > R) \tag{5.14}$$

$$Y_F = Y_{F,0} = 1 \ (r \leqslant R) \tag{5.15}$$

$$Y_F = 0 \ (r > R) \tag{5.16}$$

为了求解速度分布，可采用相似理论方法。所谓相似理论方法，是指采用合适的中间变

量代换，将偏微分方程化为常微分方程的方法；这种方法在传热学中求解层流边界层中的速度与温度分布中也会用到。具体的相似变换方法此处不做详细介绍，其求解过程详见相关文献，采用相似变换后得到的解为

$$u=\frac{3J_0}{8\pi\mu x}\left(1+\frac{\eta^2}{4}\right)^{-2} \tag{5.17}$$

$$v=\left(\frac{3J_0}{16\pi\rho_0}\right)^{1/2}\frac{\eta-\eta^3/4}{(1+\eta^2/4)^2}\frac{1}{x} \tag{5.18}$$

其中，$J_0=\rho_0u_0^2\pi R^2$，$\eta=\frac{1}{\mu}\left(\frac{3\rho_0J_0}{16\pi}\right)^{1/2}\frac{r}{x}$

将上式代入式（5.17）并整理，可得

$$\frac{u}{u_0}=0.375Re_0\left(\frac{x}{R}\right)^{-1}\left(1+\frac{\eta^2}{4}\right)^{-2} \tag{5.19}$$

式（5.19）中 $Re_0=\frac{\rho_0u_0R}{\mu}$。

该表达式在距离喷口很近处不适用，因为u/u_0 应小于 1。

在轴向中心线处（$r=0$，$\eta=0$），轴向速度可表示为

$$\frac{u}{u_0}=0.375Re_0\left(\frac{x}{R}\right)^{-1} \tag{5.20}$$

中心线速度分布沿轴向距离的增加呈逐步减小（衰减）趋势。此外，常见的射流参数中，还包括扩张率和扩张角。所谓扩张率，就是射流半宽与轴向距离之比，该值的反正切即为扩张角。射流半宽是在射流某一轴向位置处，当射流速度减至该轴向距离中心线轴向速度一半时所对应的径向距离为该轴向位置处的射流半宽，如图 5.2 所示。

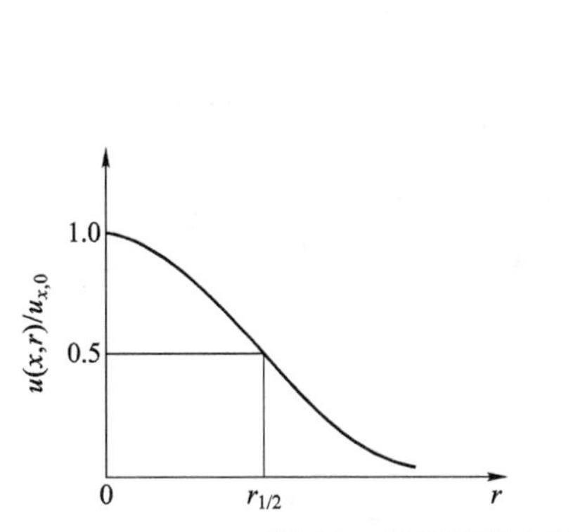

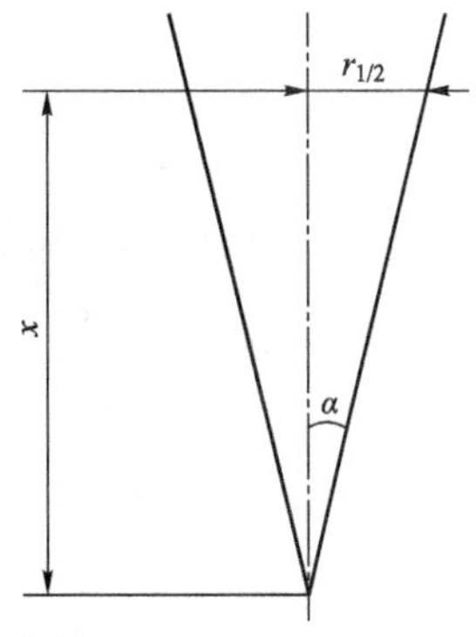

图 5.2　射流半宽与射流扩张角

$$\frac{r_{1/2}}{x}=2.97\frac{\mu}{\rho_0u_0R}=2.97Re_0^{-1} \tag{5.21}$$

$$\alpha=\arctan\frac{r_{1/2}}{x}=2.97Re_0^{-1} \tag{5.22}$$

可以看出：随雷诺数增加，射流半宽减小，射流扩张角也变小。

对比射流动量方程（5.5）和扩散方程（5.6）可以发现：当动量扩散系数与质量扩散系数相等时，即$\upsilon = D$时，方程（5.5）与方程（5.6）的解完全相同。此时，方程（5.6）的解为

$$Y_{\mathrm{F}} = \frac{3Q_0}{8\pi Dx}\left(1+\frac{\eta^2}{4}\right)^{-2} \tag{5.23}$$

式中：Q_0为燃料在射流喷口处的流量，$Q_0 = u_0 \pi R^2$。

于是当$\upsilon = D$时，有

$$Y_{\mathrm{F}} = 0.375 Re_0 \left(\frac{x}{R}\right)^{-1}\left(1+\frac{\eta^2}{4}\right)^{-2} \tag{5.24}$$

在轴线中心线处（$r = 0$）

$$Y_{\mathrm{F},0} = 0.375 Re_0 \left(\frac{x}{R}\right)^{-1} \tag{5.25}$$

同速度分布规律相类似，中心线质量分数随轴线距离的增加也呈衰减趋势，与之前的速度分布表达式相同，浓度分布的表达式也在距离喷口一定位置处才适用，该距离的值为

$$\frac{x}{R} > 0.375 Re_0 \tag{5.26}$$

例 5.1 乙烯（C_2H_4）从直径为 10 mm 的喷口喷入静止的空气中，空气温度为 300 K，压力为标准大气压。已知射流速度为$10\ \mathrm{cm/s}$和$1\ \mathrm{cm/s}$，试计算射流扩张角及射流中心线乙烯质量分数达到化学当量时的轴向距离，已知乙烯在 300 K 时的动力黏度为$102.3\times10^{-7}\ \mathrm{Pa \cdot s}$。

解：射流流体的密度可按照理想气体状态方程计算，于是有

$$\rho_0 = \frac{1}{v} = \frac{p}{(R/M_{\mathrm{W}})T} = \frac{101\,325}{(8\,315/28.05)\times 300} = 1.14\ \mathrm{kg/m^3}$$

计算射流雷诺数，当射流速度为 10 cm/s 时，对应的射流雷诺数为

$$Re_{0,1} = \frac{u_{0,1} R \rho_0}{\mu} = \frac{0.10\times0.005\times1.14}{102.3\times10^{-7}} = 55.7$$

同样，当射流速度为 1 cm/s 时，对应的射流雷诺数为

$$Re_{0,2} = \frac{u_{0,2} R \rho_0}{\mu} = \frac{0.01\times0.005\times1.14}{102.3\times10^{-7}} = 5.57$$

根据式（5.22）可计算扩张角。

$$\alpha_1 = \arctan 2.97/55.7 = 3.05^\circ$$

$$\alpha_2 = \arctan 2.97/5.57 = 28.1^\circ$$

显而易见，射流雷诺数（速度）越低，则射流扩张角越大。应当注意的是，射流扩张角与雷诺数的大小成正比，而不能简单理解为与射流速度成正比。比如，当射流速度较低，但射流喷口直径较大或射流流体的运动黏度较小时，射流雷诺数仍较大，此时的射流扩张角仍较大；同样，当射流流速较大，但喷口直径较小或射流流体的运动黏度较大时，射流雷诺数仍较小，此时的射流扩张角仍较小。当然如果对于同种流体和同种射流几何结构，由于雷诺

数与流速成正比，此时的射流扩张角则与射流流速成正比。

处于化学当量的燃料质量分数可采用下式计算：

$$Y_F = \frac{m_F}{m_A + m_F} = \frac{1}{A/F + 1}$$

其中，$A/F = \left(x + \frac{y}{4}\right) \times 4.76 \times \frac{M_{W_A}}{M_{W_F}} = \left(2 + \frac{4}{4}\right) \times 4.76 \times \frac{28.85}{28.05} = 14.7$

于是有 $Y_F = \frac{1}{14.7 + 1} = 0.063\,7$

在式（5.25）中，令 $Y_{F,0} = Y_F$，便可确定流体质量分数为化学当量值时的轴向位置，于是有 $x = R\frac{0.375Re_0}{Y_F}$。

$$x_1 = \frac{0.005 \times 0.375 \times 55.7}{0.063\,7} = 1.64\ (\mathrm{m})$$

$$x_2 = \frac{0.005 \times 0.375 \times 5.57}{0.063\,7} = 0.164\ (\mathrm{m})$$

由以上计算结果可以看出：低速流体浓度降低至与高速流体浓度相同值时，其轴向流动距离要远小于高速流体对应的轴向距离。由此说明惯性力对流体的沿径向的质量扩散起着重要作用，对于同种流体和相同的射流几何结构，惯性力与射流流速成正比，射流流速越大，则惯性力越大，径向质量扩散越弱；反之，射流流速越小，惯性力越小，流体沿径向的质量扩散则越强。

5.1.3　射流火焰特性

层流射流火焰燃烧的基本特征如图 5.3 所示，从图中可以看出火焰中的多种结构与不同区域。射流过程中，当射流流体（燃料）沿轴向流动时，在径向速度和浓度梯度的作用下，

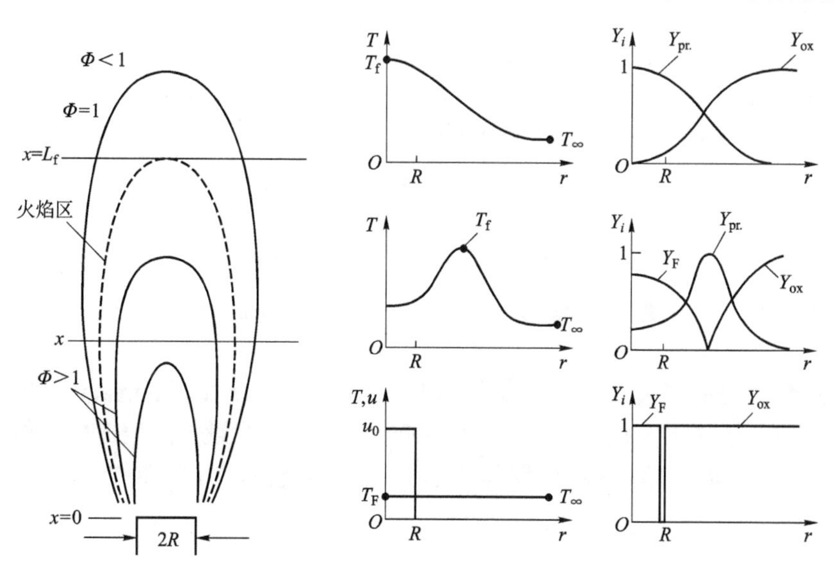

图 5.3　层流扩散火焰结构

射流流体（燃料）向周围环境扩散，而氧化剂则向内扩散。火焰燃烧面可定义为：火焰中燃料和氧化剂质量比为化学当量比的全部空间点的集合。

层流扩散燃烧火焰中，由于燃烧中发生的化学反应，燃料和氧化剂在火焰处将被消耗，火焰燃烧反应的产物与化学当量比有关。在火焰燃烧中，燃烧产物在火焰表面形成后，将向其周围快速扩散。当富氧（大于化学当量比）燃烧时，火焰周围会存在过量氧化剂；而当处于化学当量比燃烧时，氧化剂则被完全消化，火焰周围没有多余的氧化剂。

火焰长度是扩散火焰中的一个重要特性参数，火焰长度的定义为：在火焰中心线上，当化学当量比为 1 时的火焰轴向长度，其表达式为

$$\Phi(r=0,x=L_{\mathrm{f}})=1 \tag{5.27}$$

火焰长度的定义说明：火焰的末端即为火焰面的边界，超出此边界，火焰燃烧消失。在扩散燃烧火焰中，发生燃烧反应的区域一般很窄，在火焰顶部前的区域，高温反应区是一环形区域。在火焰上部，由于温度较高，流体浮升力的作用将必须予以考虑。当火焰与射流流体（燃料）的方向一致时，浮升力的方向将与射流流体（燃料）的流动方向一致，其结果会使射流流体（燃料）加速。由于质量守恒，火焰面将变窄，由此可以导致火焰中燃料的浓度梯度增加，燃料的扩散作用得以一定程度的增强。显而易见，浮升力的这两种作用对火焰长度的影响相反，前者使火焰得到拉伸，长度变长；后者由于扩散作用，使火焰长度变短，最终两种作用效果基本互相抵消。

碳氢化合物燃烧所形成的火焰中，经常有碳烟出现。此时，火焰呈橙色或黄色，如果燃烧时间充分，碳烟会在反应区燃料一侧形成，并在向氧化区流动的过程中被逐渐氧化和消耗。由于火焰燃烧过程中燃料和火焰的停留时间存在差异，燃料一侧形成的碳烟在向高温区流动的过程中可能不会被完全氧化消耗，这些碳烟将从火焰中分离，这部分从火焰中分离的碳烟就是通常意义上所说的“烟”。

层流扩散火焰的火焰长度与初始条件之间存在相互关系。如对圆形喷口所形成的扩散火焰而言，火焰长度与燃料的体积流量 Q_{F} 有关，而体积流量取决于射流流体（燃料）的初始速度 u_0 和喷口半径 R 。

可以忽略化学反应做适当的简化处理，将式（5.23）中的燃料质量分数用化学当量比时的燃料质量分数代替，此时式（5.24）可用来描述火焰边界。根据火焰长度的定义，在火焰中心线上时，即当 $r=0$ 时，火焰长度可表示为

$$L_{\mathrm{f}}=\frac{3Q_{\mathrm{F}}}{8\pi DY_{\mathrm{F}}} \tag{5.28}$$

式（5.28）表明：层流扩散火焰长度与射流流体（燃料）的体积流量成正比，与燃料位于化学当量数时的质量分数成反比。因此，燃料完全燃烧所需氧化剂（空气）越少，火焰长度越短。

对层流扩散火焰的研究有很多，其基本出发点仍是 Burke 和 Schumann 所提出的，后续的研究者尽管进行了许多简化，但 Burke 和 Schumann 基本假设中的恒速仍然得以保留，只是假设条件各不相同，基本求解过程与前述的过程相类似，有兴趣的读者可以参考其他文献。

5.2　几种常用火焰燃烧器火焰特性

一些常用几何形状为喷口的燃烧器火焰特性，具有非常重要的工程应用价值，为此而进行的研究也很多，具有代表性的是罗帕的研究，在其所进行的分析计算中，动量方程中均考虑了浮升力的作用。

对于圆口及方口燃烧器，计算结果如以下表达式。需要说明的是：计算结果的适用条件为富氧燃烧，并不考虑燃烧中惯性力与浮升力间的相互主导地位，甚至燃料的射流方式（燃料单独以射流方式进入静止氧化剂环境或燃烧与氧化剂以同轴方式射流）也不予考虑。

对于圆口燃烧器：

$$L_{\mathrm{f,thy}}=\frac{Q_{\mathrm{F}}(T_{\infty}/T_{\mathrm{F}})}{4\pi D_{\infty}\ln(1+1/S)}\left(\frac{T_{\infty}}{T_{\mathrm{f}}}\right)^{0.67} \tag{5.29}$$

$$L_{\mathrm{f,exp}}=\frac{1\,330Q_{\mathrm{F}}(T_{\infty}/T_{F})}{\ln(1+1/S)} \tag{5.30}$$

式中：S 为化学当量氧化剂 – 燃料物质的量之比；D_{∞} 为氧化剂在温度为 T_{∞} 时的平均质量扩散系数；T_{F} 和 T_{f} 分别为燃料温度和火焰平均温度。

对于方口燃烧器：

$$L_{\mathrm{f,thy}}=\frac{Q_{\mathrm{F}}(T_{\infty}/T_{\mathrm{F}})}{16D_{\infty}\{\mathrm{inverf}[(1+S)^{-1/2}]\}^{2}}\left(\frac{T_{\infty}}{T_{\mathrm{f}}}\right)^{0.67} \tag{5.31}$$

$$L_{\mathrm{f,exp}}=\frac{1\,045Q_{\mathrm{F}}(T_{\infty}/T_{\mathrm{F}})}{\{\mathrm{inverf}[(1+S)^{-1/2}]\}^{2}} \tag{5.32}$$

式中：inverf 为反误差函数。表 5.1 列出了常用的误差函数 erf 的值，从该表中可以查出反误差函数。

表 5.1　高斯误差函数

w	erf$w$	w	erf$w$	w	erf$w$
0.00	0.000 00	0.22	0.244 30	0.48	0.502 75
0.02	0.022 56	0.24	0.265 70	0.52	0.537 90
0.04	0.045 11	0.26	0.286 90	0.56	0.571 62
0.06	0.067 62	0.28	0.307 88	0.60	0.603 86
0.08	0.090 08	0.30	0.328 63	0.64	0.634 59
0.10	0.112 46	0.32	0.349 13	0.68	0.663 78
0.12	0.134 76	0.34	0.369 36	0.72	0.691 43
0.14	0.156 95	0.36	0.389 33	0.76	0.717 54
0.16	0.179 01	0.38	0.409 01	0.80	0.742 10
0.18	0.200 94	0.40	0.428 39	0.84	0.765 14
0.20	0.222 70	0.44	0.466 22	0.88	0.186 69

续表

w	erf$w$	w	erf$w$	w	erf$w$
0.92	0.806 77	1.20	0.910 31	1.90	0.992 79
0.96	0.825 42	1.30	0.934 01	2.00	0.995 32
1.00	0.842 70	1.40	0.952 28	2.20	0.998 14
1.04	0.858 65	1.50	0.966 11	2.40	0.999 31
1.08	0.873 33	1.60	0.976 35	2.60	0.999 76
1.12	0.886 79	1.70	0.983 79	2.80	0.999 92
1.16	0.899 10	1.80	0.989 09	3.00	0.999 98

此外，对于惯性力起主导作用（惯性力控制）的矩形口喷口燃烧器有

$$L_{\mathrm{f,thy}}=\frac{b\beta^2 Q_{\mathrm{F}}(T_\infty/T_{\mathrm{F}})^2}{lID_\infty Y_{\mathrm{F}}}\left(\frac{T_{\mathrm{f}}}{T_\infty}\right)^{0.33} \tag{5.33}$$

$$L_{\mathrm{f,exp}}=\frac{8.6\times10^4\times b\beta^2 Q_{\mathrm{F}}(T_\infty/T_{\mathrm{F}})^2}{lIY_{\mathrm{F}}} \tag{5.34}$$

式中：l 为燃烧器矩形喷口的长度；b 则为矩形喷口的宽度；$\beta=\{4\mathrm{inverf}[1/(1+S)]\}^{-1}$；$I$ 为喷口初始流体动量与流体时均动量之比值，即 $I=\dfrac{J_0}{m_{\mathrm{F}}u_0}$。对于均匀流动，$I=1$；当 $l\gg b$ 时，则 $I=1.5$。需特别指出的是：式（5.33）和式（5.34）适用于燃料由喷口以射流方式进入静止氧化剂环境的情况。

对于矩形口燃烧器（浮升力控制）：

$$L_{\mathrm{f,thy}}=\left(\frac{9\beta^4 Q_{\mathrm{F}}^4 T_\infty^4}{8D_\infty^2\alpha l^4 T_{\mathrm{F}}^4}\right)^{1/3}\left(\frac{T_{\mathrm{f}}}{T_\infty}\right)^{2/9} \tag{5.35}$$

$$L_{\mathrm{f,exp}}=2\times10^3\left(\frac{\beta^4 Q_{\mathrm{F}}^4 T_\infty^4}{\alpha l^4 T_{\mathrm{F}}^4}\right)^{1/3} \tag{5.36}$$

式中：α 为浮升力所产生的加速度，可采用下式计算：

$$\alpha=0.6g\left(\frac{T_{\mathrm{f}}}{T_\infty}-1\right) \tag{5.37}$$

式中：g 为重力加速度。

可以预料的是，层流扩散火焰发展过程中，惯性力和浮升力都存在并将发挥各自的作用，但确定扩散火焰的主导控制力时，即确定火焰是受惯性力控制还是由浮升力控制时，应当首先计算火焰的弗劳德数 Fr，并以此作为判据，判断火焰的主导控制力。

弗劳德数的物理意义是射流流体的初始惯性力与火焰所受到浮升力之比。对于以射流方式喷入静止环境中的层流射流火焰，有

$$Fr=\frac{(u_0 IY_{\mathrm{F}})^2}{\alpha L_{\mathrm{f}}} \tag{5.38}$$

对于不同的弗劳德数，可以根据其数值大小的范围确定火焰的主导控制力，如下：

当火焰受惯性力控制时，$Fr \gg 1$；

当惯性力与火焰所受浮升力相当时，为混合模式，此时 $Fr \approx 1$；

当火焰受浮升力控制时，$Fr \ll 1$。

需要注意的是，在采用弗劳德数判别火焰的主导控制力时，会采用火焰长度的具体数值，而此时火焰长度的数值却未知。在这种情况下，应首先对火焰长度 L_f 进行预估，即先给出一个假定值，然后进行判断；再根据判断结果对火焰长度进行校验，以确定控制区域是否正确。可以分析看出：在过渡区，即混合模式时，惯性力和浮升力对火焰均起到重要的影响作用，罗帕提出用下式计算火焰长度：

$$L_{f,T} = \frac{4}{9} L_{f,M} \left(\frac{L_{f,B}}{L_{f,M}} \right)^3 \left\{ \left[1 + 3.38 \left(\frac{L_{f,M}}{L_{f,B}} \right)^3 \right]^{2/3} - 1 \right\} \tag{5.39}$$

式中：下标 T，B 和 M 分别代表混合控制、浮升力控制及惯性力控制时的物理参数。

例 5.2　在采用方形喷口扩散火焰燃烧器时，要得到 50 mm 的火焰高度，采用的燃料为丙烷，求所需要的丙烷体积流量，假定环境温度和燃料温度均为 300 K。

解：对于方形喷口，可采用式（5.32）计算射流流体（燃料）的体积流量。为此，需首先计算化学当量摩尔比 S。由之前的章节可知：$S = 4.76\times(x + y/4)$，对于丙烷 C_3H_8，$x = 3, y = 8$；在本例中，于是有：$S = 4.76\times(3 + 8/4) = 23.8$。

因此查表 5.1 有：$\text{inverf}\left[(1+23.8)^{-1/2}\right] = \text{inverf}(0.200\,8) = 0.18$。

由 $L_{f,exp} = \dfrac{1\,045 Q_F (T_\infty / T_F)}{\{\text{inverf}[(1+S)^{-1/2}]\}^2}$ 可得

$$Q_F = \frac{L_{f,ap}\{\text{inverf}[(1+S)^{-1/2}]\}^2}{1\,045(T_\infty / T_F)} = \frac{0.050\times 0.18^2}{1\,045\times(300/300)} = 1.55\times 10^{-6}(\text{m}^3/\text{s})$$

由本例可以看出：化学当量摩尔比对火焰特性有直接影响。化学当量摩尔比 S 的定义为

$$S = \frac{\text{环境流体物质量}}{\text{喷射流体物质量}} \tag{5.40}$$

其值与喷射流体和环境流体有关。对于纯燃料，当其在空气中燃烧时，其化学当量摩尔比可写为

$$S = \frac{x + \frac{y}{4}}{Y_{O_2}} \tag{5.41}$$

式中：Y_{O_2} 为空气中的氧气摩尔分数。

工程实际应用时，在采用层流扩散燃烧的燃烧设备中，气体燃料燃烧前常常与空气进行部分预混，即所谓的一次风。一次风的作用是使火焰长度变短，有利于防止碳烟的形成，一般为蓝色火焰。由于安全原因，一次风的流量有一定限制。显然，如果一次风量过大，有可能超过可燃上限，此时火焰就变为预混燃烧火焰。在加入一次风的条件下，由于部分空气已经与燃料混合，因此射流流体可看作是燃料与空气的混合物，此时化学当量摩尔比可采用下式计算：

$$S=\frac{1-\phi}{\phi+(1/S_{\text{pure}})} \tag{5.42}$$

式中：ϕ为一次风占所需空气量的百分比；S_{pure}为纯燃料时的化学当量摩尔比。

同理，当采用不可燃气体（如惰性气体）对燃料进行稀释时，也会对化学当量摩尔比有一定影响。对于常用的碳氢燃料，加入不可燃气体（稀释剂）时的化学当量摩尔比可用下式计算：

$$S=\frac{x+y/4}{\left(\frac{1}{1-x_{\text{ad}}}\right)Y_{O_2}} \tag{5.43}$$

式中：x_{ad}为燃料中所加入的不可燃气体（稀释剂）的摩尔分数。

5.3 碳烟特性

碳烟是碳氢化合物－空气扩散火焰的重要特征，碳烟受热后会发光；此外，碳烟还会使火焰产生热辐射，从而导致热损失，而其所产生的热辐射波长主要集中于红外区域。因此，在实际工程应用中，扩散火焰中应当尽量避免碳烟的形成。关于碳烟的形成机理有许多研究，结论也存在一定差异。目前比较公认的结论是：碳烟是在一定温度范围内的扩散火焰中形成的，此温度范围为 $1\,300\ \text{K}<T<1\,600\ \text{K}$。可以看出：含有碳烟的温度范围很窄。扩散火焰中有关碳烟形成的物理化学过程十分复杂，此处不进行详细介绍，有兴趣的读者可以查阅相关文献。

5.4 湍流扩散火焰

湍流扩散燃烧火焰具有易于控制的特点，因而在实际燃烧系统中得到广泛应用。我们将以湍流射流火焰为例，详细介绍湍流扩散火焰。

与湍流预混火焰相似，湍流扩散火焰的边界并不明晰，比较模糊。与流体力学中流体流动状态由层流向湍流的转变相类似，湍流扩散火焰的形成也经历了层流向过渡区的转化，并最终变为湍流的历程。首先，在层流火焰区中，火焰面清晰光滑并具有较好的稳定性；而在火焰过渡区中，火焰面末端出现了局部范围的湍流，火焰面开始出现皱褶，随着射流燃料流出速度的增加，火焰面端部局部湍流区长度增加，由层流转变为湍流的“转换点”逐渐向管口方向移动，此时火焰高度降低。在火焰湍流中，火焰高度几乎与射流燃料的流出速度无关，转换点与管口间的距离则随流速增加略有缩短；火焰面褶皱非常明显，火焰亮度降低，并伴随明显的燃烧噪声。

湍流扩散火焰的稳定性是其一个重要的特性，所谓火焰稳定性是指火焰既不被燃料吹跑，也不会产生回火，而始终“悬挂”在射流喷口的情况。在低射流燃烧流速时，火焰会附着在射流喷口处；而当流速增加后，火焰将逐渐从喷口处抬升，从喷口到火焰底部距离为火焰升起距离。显而易见，当喷口燃料流出速度超过一定值后，火焰将会被吹熄，目前常用一些人工稳焰方法来改善火焰的稳定性。此外，由于碳氢化合物在高温和缺氧的条件下可分解为低分子化合物，并产生游离态碳颗粒。这些碳颗粒如果不及时完全燃烧而被燃烧产物带走，就会形成明显的碳烟，从而造成环境污染，并造成能量损失。

扩散火焰燃烧时，在火焰底部及火焰内侧容易出现析碳，如何控制碳颗粒生成及防止冒烟是扩散燃烧中应当注意的问题。实验研究发现：气体燃料中一氧化碳分子的热稳定性较好，在 2 500～3 000℃的高温范围内仍能保持良好的稳定性；而各种碳氢化合物的热稳定性较差，容易在低温条件下分解。扩散火焰形成时，由于燃料与氧化剂并未在管路中预先混合，因此不会产生回火现象。但扩散火焰温度较低，无法适应某些特殊用途，也不利于燃料化学能的有效利用。

相对于层流扩散火焰，类似于流体力学中的湍流现象，湍流扩散燃烧火焰非常复杂，很难采用解析方法求解，一般采用模型或数值方法求解。建立湍流火焰模型是非常困难的工作，许多内容都超出了本教材的范畴，本节将只介绍一个最基本的湍流射流扩散火焰模型，以便为今后的学习奠定必要的理论基础。

为建立湍流射流扩散火焰模型，首先进行如下假设：

（1）射流流体（燃料）从圆形喷口喷出，进入无限大静止的空气中燃烧，时均流场为稳态轴对称分布；

（2）动量、质量与能量方程中的分子输运忽略不计；

（3）湍流动量扩散系数在流场中不变；

（4）忽略与密度脉动相关的项；

（5）湍流动量、质量和能量输运率相等；即湍流施密特数、普朗特数和刘易斯数相等；

（6）忽略浮升力的作用；

（7）忽略辐射传热；

（8）只考虑射流流体（燃料）的径向扩散（动量、质量及能量），忽略轴向扩散；

（9）射流喷口处燃烧速度均匀一致；

（10）混合物由燃料、氧化剂与产物组成。三种组分的摩尔质量相同，均为 $29\ \mathrm{kg/kmol}$，比定压热容均为 $c_p = 1.004\ \mathrm{J/(kg \cdot K)}$，燃料热值为 $4\times10^7\ \mathrm{J/kg}$，化学当量的空燃比为 15:1。

5.4.1 控制方程

与之前的层流扩散火焰控制方程相类似，此处用时均值代替瞬时值，并引入如下量纲为 1 的量：

$$\begin{cases} x^* = x/R \\ r^* = r/R \\ u^* = u/u_0 \\ v^* = v/u_0 \end{cases} \tag{5.44}$$

量纲为 1 的焓为

$$h^* = \frac{h - h_{\mathrm{ox},\infty}}{h_{\mathrm{F},0} - h_{\mathrm{ox},\infty}}$$

在喷口处，$h = h_{\mathrm{F},0}$，于是有 $h^* = 1$；在射流环境中，即当 $r \to \infty$ 时，$h = h_{\mathrm{ox},\infty}$，$h^* = 0$。

量纲为 1 的密度：$\rho^* = \dfrac{\rho}{\rho_0}$，其中 ρ_0 为喷口处的流体密度。

质量守恒方程：

$$\frac{\partial}{\partial x^*}(\overline{\rho}^*\overline{u}^*) + \frac{1}{r^*}\frac{\partial}{\partial r^*}(r^*\overline{\rho}^*\overline{v}^*) = 0 \tag{5.45}$$

动量方程（轴向）：

$$\frac{\partial}{\partial x^*}(r^*\overline{\rho}^*\overline{u}^*\overline{u}^*) + \frac{\partial}{\partial r^*}(r^*\overline{\rho}^*\overline{v}^*\overline{u}^*) = \frac{\partial}{\partial r^*}\left(\frac{1}{Re_{\mathrm{T}}}r^*\frac{\partial\overline{u}^*}{\partial r^*}\right) \tag{5.46}$$

组分守恒方程：

$$\frac{\partial}{\partial x^*}(r^*\overline{\rho}^*\overline{u}^*\overline{f}^*) + \frac{\partial}{\partial r^*}(r^*\overline{\rho}^*\overline{v}^*\overline{f}) = \frac{\partial}{\partial r^*}\left(\frac{1}{Re_{\mathrm{T}}Sc_{\mathrm{T}}}r^*\frac{\partial\overline{f}^*}{\partial r^*}\right) \tag{5.47}$$

湍流雷诺数定义为

$$Re_{\mathrm{T}} = \frac{u_0 R}{\varepsilon}$$

边界条件为

$$\begin{cases} \overline{v}^*(0,x^*) = 0 \\ \dfrac{\partial\overline{u}^*}{\partial r^*}(0,x^*) = \dfrac{\partial\overline{f}}{\partial r^*}(0,x^*) = 0 \\ \overline{u}^*(\infty,r^*) = \overline{f}(\infty,r^*) = 0 \\ \overline{u}^*(r^* \leqslant 1,0) = \overline{f}(r^* \leqslant 1,0) = 1 \\ \overline{u}^*(r^* > 1,0) = \overline{f}(r^* > 1,0) = 0 \end{cases} \tag{5.48}$$

以上方程较为复杂，一般采用湍流模型或数值解法进行求解，本处不再赘述，有兴趣的读者可以查阅相关文献。

5.4.2 湍流扩散火焰长度

由于湍流扩散火焰的特性，火焰长度有多种定义及测量方法。一般说来，可以从一系列时间序列的火焰图像中，经过多次测量以取得平均值，并以此作为火焰的平均长度。在实际测量时，可采用热电偶沿火焰轴向测得温度最高值，由此确定火焰轴向位置。此外，也可采用气体分析仪器测量平均混合物质量分数，化学当量值所对应的轴向位置也可认为是火焰前端。

火焰长度有多种影响因素。当燃料以射流方式喷入静止的空气环境中时，火焰长度由以下因素所决定：

（1）火焰弗劳德数 Fr，即射流流体初始惯性力与火焰所受浮升力之比；

（2）化学当量比 f；

（3）射流流体密度与环境流体密度之比 ρ/ρ_∞；

（4）射流喷口直径 d。

对于湍流射流火焰，弗劳德数 Fr 的定义为

$$Fr = \frac{u_0 f^{3/2}}{\left(\frac{\rho_0}{\rho_\infty}\right)^{1/4}\left(\frac{\Delta T_\mathrm{f}}{T_\infty} gd\right)^{1/2}} \tag{5.49}$$

其中 $\Delta T_\mathrm{f} = T_\mathrm{f} - T_\infty$。

将喷管内流体密度与环境气体密度之比 ρ_0/ρ_∞ 与射流喷口直径 d 组合为一个参数，即所谓的动量直径：

$$d^* = d(\rho_0/\rho_\infty)^{1/2} \tag{5.50}$$

无因次火焰长度经验式：

$$L^* = \frac{L_\mathrm{f} f}{d(\rho_0/\rho_\infty)^{1/2}} \tag{5.51}$$

在浮升力起主导作用的区域，无因次火焰长度经验式为

$$L^* = \frac{13.5 Fr^{2/5}}{(1+0.07Fr^2)^{1/5}} \ (Fr < 5) \tag{5.52}$$

在惯性力起主导作用的区域，无因次火焰长度经验式为

$$L^* = 23 \ (Fr \geqslant 5) \tag{5.53}$$

例 5.3 燃料为丙烷的射流火焰喷口直径为 6.17 mm，射流流体质量流量为 3.66×10^{-3} kg / s，射流喷口处丙烷的密度为 1.854 kg/m^3，试计算射流火焰长度。（已知射流环境的压力为 1 atm，温度为 300 K）

解：可采用 Delichatsios 关系式计算该射流火焰的长度，Delichatsios 关系即为式（5.52）和式（5.53）。由此两式可以看出：要计算火焰长度，首先应确定弗劳德数 Fr。

查表可得

$$\rho_\infty = 1.161\,4\ \mathrm{kg/m^3},\quad T_\mathrm{f} = T_\mathrm{ad} = 2\,267\ \mathrm{K},\quad f = \frac{1}{(A/F)+1} = \frac{1}{15.57+1} = 0.060\,35$$

喷口处流体流速为

$$u_0 = \frac{m_0}{\rho_0 \pi d^2/4} = \frac{3.66\times10^{-3}}{1.854\times\pi\times0.006\,17^2/4} = 66.0(\mathrm{m/s})$$

$$Fr = \frac{u_0 f^{3/2}}{\left(\frac{\rho_0}{\rho_\infty}\right)^{1/4}\left(\frac{\Delta T_\mathrm{f}}{T_\infty} gd\right)^{1/2}} = \frac{66.0\times0.060\,35^{1.5}}{\left(\frac{1.854}{1.161\,4}\right)^{0.25}\times\left(\frac{2\,267-300}{300}\times9.8\times0.006\,17\right)^{0.5}} = 1.386$$

因为 $Fr < 5$，因此采用式（5.52）计算火焰长度。

$$L^* = \frac{13.5Fr^{2/5}}{(1+0.07Fr^2)^{1/5}} = \frac{13.5\times1.386^{0.4}}{(1+0.07\times1.386^2)^{0.2}} = 15.0$$

由式（5.51）$L^* = \frac{L_\mathrm{f} f}{d(\rho_0/\rho_\infty)^{1/2}}$，可得

$$L_\mathrm{f} = \frac{L^* d(\rho_0/\rho_\infty)^{1/2}}{f} = \frac{15.0\times0.006\,17\times(1.854/1.161\,4)^{1/2}}{0.060\,35} = 1.94\ (\mathrm{m})$$

本例计算表明：射流流体在喷口处的动量对射流火焰长度起主要作用。化学计量数对火焰长度也有一定影响，但影响程度较之动量要小得多。

5.4.3 火焰的抬升与吹熄

在射流湍流扩散火焰中，当喷口速度足够大时，射流火焰将会被从喷口处抬起。此时，如果流速继续增大，火焰抬升的高度也随之增加，直至火焰熄灭。常用三种方法描述吹熄现象，以下将分别进行介绍。

方法一：层流火焰速度最大处的局部气流速度恰好与湍流预混火焰的燃烧速度相同，根据此假设，可得：$\overline{u}(S_{L,max})=S_T$。

方法二：流场局部应变速率超过层流扩散火焰面的消失应变速率。

方法三：流场中的大尺度结构中，高温产物与未燃混合物的有效返混时间小于点火的临界化学反应时间。

实验表明：射流火焰抬升高度与射流初始速度有关，但与射流喷口直径并无直接关系；射流初始速度越大，射流火焰的抬升高度也越高。文献列出了估算火焰抬升高度和射流熄火流量间的经验关系式：

$$\frac{\rho_0 S_{L,max} h}{\mu_0}=50\frac{u_0}{S_{L,max}}\left(\frac{\rho_0}{\rho_\infty}\right)^{3/2} \tag{5.54}$$

式中：h 为火焰抬升高度；$S_{L,max}$ 为最大层流火焰速度。如燃料为碳氢化合物，最大层流火焰速度位于化学当量比（$\varPhi=1$）附近。

可采用下式计算射流火焰吹熄速度：

$$\frac{u_0}{S_{L,max}}\left(\frac{\rho_0}{\rho_\infty}\right)^{3/2}=0.017Re_H(1-3.5\times10^{-6}Re_H) \tag{5.55}$$

其中

$$Re_H=\frac{\rho_0 S_{L,max}H}{\mu_0}$$

特征尺度 H 为燃料浓度降至化学当量比时的轴向距离，可表示为

$$H=4\left[\frac{Y_{F,0}}{Y_F}\left(\frac{\rho_0}{\rho_\infty}\right)^{1/2}-5.8\right]d \tag{5.56}$$

若抬升火焰为预混火焰，用方法一也可以很好解释吹熄现象。在一定流速时，湍流燃烧速度会随下游（轴向）距离的增加而减小，当这种减小速度大于满足 $S_{L,max}$ 位置处局部流体速度的减小速度时，将出现吹熄现象。

也可以理解为：当射流流体（燃料）速度增加时，火焰抬升高度将随之增加。此时，火焰底部的气流速度和湍流火焰燃烧速度将随火焰抬升高度的增加而减小。当超过某临界位置后，湍流火焰燃烧速度的减小率大于局部流速的减小率，火焰再也无法达到平衡，于是，吹熄现象将出现。

例 5.4 丙烷－空气射流火焰的火焰出口直径为 6.17 mm，已知环境压力为 1 atm，温度为 300 K，丙烷射流出口温度为 300 K，密度为 1.854 kg/m³。求丙烷－空气射流火焰的吹熄速度和吹熄时的火焰抬升高度。

解：采用式（5.55）计算火焰吹熄速度。

$Y_F = f = 0.060\,35$（例 5.3），由于射流出口处未与空气混合，$Y_{F,0} = 1$。
可计算特征尺度

$$H = 4\left[\frac{Y_{F,0}}{Y_F}\left(\frac{\rho_0}{\rho_\infty}\right)^{1/2} - 5.8\right]d = 4\left[\frac{1}{0.060\,35}\times\left(\frac{1.854}{1.161\,4}\right)^{1/2} - 5.8\right]\times 6.17\times 10^{-3} = 0.373\,5\,(\text{m})$$

利用 Metghalchi 和 Keck 火焰速度关系式可得最大层流火焰速度为（$S_{L,max}$ 发生在 $\Phi = \Phi_M = 1.08$ 处）

$$S_{L,max} = S_{L,ref} = 0.342\,2\,(\text{m/s})$$

丙烷在温度为 300 K 时的动力黏度为：$\mu_0 = 8.26\times 10^{-6}\,\text{N}\cdot\text{s/m}^2$，于是

$$Re_H = \frac{\rho_0 S_{L,max} H}{\mu_0} = \frac{1.854\times 0.342\,2\times 0.373\,5}{8.26\times 10^{-6}} = 28\,688$$

$$\frac{u_0}{S_{L,max}}\left(\frac{\rho_0}{\rho_\infty}\right)^{3/2} = 0.017 Re_H(1 - 3.5\times 10^{-6} Re_H) = 0.017\times 28\,688\times(1 - 3.5\times 10^{-6}\times 28\,688) = 439$$

于是，吹熄速度为

$$u_0 = 439\times 0.342\,2\times\left(\frac{1.161\,4}{1.854}\right)^{3/2} = 74.5\,(\text{m/s})$$

习　题

5.1　层流扩散火焰有什么特点？

5.2　湍流扩散火焰有什么特点？

5.3　火焰高度与燃料射流速度有什么关系？

5.4　在射流燃料中加入惰性稀释剂，对火焰长度有什么影响？

5.5　相同的初始条件（射流喷口直径、速度）下，不同燃料的射流火焰长度是否相同？

5.6　惯性力控制的射流火焰长度的影响因素有哪些？

5.7　两股空气射流的温度同为 300 K，压力为 1 atm，喷入静止的空气环境中，已知体积流量相同，均为 $Q = 5\,\text{cm}^3/\text{s}$，喷口直径别为 6 mm 和 10 mm，试计算：

（1）两股射流的半宽和射流扩张角；

（2）两股射流中心线速度减小至出口速度 1/5 时的轴向位置。

5.8　乙烷为燃料，以射流方式进入空气中燃烧，已知乙烷射流速度为 5 cm/s，射流喷口直径为 10 mm，空气与乙烷的温度均为 27 ℃，压力均为 1 atm，试计算乙烷－空气扩散火焰的长度。

5.9　已知有两个以乙烷为燃料的扩散火焰燃烧器，喷口形状分别为圆形与方形，喷口平均速度相同，火焰长度相同。试确定圆形燃烧器喷口直径与方形燃烧器喷口边长的比值。

5.10　丙烷射流火焰中，常用氮气作为稀释剂抑制碳烟。已知喷口处氮气的质量分数为 60%，喷口形状为圆形；燃料、氮气和空气的温度均为 27 ℃，压力为 1 atm，求射流总流量为 5×10^{-6} kg/s 时的火焰长度，并与无稀释时的火焰长度进行比较。

5.11　在甲烷－空气射流火焰的中心线正上方布置一温度传感器，该传感器的温度容许

上限为 1 200 K；已知系统压力为 1 atm，空气与燃料的温度为 300 K，试求：

（1）火焰温度达到 1 200 K 时的混合物分数，假定比定压热容为 1 087 J/（kg・K）；

（2）当温度传感器置于火焰温度为 1 200 K 处时，传感器具射流喷口处的距离，已知射流雷诺数为 30，射流喷口半径为 1 mm。

5.12 喷口直径为 5 mm 的丙烷和一氧化碳射流火焰，其喷口出口处丙烷的密度为 1.854 kg/m^3，一氧化碳的密度为 1.444 kg/m^3，环境温度为 300 K，假定一氧化碳－空气的绝热火焰温度为 2 400 K。如达到惯性力控制条件，其出口流速应为多少？

5.13 已知丙烷－空气及氢气－空气射流火焰，射流喷口直径为 5 mm，假定环境和燃料温度为 300 K，求惯性力控制条件下的火焰长度。

5.14 已知丙烷－空气射流火焰喷口速度为 200 m/s，求火焰不被吹熄的最小喷口直径。

5.15 惯性力控制的乙烷－空气射流火焰，比较纯燃料和 50%（体积分数）氮气稀释的燃料条件下的火焰长度。假定所有气体均为理想气体。

参 考 文 献

[1]［美］Stephen R Turns. 燃烧学导论：概念与应用［M］. 2 版. 姚强，李水清，王宇，等译. 北京：清华大学出版社，2009.

[2] 严传俊，范玮. 燃烧学［M］. 2 版. 西安：西北工业大学出版社，2010.

[3] Bowman C T. Combustion Applications. 斯坦福大学《应用燃烧学》讲义,1999.

[4] Schlichting H. Boundary-Layer Theory. 6th Ed. McGraw-Hill, New York, 1968.

[5] Roper F G. The Prediction of Laminar Jet Diffusion Flame Sizes: Part I. Theoretical Model. Combustion and Flame, 1977, 29: 219 – 226.

[6] Roper F G, Smith C, Cunningham A C. The Prediction of Laminar Jet Diffusion Flame Sizes: Part II. Experimental Verification. Combustion and Flame, 1977, 29: 227 – 234.

[7] Burke S P, Schumann T E W. Diffusion Flames. Industrial & Engineering Chemistry, 1928, 20 (10): 998 – 1004.

[8] Roper F G. Laminar Diffusion Flame Sizes for Curved Slot Burners Giving Fan-Shaped Flames. Combustion and Flame, 1978, 31: 251 – 259.

[9] Kalghatgi G T. Lift-Off Heights and Visible Lengths of Vertical Turbulent Jet Diffusion Flames in Still Air. Combustion Science and Technology, 1984, 41: 17 – 29.

第 6 章
固体燃料的燃烧

在气体和液体燃料的燃烧过程中，参与燃烧反应的物质基本上都是气态物质，液体燃料在燃烧之前必须先蒸发，直接参与燃烧反应的也是气态物质。而固体燃料的燃烧与气体和液体燃料的燃烧不同，燃料和氧化物的相态不同，属于非均相化学反应。煤是最重要的固体燃料，在大型锅炉中煤通常先被研磨成煤粉，然后输送进入炉膛进行燃烧。除煤的燃烧外，废料燃烧、金属燃烧、混合火箭发动机燃烧、木材燃烧和碳（焦炭）的燃烧等也是固体燃料的燃烧过程。本章首先介绍非均相燃烧反应的特点，然后对球形固体碳粒燃烧模型进行讨论，最后简单介绍煤的燃烧过程和特点。

6.1 非均相反应

在固体燃料的燃烧过程中，燃料为固态，氧化剂为气态，属于气固反应非均相化学反应，其燃烧过程非常复杂，通常要经历以下几个阶段：

首先，氧气分子通过对流和扩散迁移到固体燃料反应表面；

然后，氧气分子被吸附在固体燃料反应表面；

固体燃料经过物理吸附和化学吸附，吸附氧气分子后，形成活化络合物，活化络合物进一步进行氧化反应或在高温下发生离解，形成生成物；

生成物从反应表面解吸附，释放出来；

生成物分子通过对流和扩散离开反应表面向周围扩散。

根据反应物和生成物分子吸附在表面的强弱程度，引入三个速率。

（1）如果反应物分子 A 较弱吸附，那么反应速率 ϑ 与靠近反应表面的反应物分子 A 的气相浓度成正比，即

$$\vartheta_1 = k'(T)[\mathrm{A}] \tag{6.1}$$

式中：k' 为速率常数。

（2）如果反应物分子 A 强烈吸附，那么，反应速率与 A 的气相浓度无关，即

$$\vartheta_2 = k'(T) \tag{6.2}$$

（3）反应物分子 A 较弱吸附，而生成物强吸附时，反应速率与反应物分子 A 和氧化剂分子 B 的气相浓度有关，即

$$\vartheta_2 = k'(T)\frac{[A]}{[B]} \tag{6.3}$$

式中：［A］和［B］分别为反应表面分子 A 和分子 B 的气相浓度。

6.2 碳的燃烧

6.2.1 碳的燃烧反应过程

碳是煤的主要组成成分，在煤的燃烧过程中，煤受热后，挥发分首先析出并燃烧，然后焦炭燃烧。碳的着火、燃烧和燃尽过程比较困难。碳的发热量较高，占煤的总放热量的 60%～95%。本节重点对碳的燃烧机理和简化燃烧模型进行讨论。

碳燃烧过程涉及的化学反应主要包括

$$C + O_2 \xrightarrow{k_1'} CO_2 \tag{6.4}$$

$$2C + O_2 \xrightarrow{k_2'} 2CO_2 \tag{6.5}$$

$$C + CO_2 \xrightarrow{k_3'} 2CO \tag{6.6}$$

$$C + H_2O \xrightarrow{k_4'} CO + H_2 \tag{6.7}$$

图 6.1 给出了具有反应边界层的碳燃烧表面。碳表面的主要反应产物是 CO，CO 在向外扩散的过程中，与向内传播的 O_2 混合，发生以下反应：

$$CO + \frac{1}{2}O_2 \longrightarrow CO_2 \tag{6.8}$$

该反应是氧化反应的总反应，包含许多基元反应，其中最主要的基元反应是 $CO+OH \longrightarrow CO_2 + H$。

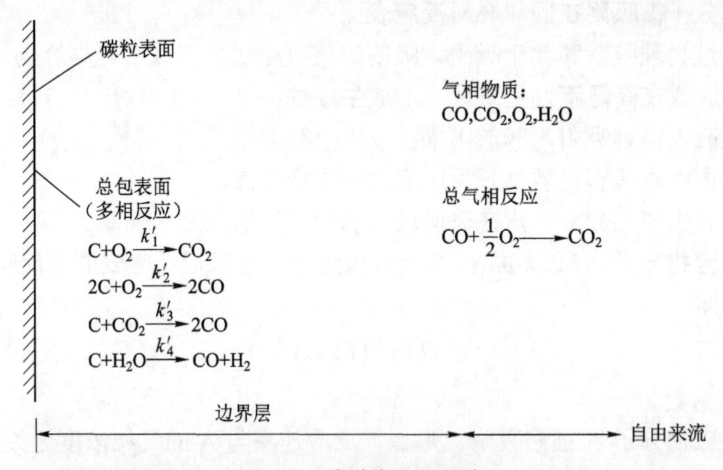

图 6.1 碳燃烧一般形式

依据图 6.1 的简化碳燃烧模型反应，假设碳表面不受扩散影响，碳燃烧简化模型可分为单膜模型、双膜模型或连续膜模型。在单膜模型中，气相物质中无火焰并且最高温度出现在碳表面。在双膜模型中，火焰面出现在离碳表面一定距离处，碳表面产生的 CO 与进入的 O_2

在火焰面上进行反应。连续膜模型中，火焰区域分布在边界层以内而不是在一个薄层内。下面主要对单膜模型和双膜模型进行介绍。

6.2.2　单模模型

1. 碳的燃烧速率

基于以下基本假设：

（1）燃烧过程是准静态的过程；

（2）球形碳粒在静止的无穷大环境介质中燃烧。介质中只含有氧气和惰性气体，与其他粒子间无相互作用，忽略对流的影响；

（3）在粒子表面，碳与氧气反应的产物为二氧化碳；

（4）气态物质仅由氧气、二氧化碳和非活性气体组成。氧气向内扩散并在碳表面与碳反应生成二氧化碳；二氧化碳由碳表面向外扩散，非活性气体形成滞止层。

（5）假设气相热传导系数 λ、比热容 c_p、密度与质量扩散的乘积 ρD 都是常数，且刘易斯数 $Le=\dfrac{\lambda}{\rho c_p D}=1$；

（6）碳粒不能穿透气相物质，忽略粒子间的扩散；

（7）无介质的参与，粒子的温度和放射率与黑体相当。

图 6.2 是基于以上假设的碳燃烧单膜模型的组分和温度分布，二氧化碳的质量分数在碳粒表面最大，在远离粒子表面处为零。氧气的质量分数在粒子表面最小。如果氧气的化学反应速率非常快，那么在粒子表面 $\omega_{O_2,s}$ 为零，如果化学反应速率很慢，那么粒子表面有一定浓度的氧气。由于假设反应仅发生在碳粒表面，在气相物质中没有反应发生，并且所有热量在粒子表面释放，因此，碳粒表面温度最高，随着远离碳粒表面温度单调下降直到远离表面处的温度 T_∞。

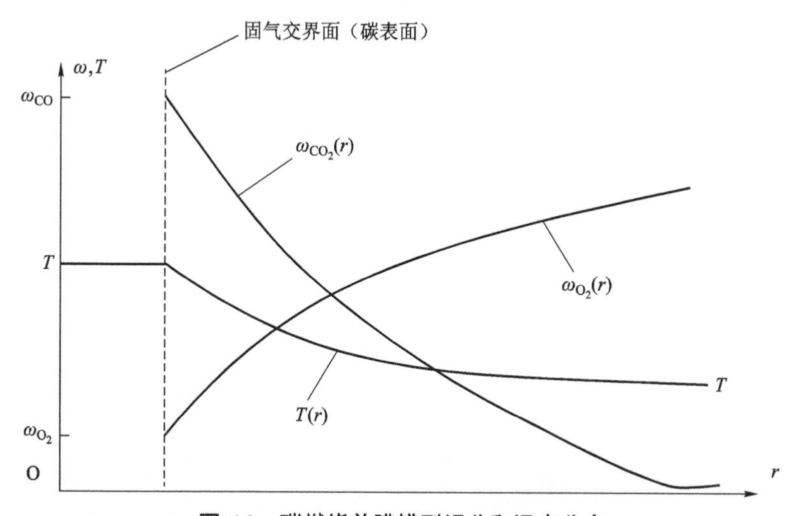

图 6.2　碳燃烧单膜模型组分和温度分布

图 6.3 所示为碳表面和任意径向位置组分质量流量。根据质量守恒，在粒子表面，碳的质量流量等于向外的二氧化碳和向内的氧气质量流量的差值，即

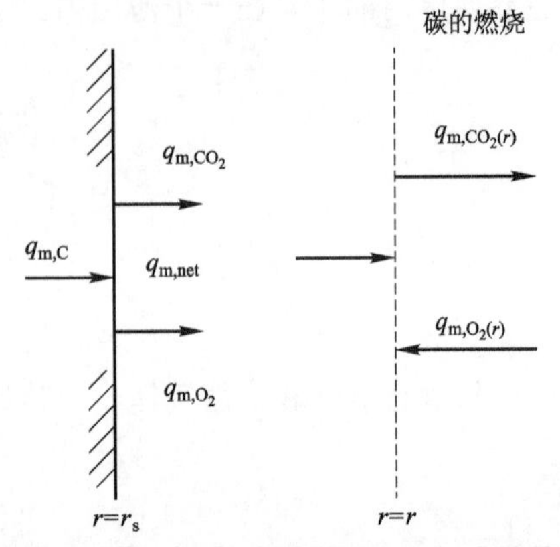

图 6.3　碳表面和任意径向位置组分质量流量

$$q_{m,C} = q_{m,CO_2} - q_{m,O_2} \tag{6.9}$$

在任意半径 r 处，净质量流量是二氧化碳和氧气的质量流量的差值，即

$$q_{m,net} = q_{m,CO_2} - q_{m,O_2} \tag{6.10}$$

组分的质量流量是常数，即

$$q_{m,C} 4\pi r^2 = q_{m,net} 4\pi r \tag{6.11}$$

或

$$q_{m,C} = q_{m,net} = q_{m,CO_2} - q_{m,O_2} \tag{6.12}$$

二氧化碳和氧气的质量流量可以根据化学反应式中的原子守恒得到：

$$12.01\ \text{kg C} + 31.999\ \text{kg}\ O_2 \longrightarrow 44.01\ \text{kg}\ CO_2 \tag{6.13a}$$

以每千克碳为基础时：

$$1\ \text{kg C} + \nu_1\ \text{kg}\ O_2 \longrightarrow (\nu_1 + 1)\text{kg}\ CO_2 \tag{6.13b}$$

其中，质量化学计量数为

$$\nu_1 = \frac{31.999\ \text{kg}\ O_2}{12.01\ \text{kg C}} = 2.664 \tag{6.14}$$

气相组分的质量流量和碳的燃烧速率间的关系为

$$q_{m,O_2} = \nu_1 \dot{m}_{s,C} \tag{6.15a}$$

$$q_{m,CO_2} = (\nu_1 + 1)\dot{m}_{s,C} \tag{6.15b}$$

根据 Fick 定律和氧气的质量守恒，得到

$$q_{m,O_2} = \omega_{O_2,s}(\dot{m}_{s,C} + \dot{m}_{s,CO_2}) - \rho D \frac{d\omega_{O_2}}{dr} \tag{6.16}$$

质量流量与燃烧速率的关系为 $\dot{m}_{s,i} = 4\pi r^2 q_m$，代入方程（6.15a）和方程（6.15b），方程（6.16）可变为

$$\dot{m}_{s,C} = \frac{4\pi r^2 \rho D}{(1 + \omega_{O_2}/\nu_1)} \frac{d\left(\dfrac{\omega_{O_2}}{\nu_1}\right)}{dr} \tag{6.17}$$

碳燃烧方程式的边界条件是：在碳表面

$$r = r_s$$

$$\omega_{O_2}(r_s) = \omega_{O_2} \tag{6.18a}$$

在远离碳表面处

$$r = r_\infty$$

$$\omega_{O_2}(r \to \infty) = \omega_{O_2,\infty} \tag{6.18b}$$

通过一阶常微分方程的两个边界条件，即可确定 $\dot{m}_{s,C}$，即

$$\dot{m}_{s,C} = 4\pi r_s \rho D \ln \frac{1+\omega_{O_2,\infty}/\nu_1}{1+\omega_{O_2,s}/\nu_1} \tag{6.19}$$

2. 碳表面氧气的质量分数

假设$C+O_2 \longrightarrow CO_2$是一阶反应，在已知反应物分子较弱吸附的情况下，其反应速率与靠近反应表面的反应物分子的气相浓度成正比，根据式（6.1）的形式，碳的反应速率可以表示为

$$\vartheta_C = q_{m,C,s} = k'_C M_{r,C}[O_{2,s}] \tag{6.20}$$

式中：$[O_{2,s}]$为在碳表面氧气的摩尔浓度；k'_C为反应的速率常数，用 Arrhenius 形式表示，即$k'_C = A\exp\left(-\frac{E_A}{R_u T_s}\right)$；$M_{r,C}$为 C 的摩尔质量。

根据摩尔浓度与质量分数间的关系，可得

$$[O_{2,s}] = \frac{M_{r,mix}}{M_{r,O_2}} \frac{p}{R_u T_s} \omega_{O_2}$$

碳表面的燃烧速率与碳的净流量相等，即有

$$\dot{m}_{s,C} = 4\pi r_s^2 q_{m,C,s}$$

或

$$\dot{m}_{s,C} = 4\pi r_s^2 k'_C \frac{M_{r,C} M_{r,mix}}{M_{r,O_2}} \frac{p}{R_u T_s} \omega_{O_2} \tag{6.21}$$

可简化为

$$\dot{m}_{s,C} = K_{kin} \omega_{O_2} \tag{6.22}$$

K_{kin}取决于反应的压力、表面温度和碳粒的半径。从式（6.22）求解$\omega_{O_2,s}$，并代入式（6.19）中，可以得到燃烧速率$\dot{m}_{s,C}$的单变量超越方程。

3. 模拟电路分析

将式（6.22）写为势差的形式：

$$\dot{m}_{s,C} = \frac{\omega_{O_2,s} - 0}{1/K_{kin}} \equiv \frac{\Delta\omega}{R_{kin}} \tag{6.23}$$

式中：$\Delta\omega$为势差；$1/K_{kin}$为阻抗。

式（6.19）重新整理对数项，得到

$$\dot{m}_{s,C} = 4\pi r_s \rho D \ln\left(1 + \frac{\omega_{O_2,\infty} - \omega_{O_2,s}}{\nu_1 + \omega_{O_2,s}}\right) \tag{6.24}$$

取

$$B_{O,m} \equiv \frac{\omega_{O_2,\infty} - \omega_{O_2,s}}{\nu_1 + \omega_{O_2,s}} \tag{6.25}$$

式（6.24）变成为

$$\dot{m}_{s,C} = 4\pi r_s \rho D \ln(1 + B_{O,m}) \tag{6.26}$$

由于$B_{O,m}$的值很小，通过级数展开，取第一项

$$\ln(1+B_{O,m}) \approx B_{O,m} \tag{6.27}$$

式（6.19）可以写为

$$\dot{m}_{s,C} = 4\pi r_s \rho D \frac{\omega_{O_2,\infty} - \omega_{O_2,s}}{\nu_1 + \omega_{O_2,s}} \tag{6.28}$$

或

$$\dot{m}_{s,C} = \frac{\omega_{O_2,\infty} - \omega_{O_2,s}}{\dfrac{\nu_1 + \omega_{O_2,s}}{4\pi r_s \rho D}} \equiv \frac{\Delta\omega}{R_{diff}} \tag{6.29}$$

由于在碳粒的燃烧过程中，碳粒表面的氧的质量分数不是常数，R_{diff} 中 $\omega_{O_2,s}$ 不是常数，因此 $\dot{m}_{s,C}$ 与 $\Delta\omega$ 之间为非线性关系。

由化学动力学推导的燃烧速率式（6.23）与单独由传质原理推导的式（6.29）必须相同，可得到图 6.4 所示的模拟电路图。

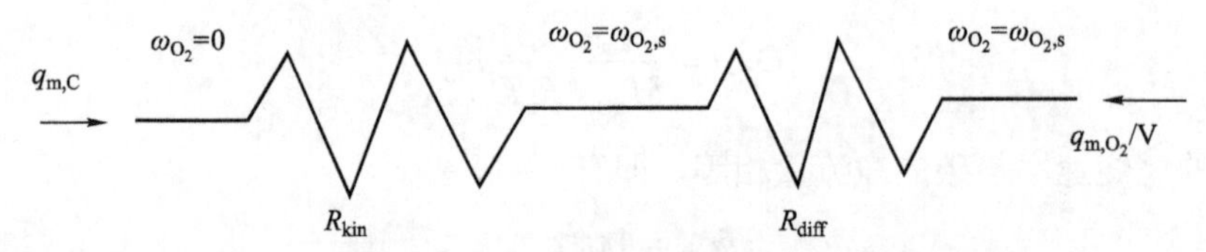

图 6.4　化学反应和扩散阻力的碳粒燃烧的模拟电路

通过电路分析，可以确定燃烧速率：

$$\dot{m}_{s,C} = \frac{\omega_{O_2,\infty} - 0}{R_{kin} + R_{diff}} \tag{6.30}$$

其中

$$R_{kin} \equiv \frac{1}{K_{kin}} \frac{\nu_1 + \omega_{O_2,\infty}}{4\pi r_s^2 M_{r,min} k'_C p} \tag{6.31}$$

$$R_{diff} \equiv \frac{\nu_1 + \omega_{O_2,s}}{4\pi r_s \rho D} \tag{6.32}$$

由于 R_{diff} 包含未知数 $\omega_{O_2,s}$，需要通过迭代求解。

若 $R_{kin}/R_{diff} \ll 1$，燃烧速率主要由扩散控制，属于扩散燃烧。利用 R_{kin} 和 R_{diff} 的定义式（6.31）和式（6.32）得到

$$\frac{R_{kin}}{R_{diff}} \equiv \frac{\nu_1}{\nu_1 + \omega_{O_2,s}} \cdot \frac{R_u T_s}{M_{r,mix} p} \cdot \frac{\rho D}{k'_C} \cdot \frac{1}{r_s} \tag{6.33}$$

当 k'_C 非常大时，意味着表面反应速度非常快。由于 $k'_C = A\exp\left(-\dfrac{E_a}{R_u T_s}\right)$，$k'_C$ 随着温度的升高迅速增加，而化学动力参数对燃烧速率没有影响，并且在粒子表面 O_2 的浓度为零。扩散燃烧发生在粒子尺寸较大或压力较高的情况下。

另一种极限情况是，当 $R_{kin}/R_{diff} \gg 1$ 时，则燃烧速率主要由化学动力参数控制，属于动力燃烧。在这种情况下，R_{diff} 小，节点 $\omega_{O_2,s}$ 和 $\omega_{O_2,\infty}$ 基本上是相等的，即在粒子表面 O_2 的浓度很大，化学动力参数决定了燃烧速率，传质的影响很小。动力燃烧发生在粒子尺寸小、压

力低和温度低（低温使得 k_C' 小）时。

属于扩散燃烧还是动力燃烧，主要取决于 R_{kin} 和 R_{diff} 的相对大小。表 6.1 总结了碳燃烧方式的条件。

表 6.1　碳燃烧区总结

碳燃烧区	R_{kin}/R_{diff}	燃烧速率定律	发生条件
扩散控制	$\ll 1$	$\dot{m}_{s,C}=\omega_{O_2,\infty}/R_{diff}$	r_s 大，T_s 高，p 高
两者之间	≈ 1	$\dot{m}_{s,C}=\omega_{O_2,\infty}/(R_{diff}+R_{kin})$	
动力学控制	$\gg 1$	$\dot{m}_{s,C}=\omega_{O_2,\infty}/R_{kin}$	r_s 小，T_s 低，p 低

例 6.1　直径为 250 μm 的碳粒在静止空气中（$\omega_{O_2,\infty}=0.233$）燃烧，环境压力为 1 atm，试估算碳的燃烧速率。已知，碳粒温度为 1 800 K，化学反应速率常数 k_C' 为 13.9 m/s。假设在表面气体平均摩尔质量是 30 kg/kmol，哪种燃烧方式占优势？

解：气相密度可根据粒子表面温度下的理想气体状态方程得到：

$$\rho=\frac{p}{\left(\dfrac{R_u}{M_{r,mix}}\right)T_s}=\frac{101\,325}{\left(\dfrac{8\,135}{30}\right)\times 1\,800}=0.20\ (\text{kg/m}^3)$$

利用附录得到 1 800 K 氮气中二氧化碳的值估计质量扩散系数为

$$D=\left(\frac{1\,800}{393}\right)^{1.5}\times 1.6\times 10^{-5}=1.57\times 10^{-4}\ (\text{m}^2/\text{s})$$

暂时假设 $\omega_{O_2,s}\approx 0$

$$R_{diff}=\frac{\nu_1+\omega_{O_2,s}}{4\pi r_s\rho D}=\frac{2.664+0}{4\pi\times 0.2\times(1.57\times 10^{-4})\times(125\times 10^{-6})}=5.41\times 10^{7}\ (\text{s/kg})$$

通过式（6.31）计算化学动力阻抗为

$$R_{kin}=\frac{\nu_1 R_u T_s}{4\pi r_s^2 M_{r,mix} k_C' p}=\frac{2.664\times 8\,315\times 1\,800}{4\pi\times(1.25\times 10^{-6})^2\times 30\times 13.9\times 101.325}=4.81\times 10^{6}\ (\text{s/kg})$$

可看出，R_{diff} 约为 R_{kin} 的 10 倍，因此，燃烧接近扩散控制。利用式（6.30）可估算 $\dot{m}_{s,C}$，然后得到 $\omega_{O_2,s}$，从而得到 R_{diff} 的改良值，得到 $\dot{m}_{s,C}$。

$$\dot{m}_{s,C}=\frac{\omega_{O_2,\infty}}{R_{kin}+R_{diff}}=\frac{0.233}{4.81\times 10^{6}+5.41\times 10^{7}}=3.96\times 10^{-9}\ (\text{kg/s})\quad \text{一阶迭代}$$

$$\omega_{O_2,s}-0=\dot{m}_{s,C}R_{kin}=3.96\times 10^{-9}\times(4.91\times 10^{6})=0.019$$

因此

$$R_{diff}=\frac{2.664+0.019}{2.664}(R_{diff})_{ist\text{-}iter}=1.007\times(5.41\times 10^{7})=5.45\times 10^{7}\ (\text{s/kg})$$

由于 R_{diff} 变化小于 1/100，不需要进一步迭代。

注意：单膜模型不能准确地表示实际化学发生的过程，但它从教学角度清晰地阐明了一些重要概念。

在以上的分析中认为粒子表面温度 T_s 是已知量，然而，这一温度不能是任意的值，而是取决于粒子表面能量守恒。而粒子表面能量平衡强烈依赖于燃烧速率，也就是能量和传质过程是耦合的。

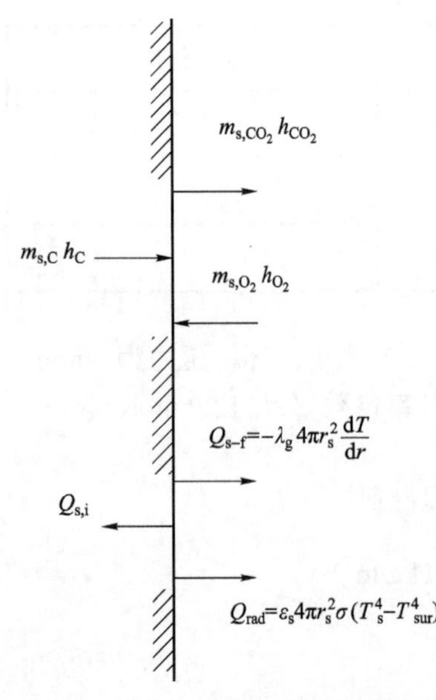

图 6.5　在空气中燃烧表面能量平衡

图 6.5 空气中燃烧表面能量平衡图说明了与燃烧的碳表面相关的各种能量通量，根据表面能量守恒有

$$\dot{m}_{s,C} h_C + \dot{m}_{s,O_2} h_{O_2} - \dot{m}_{s,O_2} h_{CO_2} = \dot{Q}_{s,i} + \dot{Q}_{s-f} + \dot{Q}_{rad} \tag{6.34}$$

式中：等号左边为燃烧的反应焓，即左边 $= \dot{m}_{s,C} \Delta h_C$；等号右边 $\dot{Q}_{s-f}$ 为碳粒表面通过导热向外传递的热量：$\dot{Q}_{s-f} = -\lambda_g 4\pi r_s^2 \left.\frac{dT}{dr}\right|_s$；$\dot{Q}_{rad}$ 为碳粒表面的辐射热：$\dot{Q}_{rad} = \varepsilon_s 4\pi r_s^2 \sigma (T_s^4 - T_{sur}^4)$。

由于假设燃烧过程为稳态，没有热量向粒子内传播，即 $\dot{Q}_{s,i}=0$，式（6.34）变为

$$\dot{m}_{s,C} \Delta h_C = -\lambda_g 4\pi r_s^2 \left.\frac{dT}{dr}\right|_s + \varepsilon_s 4\pi r_s^2 \sigma (T_s^4 - T_{sur}^4) \tag{6.35}$$

式中：T_{sur} 为环境温度。为了得到粒子表面气相温度梯度，需要写出气相能量平衡公式。利用液滴蒸发模型公式，并用 T_s 代替 T_{boil}，得

$$\left.\frac{dT}{dr}\right|_s = \frac{Z m_{s,C}}{r_s^2} \frac{(T_{sur} - T_s)\exp\left(-\frac{Z m_{s,C}}{r_s}\right)}{2 - \exp\left(-\frac{Z m_{s,C}}{r_s}\right)} \tag{6.36}$$

将式（6.36）代入式（6.35），重新整理后得到

$$\dot{m}_{s,C} \Delta h_C = \dot{m}_{s,C} c_{p,g} \left[\frac{\exp\left(-\frac{\dot{m}_{s,C} c_{p,g}}{\lambda_g 4\pi r_s}\right)}{1 - \exp\left(-\frac{\dot{m}_{s,C} c_{p,g}}{\lambda_g 4\pi r_s}\right)} \right]_s (T_s - T_\infty) + \varepsilon_s 4\pi r_s^2 \sigma (T_s^4 - T_{sur}^4) \tag{6.37}$$

式中：T_∞ 为燃烧高温环境温度。

式（6.37）包含两个未知量 $\dot{m}_{s,C}$ 和 T_s。为了得到碳燃烧问题的完整解，需要联立求解式（6.37）和式（6.30）。在扩散控制和动力控制的中间区，$\omega_{O_2,s}$ 也变成了未知量，因此，需要联合式（6.21）求解。

例 6.2 在固体燃料燃烧过程中，由于温度很高，往往辐射换热起重要作用。试估算直径为 250 μm 的碳粒，在其表面温度维持 1 800 K 不变时，所需要的周围气体的环境温度。

（1）不考虑辐射的影响，即 $T_s = T_{sur}$。

（2）碳粒表面当作黑体处理，碳粒向温度 300 K 的环境发出辐射。

其他条件与例 6.1 相同。

解：对于两种情况都可以利用式（6.37）来求解T_∞。利用 1 800 K 的空气特性估算气相特性。

$c_{p,\mathrm{g}}$（1 800 K）=1 286 J/（kg • K）（附录 C.1）

λ_g（1 800 K）=0.12 W/（m • K）（附录 C.1）

碳粒是黑体，热辐射系数ε_s为 1，碳的燃烧热$\overline{h}^0_{\mathrm{f,CO_2}} / M_{\mathrm{r,C}}$为$\Delta h_\mathrm{C} = 3.279\,4\times10^7$ J/kg 。

（1）不考虑辐射时，根据式（6.37）可得到

$$T_\infty = T_\mathrm{s} - \frac{\Delta h_\mathrm{C}}{c_{p,\mathrm{g}}}\frac{1-\exp\left(-\dfrac{\dot{m}_{\mathrm{s,C}}c_{p,\mathrm{g}}}{\lambda_\mathrm{g}4\pi r_\mathrm{s}}\right)}{\exp\left(-\dfrac{\dot{m}_{\mathrm{s,C}}c_{p,\mathrm{g}}}{\lambda_\mathrm{g}4\pi r_\mathrm{s}}\right)}$$

利用例 6.1 中的燃烧速率$\dot{m}_{\mathrm{s,C}} = 3.96\times10^{-9}$ kg/s 进行估算：

$$T_\infty = 1\,800 - \frac{3.279\,4\times10^7}{1\,286}\frac{1-\exp\left(-\dfrac{3.96\times10^{-9}\times1\,286}{4\pi\times0.12\times125\times10^{-6}}\right)}{\exp\left(-\dfrac{3.96\times10^{-9}\times1\,286}{4\pi\times0.12\times125\times10^{-6}}\right)} = 1102\text{（K）}$$

（2）当环境温度为 300 K 时，碳粒与环境间的辐射热损失为

$$\begin{aligned}\dot{Q}_\mathrm{rad} &= \varepsilon_\mathrm{s}4\pi r_\mathrm{s}^2\sigma(T_\mathrm{s}^4 - T_\mathrm{sur}^4)\\ &= 1.0\times10\pi\times(125\times10^{-6})^2\times5.67\times10^{-8}\times(1\,800^4 - 300^4) = 0.116\,8\text{（W）}\end{aligned}$$

反应释放出的热量为

$$\dot{m}_{\mathrm{s,C}}\Delta h_\mathrm{C} = 3.96\times10^{-9}\times(3.276\,5\times10^7) = 0.129\,9\text{（W）}$$

碳粒表面的导热量为

$$\dot{Q}_\mathrm{cond} = \dot{m}_{\mathrm{s,C}}\Delta h_\mathrm{C} - \dot{Q}_\mathrm{rad} = \dot{m}_{\mathrm{s,C}}c_{p,\mathrm{g}}\frac{\exp\left(\dfrac{-\dot{m}_{\mathrm{s,C}}c_{p,\mathrm{g}}}{\lambda_\mathrm{g}4\pi r_\mathrm{s}}\right)}{1-\exp\left(\dfrac{-\dot{m}_{\mathrm{s,C}}c_{p,\mathrm{g}}}{\lambda_\mathrm{g}4\pi r_\mathrm{s}}\right)}(T_\mathrm{s} - T_\infty)$$

利用数值方法求解，得到

$$T_\infty = 1730\text{（K）}$$

通过以上计算可看出，当考虑辐射时，为了保持 1 800 K 的碳粒表面温度，气相温度必须更高。

6.2.3 双膜模型

假设反应产物为 CO_2，单膜模型与碳实际燃烧过程偏差较大。可清晰地阐明一些重要概念，但单膜模型不能准确地反应实际的反应过程。碳粒表面的实际燃烧产物主要是 CO，CO_2 由 CO 在向外扩散过程中进一步氧化生成。因此，碳氧化产物为 CO，更接近真实过程的双膜模型。

双膜模型中，在碳表面碳与 CO_2 发生反应：$\mathrm{C} + \mathrm{CO_2} \longrightarrow 2\mathrm{CO}$，碳表面主要产物为 CO，

CO 从碳表面向外扩散，在火焰面处与向内扩散的 O_2 按化学当量发生氧化反应。假设反应 $CO+\frac{1}{2}O_2 \longrightarrow CO_2$ 速率很快，在火焰面处 CO 和 O_2 完全燃烧掉，即在火焰面处 CO 和 O_2 浓度均为零。温度峰值出现在火焰面处。图 6.6 给出了通过两个气体膜的物质浓度和温度曲线。除了碳表面反应外，其他对单膜模型的基本假设保持不变。下面重点对碳的燃烧速率 $\dot{m}_{s,C}$ 进行讨论。

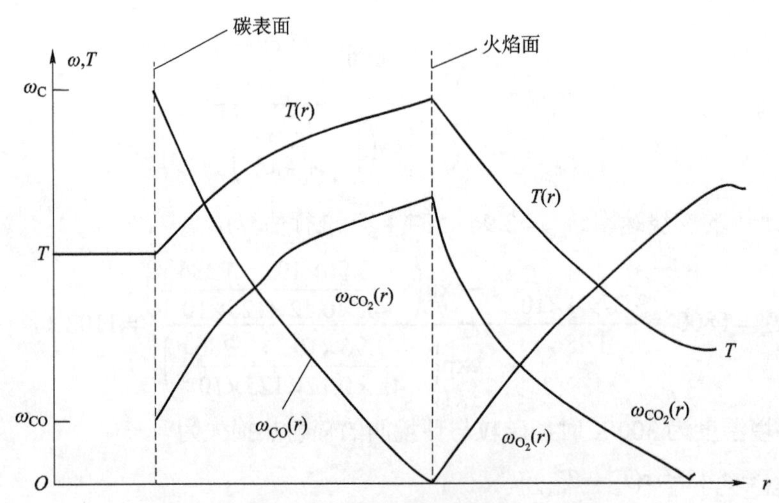

图 6.6　通过两个气体膜的物质浓度和温度曲线

图 6.7 所示为碳表面和火焰面处组分的质量流量分布，根据碳粒表面和火焰面的各种组分的质量平衡，可得到各组分的质量流量，分别为

碳粒表面
$$\dot{m}_{s,C} = \dot{m}_{s,CO} - \dot{m}_{s,CO_2} \tag{6.38a}$$

火焰面
$$\dot{m}_{s,CO} = \dot{m}_{s,CO_2} + \dot{m}_{CO_2,0} - \dot{m}_{O_2} \tag{6.38b}$$

或
$$\dot{m}_{s,C} = \dot{m}_{CO_2,0} - \dot{m}_{O_2} \tag{6.38c}$$

利用在碳粒表面和火焰面的化学计量关系，所有的质量流量都可以与燃烧速率 $\dot{m}_{s,C}$ 联系起来。

碳粒表面

$$1\text{kgC} + \nu_s \text{kg CO}_2 \longrightarrow (\nu_s + 1)\text{kg CO} \tag{6.39a}$$

火焰面

$$1\text{kg C} + \nu_f \text{O}_2 \longrightarrow (\nu_s + 1)\text{kg CO}_2 \tag{6.39b}$$

其中

$$\begin{aligned} \nu_s &= \frac{44.01}{12.01} = 3.664 \\ \nu_f &= \nu_s - 1 \end{aligned} \tag{6.40}$$

因此，各组分的质量流量可表示为

$$\dot{m}_{s,CO_2} = \nu_s m_{s,C} \tag{6.41a}$$

$$\dot{m}_{O_2} = \nu_f \dot{m}_{s,C} = (\nu_s - 1)\dot{m}_{s,C} \tag{6.41b}$$

$$\dot{m}_{CO_2,0} = (\nu_f + 1)\dot{m}_{s,C}\nu_s \dot{m}_{s,C} \tag{6.41c}$$

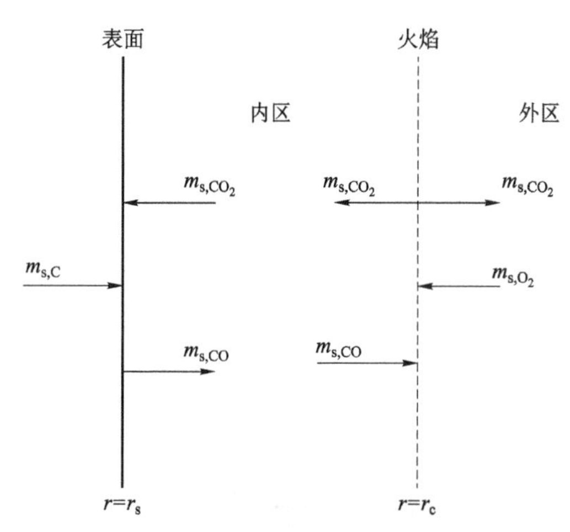

图 6.7　碳表面和火焰面处组分流量分布

根据 Fick 定律，可得到描述内部区域和外部区域 CO_2 分布的微分方程。内部区域

$$\dot{m}_{s,C} = \frac{4\pi r_s^2 \rho D}{(1+\omega_{CO_2}/\nu_s)} \frac{d(\omega_{CO_2}/\nu_s)}{dr} \tag{6.42a}$$

其边界条件为

$$\omega_{CO_2}(r_s) = \omega_{CO_2,s} \tag{6.42b}$$

$$\omega_{CO_2}(r_f) = \omega_{CO_2,f} \tag{6.42c}$$

外部区域

$$\dot{m}_{s,C} = \frac{-4\pi r^2 \rho D}{(1+\omega_{CO_2}/\nu_s)} \frac{d(\omega_{CO_2}/\nu_s)}{dr} \tag{6.43a}$$

其边界条件为

$$\omega_{CO_2}(r_f) = \omega_{CO_2,f} \tag{6.43b}$$

$$\omega_{CO_2}(r \to \infty) = 0 \tag{6.43c}$$

惰性气体 N_2

$$\dot{m}_{s,C} = \frac{4\pi r^2 \rho D}{\omega_{N_2}} \frac{d\omega_{N_2}}{dr} \tag{6.44a}$$

其边界条件为

$$\omega_{N_2}(r_f) = \omega_{N_2,f} \tag{6.44b}$$

$$\omega_{N_2}(r_f \to \infty) = \omega_{f,\infty} \tag{6.44c}$$

对以上内部区域 CO_2，外部区域 CO_2 和惰性气体 N_2 的微分方程在其边界条件下进行积

分，可得到 3 个包含 5 个未知量（$\dot{m}_{s,C}$，$\omega_{CO_2,s}$，$\omega_{CO_2,f}$，$\omega_{N_2,f}$ 和 r_f）的代数方程，即

$$\dot{m}_{s,C} = 4\pi \frac{r_s r_f}{r_f - r_s} \rho D \ln \frac{1+\omega_{CO_2,f}/\nu_s}{1-\omega_{CO_2,s}/\nu_s} \tag{6.45}$$

$$\dot{m}_{s,C} = 4\pi r_f \rho D \ln \frac{1-\omega_{CO_2,f}/\nu_s}{\nu_s} \tag{6.46}$$

$$\omega_{N_2,f} = \omega_{N_2,f} \exp\left(-\frac{m_{s,C}}{4\pi r_s \rho D}\right) \tag{6.47}$$

由于 $\sum \omega_1 = 1$，得到

$$\omega_{CO_2,f} = 1 - \omega_{N_2,f} \tag{6.48}$$

为了得到封闭的方程，需要补充涉及 $\dot{m}_{s,C}$，$\omega_{CO_2,s}$ 的化学动力方程。

反应 $C + CO_2 \longrightarrow 2CO$ 与 CO_2 的浓度呈一阶关系，燃烧速率可表示为

$$\dot{m}_{s,C} = 4\pi r_s^2 k'_C \frac{M_{r,C} M_{r,mix}}{M_{r,O_2}} \frac{p}{R_u T_s} \omega_{CO_2,s} \tag{6.49}$$

依据文献的经验公式

$$k'_C = 4.016 \times 10^8 \exp\left(-\frac{29\,790}{T_s}\right) \tag{6.50}$$

式（6.49）可以化简为

$$\dot{m}_{s,C} = K_{kin} \omega_{CO_2,s} \tag{6.51}$$

其中

$$K_{kin} = 4\pi r_s^2 k'_C \frac{M_{r,C} M_{r,mix}}{M_{r,O_2}} \frac{p}{R_u T_s} \tag{6.52}$$

对方程（6.45）～方程（6.48）进行变换，消去 $\dot{m}_{s,C}$ 和 $\omega_{CO_2,s}$ 外的所有变量，得到

$$\dot{m}_{s,C} = 4\pi r_s \rho D \ln(1 + B_{CO_2,m}) \tag{6.53}$$

其中

$$B_{CO_2,m} = \frac{2\omega_{CO_2,\infty} - \frac{\nu_s - 1}{\nu_s}\omega_{CO_2,s}}{\nu_s - 1 + \frac{\nu_s - 1}{\nu_s}\omega_{CO_2,s}} \tag{6.54}$$

通过对式（6.51）和式（6.53）一起迭代求解，可得到 $\dot{m}_{s,C}$。对于扩散控制的燃烧，$\omega_{O_2,s}$ 为零，$\dot{m}_{s,C}$ 可以由式（6.53）直接计算。

根据碳粒表面和火焰面的能量平衡，可计算得到表面温度。解法与本章前面部分的方法相同，表面温度的推导作为课下练习。

例 6.3 假设反应为扩散控制的燃烧，在条件相同（$\omega_{O_2,\infty} = 0.233$）的情况下，比较单膜模型和双膜模型计算燃烧速率的相对大小。

解： 单膜模型和双膜模型的燃烧速率的形式均为

$$\dot{m}_{s,C}=4\pi r_s \rho D\ln(1+B_m)$$

对于相同的条件，B_m 是具有不同值的唯一参数，因此

$$\frac{\dot{m}_{s,C}(\text{双膜})}{\dot{m}_{s,C}(\text{单膜})}=\frac{\ln(1+B_{CO_2,m})}{\ln(1+B_{O_2,m})}$$

式中交换数分别由式（6.54）和式（6.25）估算。对于扩散燃烧，二氧化碳（双膜）和氧气（单膜）的浓度都为零。因此，交换数为

$$B_{CO_2,m}=\frac{2\omega_{CO_2,\infty}-\dfrac{\nu_s-1}{\nu_s}\omega_{CO_2,s}}{\nu_s-1+\dfrac{\nu_s-1}{\nu_s}\omega_{CO_2,s}}=\frac{2\times 0.233}{3.664-1+0}=0.175$$

$$B_{O,m}=\frac{\omega_{O_2,s}-\omega_{CO_2,s}}{\nu_f+\omega_{O_2,s}}=\frac{0.233-0}{2.664+0}=0.087\,5$$

燃烧速率之比为

$$\frac{\dot{m}_{s,C}(\text{双膜})}{\dot{m}_{s,C}(\text{单膜})}=\frac{\ln(1+0.175)}{\ln(1+0.087)}=1.92$$

燃烧速率的不同不是由于燃烧模型的不同，根本原因是发生在碳表面气相反应的差别。假设在单膜模型中，在碳表面生成的是 CO 而不是 CO_2。在这种情况下，ν_f=31.999/24.01=1.333，那么 B_m 变为 0.175，这与双膜模型相同。在这种情况下，单膜与双膜模型计算的燃烧速率是一致的。这与在碳表面生成的 CO 和碳表面吸引的物质（O_2 或 CO_2）无关。

例 6.4　利用双膜模型估算直径 70 μm 的碳粒在空气（$\omega_{O_2,\infty}=0.233$）中的燃烧速率。碳粒表面温度为 1 800 K，大气压力为 1 atm。假设在碳粒表面气相物质的摩尔质量为 30 kg/kmol。

解： 这个问题的条件与例 6.1 的条件相同，因此气相物质特性是相同的，即 ρ=0.2 kg/m^3，D=1.57×10^{-4} m^2/s。

从方程（6.50），对于 $C-CO_2$ 反应的反应速率常数是

$$k'_C=4.016\times 10^8\exp\left(\frac{-29\,790}{T_s}\right)=4.016\times 10^8\exp\left(\frac{-29\,790}{1800}\right)=26.07\text{（m/s）}$$

燃烧速率可以用表面 CO_2 浓度来表示，为

$$\begin{aligned}\dot{m}_{s,C}&=4\pi r_s^2 k'_C\left(\frac{M_{r,C}M_{r,mix}}{M_{r,CO_2}}\frac{p}{R_u T_s}\right)\omega_{CO_2,s}\\&=\frac{4\pi\times(35\times 10^{-6})^2\times 26.07\times 12.01\times 30\times 101\,325}{44.01\times 8\,315\times 1\,800}\omega_{CO_2,s}\\&=2.22\times 10^{-8}\omega_{CO_2,s}\text{（kg/s）}\end{aligned}\qquad\text{（Ⅰ）}$$

式（6.53）和式（6.54）利用 $\omega_{CO_2,\infty}$ 给出了 $\dot{m}_{s,C}$ 的表达式为

$$\begin{aligned}\dot{m}_{s,C}&=4\pi r_s\rho D\ln(1+B)=4\pi\times(35\times 10^{-6})\times 0.20\times(1.57\times 10^{-4})\ln(1+B)\\&=1.381\times 10^{-8}\ln(1+B)\text{（kg/s）}\end{aligned}\qquad\text{（Ⅱ）}$$

$$B=\frac{2\omega_{CO_2,\infty}-\dfrac{\nu_s-1}{\nu_s}\omega_{CO_2,s}}{\nu_s-1+\dfrac{\nu_s-1}{\nu_s}\omega_{CO_2,s}}=\frac{2\times 0.233-\left(\dfrac{3.664-1}{3.664}\right)\omega_{CO_2,s}}{3.664-1+\left(\dfrac{3.664-1}{3.664}\right)\omega_{CO_2,s}}=\frac{0.466-0.727\omega_{CO_2,s}}{2.664+0.727\omega_{CO_2,s}} \quad (\text{III})$$

通过迭代求解方程（Ⅰ）（Ⅱ）（Ⅲ）可得到 $\dot{m}_{s,C}$，B 和 $\omega_{CO_2,s}$。在开始迭代时，假设 $\omega_{CO_2,s}$ 为零并受扩散控制限制，见表 6.2。

表 6.2　迭代过程中各参数值

迭代次数	$\omega_{CO_2,s}$	B	$\dot{m}_{s,C}$
1	0	0.174 9	2.225×10^{-9}
2	0.100 3	0.143 6	1.853×10^{-9}
3	0.083 5	0.148 8	1.915×10^{-9}
4	0.086 3	0.147 9	1.905×10^{-9}

则收敛解为

$$\dot{m}_{s,C}=1.9\times10^{-9}\ (\text{kg/s})$$

忽略碳表面的化学动力影响（例 6.1），导致多估计了约 16.8%$\left(\dfrac{2.22-1.9}{1.9}\times100\%\right)$的燃烧速率。因此在较低的碳粒表面温度（或低的压力）下，化学动力学更加重要。随着燃烧过程中碳粒直径变小，化学动力学变得越来越重要。

6.2.4　碳粒燃烧时间

对于扩散控制的燃烧，很容易求得粒子的燃烧时间。按照 D^2 定律，粒子的直径可表示为时间的函数，即

$$D^2(t)=D_0^2-k_B t \tag{6.55}$$

式中：k_B 为燃烧速率常数，有

$$k_B=\frac{8\rho D}{\rho_C}\ln(1+B) \tag{6.56}$$

式中：ρ 为气相密度；ρ_C 为固体碳的密度。

在式（6.55）中，设 D=0，得到粒子的燃烧时间为

$$t_C=\frac{D_0^2}{k_B'} \tag{6.57}$$

以上的分析都是假设环境是静止气相介质。对于具有对流的扩散控制条件，质量燃烧速率增大 $Sh/2$ 倍。Sh 是 Sherwood 数，Sh 对传质起的作用与 Nu 对于传热所起作用相同。对于 Le 为 1，$Sh=Nu$。因此

$$(\dot{m}_{s,C,diff})_{有对流}=\frac{Nu}{2}(\dot{m}_{s,C,diff})_{无对流} \tag{6.58}$$

Nu 可以由下式估算：

$$Nu = 2 + \frac{0.555 Re^{1/2} Pr^{1/3}}{\left(1 + \frac{1.232}{RePr^{4/3}}\right)^{1/2}}$$

例 6.5　估算在例 6.4 中给出的条件中直径为 70 μm 的碳粒扩散燃烧的寿命。假设碳的密度为 1 900 kg/m³ 。

解：碳粒的寿命直接由式（6.57）计算。燃烧速率常数为

$$\begin{aligned} k'_{\mathrm{B}} &= \frac{8\rho D}{\rho_{\mathrm{C}}} \ln(1 + B_{\mathrm{CO_2,m}}) \\ &= \frac{8 \times 0.20 \times 1.57 \times 10^{-4}}{1900} \ln(1 + 0.1749) = 2.13 \times 10^{-8}\ (\mathrm{m^2/s}) \end{aligned}$$

式中 $B_{\mathrm{CO_2,m}}$ 由例 6.4 中第一次迭代得到。寿命为

$$\begin{aligned} t_{\mathrm{C}} &= \frac{D_0^2}{k'_{\mathrm{B}}} = \frac{(70 \times 10^{-6})^2}{2.13 \times 10^{-8}} \\ &= 0.23\ (\mathrm{s}) \end{aligned}$$

6.3　煤的燃烧

6.3.1　煤燃烧的特点

煤是一种多孔性物质，其燃烧过程可以分为以下四个阶段：

（1）预热干燥阶段。煤受热升温后，煤中水分蒸发出来。这个阶段中，燃料不但不能释放热量，而且还要吸收热量。

（2）挥发分析出并着火阶段。煤中所含的高分子碳氢化合物吸热而升温到一定的程度会发生分解，析出一种混合可燃气体，即挥发分。挥发分一旦析出，会马上着火。

（3）燃烧阶段。包括挥发分和焦炭的燃烧。挥发分燃烧后，放出大量的热量，为焦炭燃烧提供温度条件。焦炭燃烧阶段需要大量的氧气以满足燃烧的需要，这样就能放出大量热量，使温度急剧上升，以保证燃料燃烧反应所需要的温度条件。

（4）燃尽阶段。这个阶段主要是残余焦炭的最后燃尽，成为灰渣。因为残余的焦炭常被灰分和烟气所包围，空气很难与之接触，故燃尽阶段的燃烧反应进行得十分缓慢，容易造成不完全燃烧损失。

实际燃烧过程中，以上各个阶段是稍有交错地进行的，将燃烧过程分为上述四个阶段主要是为了分析问题方便。例如在燃烧阶段，仍不断有挥发分析出，只是析出数量逐渐减少。同时，灰渣也开始形成了。

煤受热后产生的水蒸气和可燃的挥发性气体向煤粒表面的四周扩散，与向煤粒表面扩散的周围介质（包括 O_2 及惰性气体 N_2），形成两股互相扩散的气流，在距离煤粒某一位置处，即在化学当量比区域，可燃气体将燃尽。如图 6.8 所示，在煤粒周围可燃气体和 O_2 具有复杂的浓度场。在火焰前沿内侧，可燃挥发分气体的浓度较大，O_2 浓度较小。在火焰前沿外侧，O_2 浓度较大，可燃挥发分气体的浓度较小，而温度在火焰前沿达到最大值。

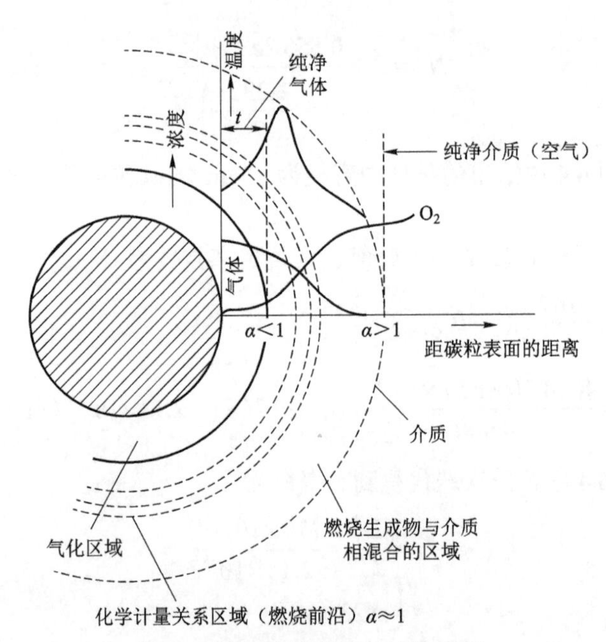

图 6.8 煤粒周围的浓度场和温度场

随着水分和挥发分的析出，焦炭内部孔隙变大，其内部反应的影响不能忽略。在一定温度条件下，焦炭的燃烧和汽化反应主要在碳粒外部表面进行。但随着反应气体向碳粒的孔隙内部渗透，反应还会扩散到碳粒的内部表面，但与外部的燃烧情况不同。在外部动力燃烧区域，由于温度不高，扩散速度大于化学反应速度，属于动力燃烧区。此时碳表面的 O_2 浓度较大，O_2 容易扩散到碳粒孔隙中，使反应不仅在外部表面，而且在内部孔隙表面也同时进行。而在外部扩散燃烧区域，温度很高，碳外部表面的 O_2 浓度接近零，O_2 很难渗透都孔隙内部，因此反应主要在碳粒外部进行。

6.3.2 煤燃烧的方式

根据燃料和氧气的相对运动方式，燃烧可分为层状燃烧、悬浮燃烧、沸腾燃烧和旋风燃烧。

层状燃烧的燃料放在炉箅或炉排之上，空气通过炉箅或炉排的缝隙进入燃烧层，使之进行燃烧，高温燃烧产物进入炉膛进行换热，燃尽的灰渣通过炉箅缝隙或排渣口排出，例如工业链条炉。

在大型锅炉中，为了提高燃烧效率，煤在送入锅炉的炉膛前，需要通过磨煤机研磨成煤粉，通过一次风将煤粉送入炉膛，在炉膛内进行悬浮燃烧。由于煤粉体积小，与空气接触面积增大，着火条件大大改善，燃烧效率大大提高。煤粉颗粒一般为 30～100 μm，加之炉膛温度很高，因此煤粉在炉膛内的加热速度可达（0.5～1）$\times10^4$ ℃/s，仅 0.1～0.2 s 的时间温度就升高到 1 500 ℃的水平。在这样快速加热的条件下，其燃烧过程与煤粒不同，煤粉中挥发分的析出、着火和碳的着火燃烧几乎同时进行，甚至可能是极小的煤粒先着火，然后是挥发分的热解析出和着火燃烧。

沸腾燃烧是介于层状燃烧与悬浮燃烧之间的燃烧方式。当通过炉排的空气气流速度大于煤粉颗粒的沉降速度时，煤粉颗粒上下翻腾运动，呈现出类似开水“沸腾”的状态，例如沸腾炉、沸腾床。沸腾燃烧属低污染燃烧技术，粉碎的石灰石或白云石送入炉中，脱硫效率达80%；沸腾段燃烧温度在 800～900 ℃，NO_x 排放量少；沸腾燃烧中风速较高，颗粒运动强烈，强化了换热效果；烟气中飞灰含量增大，受热面磨损、电耗增大；循环流化床锅炉，设置分离器将未燃尽的颗粒重新送回沸腾段，烟气中飞灰含量降低，燃烧效率提高。

旋风燃烧指燃料悬浮于旋转空气中的燃烧方式。旋风燃烧改善了空气和燃料的混合条件，延长了燃料在燃烧室内逗留的时间，燃烧强度大，温度高，炉温可达 1 600～1 700 ℃；旋风燃烧为液体排渣，飞灰大大减少，但液态灰渣热损大。

习　题

6.1　已知 C 的反应方程式如下：

$$2C + O_2 \xrightarrow{k_1} 2CO$$

$$C + CO_2 \xrightarrow{k_2} 2CO$$

其反应的反应速度常数分别为

$$k_1=3.007\times10^5 \exp(-1796\,6/T_s)\text{m/s}$$

$$k_2=4.016\times10^8 \exp(-2979\,6/T_s)\text{m/s}$$

（1）试确定在表面温度分别为 600 K，1 200 K 和 1 800 K 时，上述反应的反应速率，单位取 kg/（m^2 • s）。

（2）求各温度下弱吸附和强吸附速率之间的比值，即 ϑ_1/ϑ_2，并对结果进行讨论。

6.2　已知直径分别为 50 μm 和 5 μm 的碳颗粒在压力为 1 atm 的空气中燃烧，假设表面温度为 1 300 K，化学反应速度常数为 $3.0\times10^5\exp$（$-17\,966/T_s$）m/s。试用单膜模型确定碳颗粒的质量燃烧速率。

6.3　直径为 1.5 mm 的碳颗粒在空气中燃烧，空气温度和环境温度均为 300 K，试用单膜模型确定碳粒表面的温度。假设反应由扩散控制且 $\varepsilon_1=1$，空气为标准空气，即空气中只含有 O_2 和 N_2，其体积分数分别为 21%和 79%。

6.4　用双膜模型计算直径为 15 μm 的碳颗粒在空气中的燃烧速率。假设表面温度为2 000 K，空气中含有体积分数为21%的 O_2。试分析该燃烧是动力学控制还是扩散控制？

6.5　利用双膜模型估算直径 100 μm 的碳粒在空气（$\omega_{O_2,\infty}=0.233$）中燃烧速率。碳粒表面温度为 1 500 K，大气压力为 1 atm。假设在碳粒表面气相物质的摩尔质量为 30 kg/kmol。

6.6　已知直径为 70 μm 的碳粒在空气（$\omega_{O_2,\infty}=0.233$）中燃烧。碳粒表面温度为 1 800 K，大气压力为 1 atm。假设在碳粒表面气相物质的摩尔质量为 30 kg/kmol。利用双膜模型估算碳颗粒的燃尽时间。

6.7　试推导双膜模型中燃烧颗粒表面温度的计算方程式。

6.8　假设反应为扩散控制的燃烧，在条件相同（$\omega_{O_2,\infty}=0.233$）的情况下，分别用单膜模型和双膜模型计算碳颗粒的燃尽时间。

6.9　请分析为什么采用煤粉燃烧可以提高燃烧效率。

6.10　煤粉燃烧的主要方式有哪些？各有什么优缺点？

参 考 文 献

[1] [美] Stephen R Turns. 燃烧学导论：概念与应用 [M]. 2版. 姚强，李水清，王宇，等译. 北京：清华大学出版社，2009.

[2] 严传俊，范玮. 燃烧学 [M]. 2版. 西安：西北工业大学出版社，2010.

[3] 张力. 锅炉原理 [M]. 4版. 北京：机械工业出版社，2011.

[4] Smith I W. The Combustion Rates of Coal Chars: A Review, Nineteenth Symposium (International) on Combustion, The Combustion Institute, Pittsburg, PA, 1983: 1045.

[5] Laurendeau N M. Heterogeneous Kinetics of Coal Char Gasification and Combustion. Progress in Energy and Combustion Science, 1978, 4: 221 – 270.

[6] Mulcahy M F R, Smith I W. Kinetics of Combustion of Pulverized Fuel: Review of Theory and Experiment. Reviews of Pure and Applied Chemistry, 1969, 19: 81 – 108.

[7] Caram H S, Amundson N R. Diffusion and Reaction in a Stagnant Boundary Layer about a Carbon Particle. Industrial Engineering Chemistry Fundamentals, 1977, 16 (2): 171 – 181.

[8] Simons G A. The Role of Pore Structure in Coal Pyrolysis and Gasification. Progress in Energy and Combustion Science, 1983, 9: 269 – 290.

[9] Mon E, Amundson N R. Diffusion and Reaction in a Stagnant Boundary Layer about a Carbon Particle. An Extension. Industrial Engineering Chemistry Fundamentals, 1978, 17 (4): 313 – 321.

[10] Tillman D A, Amadeo J R, Kitto W D. Wood Combustion, Principles, Processes, and Economics. Academic Press, New York, 1981.

[11] Glassman I. Combustion. 2nd Ed. Academic Press, Orlando, FL, 1987.

[12] King M K. Ignition and Combustion of Boron Particles and Clouds. Journal of Spacecraft, 1982, 19 (4): 294 – 306.

[13] Stultz S C, Kitto J B. Steam: Its Generation and Use. 40th Ed. Babcock& Wilcox, Barberdon, OH, 1992.

[14] Radovanovic M. Fluidied Bed Combustion. Hemisphere, Washingion, DC, 1986.

[15] Gardiner W C, Jr. Rates and Mechanisms of Chemical Reactions. Benjamin, Menlo Park, CA, 1972.

[16] Reginald Mitchell. Combustion fundamentals. 斯坦福大学讲义，1999.

第 7 章
液体燃料的燃烧

7.1 概述

通常所说的液体燃料是指由石油炼制而得的各种石油产品，多种燃烧装置中都存在液体燃料燃烧。在燃烧装置中，例如直喷式活塞发动机、飞机燃气轮机、燃油炉和锅炉中，液体燃料被雾化成油雾，然后蒸发，燃油蒸气在气态扩散火焰中燃烧，液体燃料的蒸发和燃烧主要是在气态扩散火焰中进行的。本章主要讨论液体燃料蒸发和燃烧的基本问题。在适当的假设下，对问题进行简化分析，可以揭示不同物理现象之间的关联和影响。无论是液滴蒸发还是液滴燃烧，通过简化后的守恒方程都可以得到解析解，量化液滴大小及边界条件等对液滴蒸发或燃烧时间的影响，所得到的液滴汽化速率和寿命对实际设备的设计与运行具有重要作用。

7.2 单个液滴的蒸发

燃料液滴的实际燃烧过程相当复杂，相互作用的因素很多。燃料液滴的燃烧速率很大程度上取决于蒸发速率。本节着重分析与燃烧有关的液滴蒸发问题。在分析中，假设液滴表面温度接近液滴沸点，而蒸发速率由从环境到液滴表面的热传递速率决定。这对温度很高的燃烧环境是一个很好的近似，而且蒸发过程的数学描述可能是最简单的形式，对于工程计算是一个可以接受的简化。

如图 7.1 所示，定义了一个球对称系统，半径 r 是唯一的自变量。坐标原点在液滴中心。液气表面处的液滴半径用 r_s 表示。离液滴表面无穷远处 $(r \to \infty)$ 的温度为 T_∞。

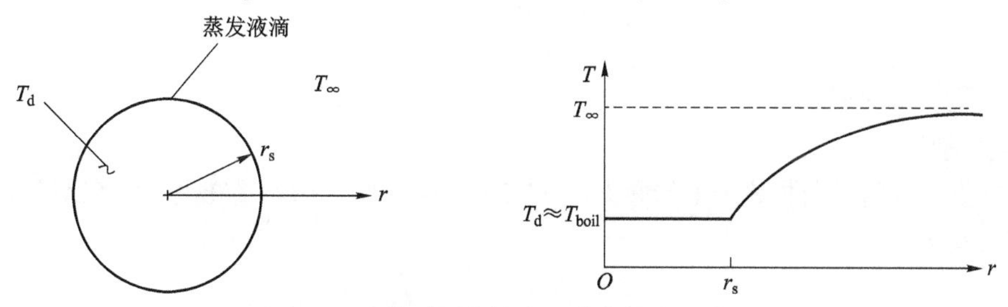

图 7.1　液体燃料在静止环境中的蒸发模型

从原理上讲，从周围环境得到的热量提供了液体燃料蒸发必需的能量，然后燃料蒸气从液滴表面扩散到周围环境。液滴质量的减少导致液滴半径随时间减少，直到液滴完全蒸发$(r_s = 0)$。需要解决的问题是求任一时刻液滴表面燃料蒸发的质量流率。这样就可以计算液滴半径随时间的变化规律及液滴寿命。

7.2.1 基本假设

对于热气体中液滴蒸发问题，经常做如下假设，这些假设可以避开对传质问题的求解而仍与实验结果符合得很好，从而使问题得到大大简化。

（1）液滴在静止、无穷大的介质中蒸发。

（2）蒸发过程是准稳态的。这意味着蒸发过程在任一时刻都是稳态的。

（3）燃料是单成分液体，且其气体溶解度为零。

（4）液滴内各处温度均匀一致，该温度为燃料的沸点，$T_d = T_{boil}$。在许多问题中，液体短暂的加热过程不会对液滴寿命有很大影响。这一假设可以不用求解液相（液滴）能量方程。更重要的是，可以不必求解气相中燃料蒸气（组分）的输运方程。这一假设的隐含条件是$T_\infty > T_{boil}$。在随后的分析中，当去掉液滴处于沸点这一假设后，会发现分析过程要复杂得多。

（5）假设二元扩散的路易斯数为$1(\alpha = \mathcal{D})$。这样在分析中可以使用简单的 Shvab-Zeldovich 能量方程。

（6）假设所有的热物性，如热导率、密度、比热容等都是常数。虽然从液滴到周围的气相中，这些物性参数的变化很大，但定常属性的假定可以求得解析解。在分析中，合理地选择平均值可以得到相当精准的结果。

7.2.2 气相部分

基于以上假设，可以通过气相质量守恒方程、气相能量方程、液滴–气相边界能量平衡方程，求得液滴液相质量蒸发率$\dot{m}$和液滴半径随时间的关系$r_s(t)$。气相能量方程提供了气相中的温度分布，由此可以计算气体对液滴表面的导热。求解界面能量平衡方程来得到蒸发率$\dot{m}$，已知$\dot{m}$后，就很容易得到液滴大小与时间的关系。

1. 质量守恒

由准稳态燃烧的假设可知，质量流率$\dot{m}(t)$是一个与半径无关的常数，因此有

$$\dot{m} = \dot{m}_F = \rho v_r 4\pi r^2 = 常数 \tag{7.1}$$

及

$$\frac{d(\rho v_r r^2)}{dr} = 0 \tag{7.2}$$

式中：v_r为宏观流动速度。

2. 能量守恒

运用常物性及路易斯数等于 1 的假设，图 7.2（a）所示情形的能量守恒可由 Shvab-Zeldovich 能量方程改写为

$$\frac{d\left(r^2 \frac{dT}{dr}\right)}{dr} = \frac{\dot{m} c_{p,g}}{4\pi k} \frac{dT}{dr} \tag{7.3}$$

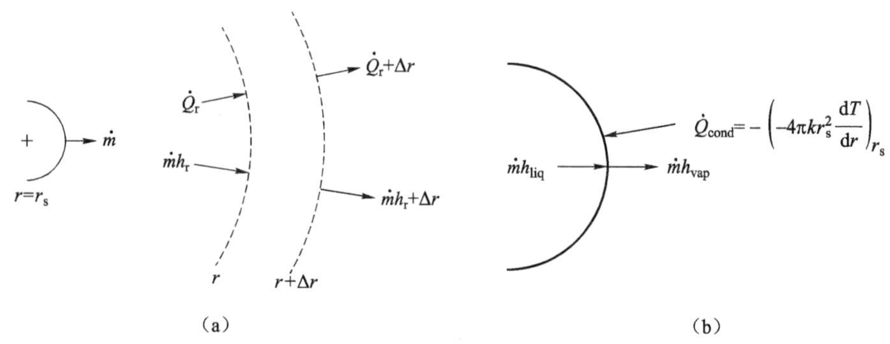

图 7.2　蒸发液滴的能量平衡

(a) 气相；(b) 液体表面

其中反应速率为零，因为纯蒸发过程中没有化学反应发生。

为研究方便，定义 $Z \equiv c_{p,g}/(4\pi k)$，则

$$\frac{d\left(r^2 \frac{dT}{dr}\right)}{dr} = Z\dot{m}\frac{dT}{dr} \tag{7.4}$$

求解式（7.4）可以得到气相温度分布 $T(r)$。方程有两个边界条件。

边界条件 1：
$$T(r \to \infty) = T_\infty \tag{7.5a}$$

边界条件 2：
$$T(r = r_s) = T_{boil} \tag{7.5b}$$

式（7.4）很容易求解，只需两次分离变量并积分。第一次积分后可解得

$$r^2 \frac{dT}{dr} = Z\dot{m}T + C_1$$

式中：C_1 为积分常数。第二次分离变量并积分后可得到通解

$$\frac{1}{Z\dot{m}}\ln\left(Z\dot{m}T + C_1\right) = -\frac{1}{r} + C_2 \tag{7.6}$$

式中：C_2 为第二个积分常数。将式（7.5a）代入式（7.6），将 C_2 用 C_1 表示：

$$C_2 = \frac{1}{Z\dot{m}}\ln\left(Z\dot{m}T_\infty + C_1\right)$$

将 C_2 代回到式（7.6），应用边界条件 2［式（7.5b）］并用指数代替对数，可以解出 C_1，即

$$C_1 = \frac{Z\dot{m}(T_\infty - Z\dot{m}/r_s - T_{boil})}{1 - \exp(-Z\dot{m}/r_s)}$$

将 C_1 代入 C_2 的表达式，便可得到第二个积分常数

$$C_2 = \frac{1}{Z\dot{m}}\ln\frac{Z\dot{m}(T_\infty - T_{boil})}{1 - \exp(-Z\dot{m}/r_s)}$$

最后，将 C_1，C_2 代回式（7.6）的通解中，便可以得到温度的空间分布

$$T(r) = \frac{(T_\infty - T_{boil})\exp(-Z\dot{m}/r) - T_\infty\exp(-Z\dot{m}/r_s) + T_{boil}}{1 - \exp(-Z\dot{m}/r_s)} \tag{7.7}$$

3. 液－气两相界面能量平衡

式（7.7）本身并没有提供求解蒸发率 $\dot{m}$ 的方法，但可以用来求解气体向液滴表面的传递，如图 7.2（b）所示的界面（表面）能量平衡。热量从热气体传入界面，因为假定液滴温度均为 T_{boil}，所有这些热量都会用来蒸发燃料，而不会有热量传到液滴内部。这比要考虑液滴短暂加热过程相对容易一些，在液滴燃烧分析中，将考虑液滴短暂加热过程。表面能量平衡方程可写为

$$\dot{Q}_{\text{cond}} = \dot{m}(h_{\text{vap}} - h_{\text{liq}}) = \dot{m}h_{\text{f,g}} \tag{7.8}$$

将傅里叶定律带入 $\dot{Q}_{\text{cond}}$，注意到正负号变化，可得

$$4\pi k_{\text{g}} r_{\text{s}}^2 \left.\frac{\mathrm{d}T}{\mathrm{d}r}\right|_{r_{\text{s}}} = \dot{m}h_{\text{f,g}} \tag{7.9}$$

对式（7.7）求导，得液滴表面处的气相温度梯度为

$$\left.\frac{\mathrm{d}T}{\mathrm{d}r}\right|_{r_{\text{s}}} = \frac{Z\dot{m}}{r_{\text{s}}^2}\frac{(T_\infty - T_{\text{boil}})\exp(-Z\dot{m}/r_{\text{s}})}{1-\exp(-Z\dot{m}/r_{\text{s}})} \tag{7.10}$$

将此结果代入式（7.9），并解出 $\dot{m}$，有

$$\dot{m} = \frac{4\pi k_{\text{g}} r_{\text{s}}}{c_{p,\text{g}}}\ln\left[\frac{c_{p,\text{g}}(T_\infty - T_{\text{boil}})}{h_{\text{f,g}}} + 1\right] \tag{7.11}$$

在燃烧学文献中，方括号中的第一项经常被定义为

$$B_{\text{q}} = \frac{c_{p,\text{g}}(T_\infty - T_{\text{boil}})}{h_{\text{f,g}}} \tag{7.12}$$

则

$$\dot{m} = \frac{4\pi k_{\text{g}} r_{\text{s}}}{c_{p,\text{g}}}\ln(B_{\text{q}} + 1) \tag{7.13}$$

参数 B 是一个无量纲参数，就像雷诺数一样，在燃烧学中有很重要的意义。有时它被又称为**斯波尔丁数**，或简单称作**传递数 *B***。式（7.12）所定义的 B 仅适用于上述假设条件下，下标 q 表示它仅基于传热控制的情况。还有一些其他形式的定义，其函数形式取决于各自所做出的假设。例如，如果假设液滴周围为球形火焰，则 B 的定义不同。这种情况会在之后详述。

7.2.3 液滴寿命

由传质控制蒸发过程的分析，通过质量平衡可以得到液滴半径（或直径）随时间的变化规律。该质量平衡表示为液滴质量的减小速率等于液滴的蒸发速率，即

$$\frac{\mathrm{d}m_{\text{d}}}{\mathrm{d}t} = -\dot{m} \tag{7.14}$$

其中，液滴质量 m_{d} 由下式给出：

$$m_{\text{d}} = \rho_{\text{l}} V = \rho_{\text{l}} \pi D^3 / 6 \tag{7.15}$$

式中：V 和 D 分别为液滴的体积和直径。

将式（7.15）和式（7.13）代入式（7.14）并进行求导，可得

$$\frac{\mathrm{d}D}{\mathrm{d}t}=-\frac{4k_{\mathrm{g}}}{\rho_{\mathrm{l}}c_{p,\mathrm{g}}D}\ln(B_{\mathrm{q}}+1) \tag{7.16}$$

式（7.16）也可以表示为 D^2 的形式，即

$$\frac{\mathrm{d}D^2}{\mathrm{d}t}=-\frac{8k_{\mathrm{g}}}{\rho_{\mathrm{l}}c_{p,\mathrm{g}}}\ln(B_{\mathrm{q}}+1) \tag{7.17}$$

式（7.17）表明，液滴直径的变化对时间的导数为常数。因此 D^2 随 t 线性变化，斜率为 $-8k_{\mathrm{g}}/(\rho_{\mathrm{l}}c_{p,\mathrm{g}})\ln(B_{\mathrm{q}}+1)$，如图 7.3 所示。该斜率被定义为蒸发常数 K，即

$$K=\frac{8k_{\mathrm{g}}}{\rho_{\mathrm{l}}c_{p,\mathrm{g}}}\ln(B_{\mathrm{q}}+1) \tag{7.18}$$

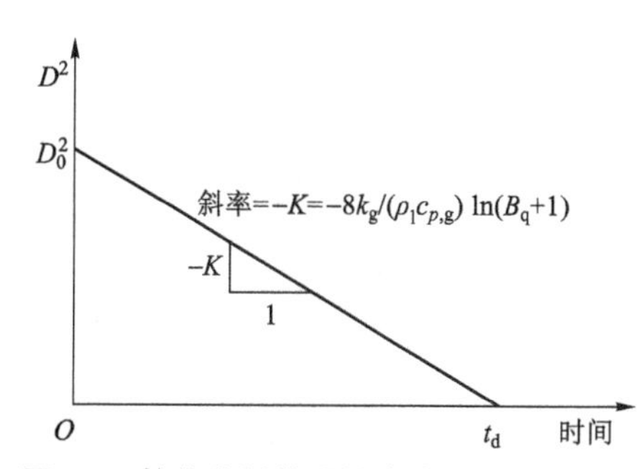

图 7.3　简化分析获得的液滴蒸发的 D^2 规律

结合式（7.17），可以得到 D（或 D^2）随 t 变化的一般关系式：

$$\int_{D_0^2}^{D^2}\mathrm{d}\hat{D}^2=-\int_0^t K\mathrm{d}\hat{t}$$

由此可得

$$D^2(t)=D_0^2-Kt \tag{7.19}$$

实验证明，液滴在加热到沸点的短暂时间之后，D^2 定律都适用。令 $D^2(t_\mathrm{d})=0$，便可得到液滴从初始直到完全蒸发所需的时间，即液滴寿命

$$t_{\mathrm{d}}=D_0^2/K \tag{7.20}$$

采用式（7.19）及式（7.20）可以直接预测液滴的蒸发。问题是如何合适地选择蒸发常数中的气相比热容 $c_{p,\mathrm{g}}$ 和热导率 k_{g} 的平均值。在以上分析中，假定 $c_{p,\mathrm{g}}$ 和 k_{g} 都是常数，而实际上从液滴表面到远离表面的气流，它们的变化很大。在 Law 和威 Williams 关于液滴燃烧的论述中，$c_{p,\mathrm{g}}$ 和 k_{g} 由下面的方法近似：

$$c_{p,\mathrm{g}}=c_{p,\mathrm{F}}(\bar{T}) \tag{7.21}$$

$$k_{\mathrm{g}}=0.4k_{\mathrm{F}}(\bar{T})+0.6k_{\infty}(\bar{T}) \tag{7.22}$$

式中：$_\mathrm{F}$ 代表为燃料蒸气；$\bar{T}$ 为燃料沸点和无穷远处气流温度的平均值，即

$$\bar{T}=(T_{\mathrm{boil}}+T_{\infty})/2 \tag{7.23}$$

另外，还有一些对物性的更精确的估计方法，读者可以参考相关文献。

7.3　单个液滴的燃烧

以下将在上述讨论的基础上进一步推导液滴周围有球对称火焰的情形。首先，仍保留静止环境及球对称的假设。随后，将球对称的结果进行修正，并推广到考虑火焰产生的自然对流或强制对流所导致的燃烧加强的情形。最后，去掉液滴处于沸点这一条件限制，这就需要

考虑气相中各组分的守恒方程。

7.3.1 假设

下面的假设会大大简化液滴燃烧模型，但仍保留其基本的物理特征，且分析结果和实验结果符合得很好。

（1）被球对称火焰包围着的燃烧液滴，存在于静止、无限的介质中。不考虑与其他液滴的相互影响，也不考虑对流的影响。

（2）和前面的分析一样，燃烧过程是准稳态的。

（3）燃料是单组分液体，对任何气体都没有溶解性。液气交界处处于相平衡状态。

（4）压力均匀一致且为常数。

（5）气相中只包含三种组分：燃料蒸气、氧化剂和燃烧产物。气相可以分为两个区。在液滴表面与火焰之间的内区仅包含燃料蒸气和产物，而外区则包含氧化剂和产物。由此，每个区域中均为二元扩散。

（6）在火焰处，燃料和氧化剂以等化学当量比反应。假设化学反应无限快，则火焰表现为一个无限薄的面。

（7）路易斯数，$Le = \alpha / \mathcal{D} = k_{\mathrm{g}} / \rho c_{p,\mathrm{g}} D = 1$。

（8）忽略辐射散热。

（9）气相热导率 k_{g}、比定压热容 $c_{p,\mathrm{g}}$ 以及密度和二元扩散率的乘积 ρD 都是常数。

（10）液体燃料液滴是唯一的凝结相，没有碳烟和液体水存在。

包括上述假设的基本模型如图 7.4 所示，图中显示了处于液滴表面到火焰之间的内区 $(r_{\mathrm{s}} \leqslant r \leqslant r_{\mathrm{f}})$ 和火焰的外区 $(r_{\mathrm{f}} \leqslant r < r_{\infty})$ 的温度和组分分布。可以看出有三个重要的温度：液滴表面温度 T_{s}、火焰温度 T_{f} 和无穷远处介质的温度 T_{∞}。燃料蒸气质量分数 Y_{F} 在液滴表面处最大，在火焰处被完全消耗衰减为零。氧化剂质量分数 Y_{Ox} 与燃料对应，在远离火焰处有最大值（为 1），递减到火焰处为零。燃烧产物在火焰处有最大值（为 1），同时朝着液滴向里和背离火焰向外两个方向扩散。根据假设（3），产物不溶于液体，在火焰到液滴表面之间产物没有净流动。这样，当燃料蒸气流动时，产物在内区形成了一个滞止层。

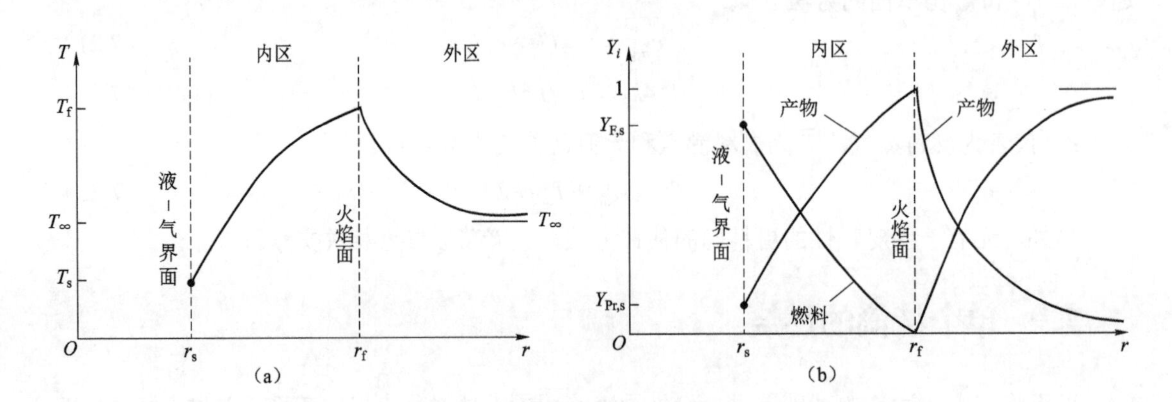

图 7.4 简单液滴燃烧模型示意图

（a）温度分布图；（b）组分分布图

7.3.2　问题的表述

以下分析计算的首要目标是：在给定初始液滴大小和液滴外无穷远处温度的条件下，即已知温度 T_∞ 和氧化剂质量分数 $Y_{\mathrm{Ox},\infty}(=1)$，求液滴的质量燃烧率 $\dot{m}_{\mathrm{F}}$。为了达到这个目的，要得到两个区域中温度和组分分布的表达式，以及计算火焰半径 r_{f}、火焰温度 T_{f}、液滴表面温度 T_{s} 和液滴表面的燃料蒸气质量分数 $Y_{\mathrm{F,s}}$ 的关系式。因此，要计算 5 个参数：$\dot{m}_{\mathrm{F}}$，$Y_{\mathrm{F,s}}$，T_{s}，T_{f} 和 r_{f}。

一般来说，要求解 5 个未知数，需要求解 5 个方程，分别可以从以下关系式中得到：① 液滴表面的能量平衡；② 火焰面处的能量平衡；③ 外区的氧化剂分布；④ 内区的燃料蒸气分布；⑤ 在液－气界面的相平衡。最后，知道了瞬时质量燃烧率后，液滴寿命可以用在蒸发分析中所使用的方法来计算。

液滴燃烧方面的问题已被广泛研究过，有许多关于这方面的论著。以下介绍的物理模型起始于 20 世纪 50 年代。此处采用的求解方法并不是最精确的，但能在保持重要物理变量如温度和组分质量分数的同时，对物理过程有一个整体的理解。

7.3.3　质量守恒

总气相质量守恒方程在前面已经有过论述［式（7.1)］，即

$$\dot{m} = \dot{m}_{\mathrm{F}} = 常数$$

值得注意的是，总流量在任何地方都等于燃料流量，也就是燃烧速率。

7.3.4　组分守恒

1. 内区

在内区，重要的扩散组分是燃料蒸气。将菲克扩散定律应用到内区，即

$$\dot{m}''_{\mathrm{A}} = Y_{\mathrm{A}}(\dot{m}''_{\mathrm{A}} + \dot{m}''_{\mathrm{B}}) - \rho\mathcal{D}_{\mathrm{AB}}\nabla Y_{\mathrm{A}}$$

式中：A 和 B 分别为燃料和产物，即

$$\dot{m}''_{\mathrm{A}} \equiv \dot{m}''_{\mathrm{F}} = \dot{m}_{\mathrm{F}} / (4\pi r^2) \tag{7.24}$$

$$\dot{m}''_{\mathrm{B}} \equiv \dot{m}''_{\mathrm{pr}} = 0 \tag{7.25}$$

因为唯一的自变量是 r 方向，球坐标下的 ∇ 操作符定义为 $\nabla(\,) = \mathrm{d}(\,)/\mathrm{d}r$，则菲克扩散定律可写成

$$\dot{m}_{\mathrm{F}} = -4\pi r^2 \frac{\rho\mathcal{D}}{1-Y_{\mathrm{F}}}\frac{\mathrm{d}Y_{\mathrm{F}}}{\mathrm{d}r} \tag{7.26}$$

这个一阶常微分方程必须满足两个边界条件，分别是液滴表面处液气平衡，即

$$Y_{\mathrm{F}}(r_{\mathrm{s}}) = Y_{\mathrm{F,s}}(T_{\mathrm{s}}) \tag{7.27a}$$

和火焰处的完全燃烧，即

$$Y_{\mathrm{F}}(r_{\mathrm{f}}) = 0 \tag{7.27b}$$

由于两个边界条件的存在，可以将燃烧速率 $\dot{m}_{\mathrm{F}}$ 作为一个特征值，即 $\dot{m}_{\mathrm{F}}$ 是可以从式(7.26)结合其边界条件式（7.27a）和式（7.27b）求解得到的一个参数。定义 $Z_{\mathrm{F}} \equiv 1/(4\pi\rho\mathcal{D})$，则式

（7.26）的一般解为

$$Y_F(r)=1+C_1\exp\left(-Z_F\dot{m}_F/r\right) \tag{7.28}$$

应用液滴表面条件［式（7.27a）］来求解C_1，得

$$Y_F(r)=1-\frac{(1-Y_{F,s})\exp\left(-Z_F\dot{m}_F/r\right)}{\exp\left(-Z_F\dot{m}_F/r_s\right)} \tag{7.29}$$

应用火焰边界条件［式（7.27b）］，可以得到包括 3 个未知数$Y_{F,s}$，$\dot{m}_F$和r_f的关系式

$$Y_{F,s}=1-\frac{\exp(-Z_F\dot{m}_F/r_s)}{\exp(-Z_F\dot{m}_F/r_f)} \tag{7.30}$$

另外，燃烧产物的质量分数可以表达为

$$Y_{pr}(r)=1-Y_F(r) \tag{7.31}$$

2. 外区

在外区，重要的扩散组分是沿径向向火焰扩散的氧化剂。在火焰处，氧化剂和燃料以等化学当量比结合，其化学反应方程式为

$$1\,\text{kg 燃料}+\nu\,\text{kg 氧化剂}=(\nu+1)\,\text{kg 产物} \tag{7.32}$$

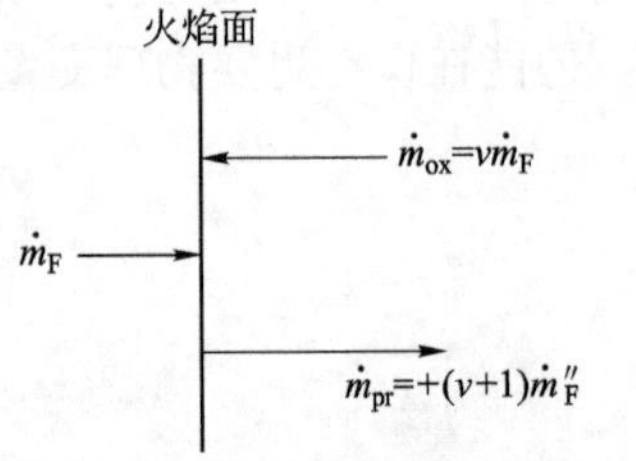

式中：ν为化学当量（质量）比，而且包括可能存在于氧化剂中的不反应气体，式（7.32）的关系如图 7.5 所示。于是菲克扩散定律中的质量流量如下：

火焰面
$\dot{m}_{ox}=\nu\dot{m}_F$
$\dot{m}_F$
$\dot{m}_{pr}=+(\nu+1)\dot{m}''_F$

图 7.5　火焰面上的质量流关系

（注意：内部区域和外部区域的净质量流都等于燃料的流量$\dot{m}_F$）

$$\dot{m}''_A\equiv\dot{m}''_{ox}=\nu\dot{m}''_F \tag{7.33a}$$

$$\dot{m}''_B\equiv\dot{m}''_{pr}=+(\nu+1)\dot{m}''_F \tag{7.33b}$$

外区的菲克扩散定律为

$$\dot{m}_F=+4\pi r^2\frac{\rho\mathcal{D}}{\nu+Y_{ox}}\frac{dY_{ox}}{dr} \tag{7.34}$$

其边界条件为

$$Y_{ox}(r_f)=0 \tag{7.35a}$$

$$Y_{ox}(r\to\infty)=Y_{ox,\infty}\equiv 1 \tag{7.35b}$$

对式（7.34）积分，得到

$$Y_{ox}(r)=-\nu+C_1\exp(-Z_F\dot{m}_F/r) \tag{7.36}$$

应用火焰处的边界条件［式（7.35a）］消去C_1，得到

$$Y_{ox}(r)=\nu\left[\frac{\exp(-Z_F\dot{m}_F/r)}{\exp(-Z_F\dot{m}_F/r_f)}-1\right] \tag{7.37}$$

应用火焰处的边界条件［式（7.35b）］，可以得到燃烧速率$\dot{m}_F$和火焰半径r_f之间的代数关系

$$\exp(+Z_F\dot{m}_F/r_f)=(\nu+1)/\nu \tag{7.38}$$

利用与氧化剂分布［式（7.37）］的互补关系，产物的质量分数分布为

$$Y_{\mathrm{pr}}(r)=1-Y_{\mathrm{ox}}(r) \tag{7.39}$$

7.3.5　能量守恒

仍然使用能量方程的 Shvab-Zeldovich 形式。由于限定化学反应只发生在边界即火焰面处，那么在火焰内和火焰外的反应速率均为零。因此，由纯蒸发得到的能量方程［式（7.3）］同样适用于液滴燃烧，即

$$\frac{\mathrm{d}\left(r^2\dfrac{\mathrm{d}T}{\mathrm{d}r}\right)}{\mathrm{d}r}=\frac{\dot{m}_{\mathrm{F}}c_{p,\mathrm{g}}}{4\pi k_{\mathrm{g}}}\frac{\mathrm{d}T}{\mathrm{d}r}$$

为了方便起见，同样定义 $Z_{\mathrm{T}}=c_{p,\mathrm{g}}/(4\pi k_{\mathrm{g}})$，则控制方程为

$$\frac{\mathrm{d}\left(r^2\dfrac{\mathrm{d}T}{\mathrm{d}r}\right)}{\mathrm{d}r}=Z_{\mathrm{T}}\dot{m}_{\mathrm{F}}\frac{\mathrm{d}T}{\mathrm{d}r} \tag{7.40}$$

根据之前的假设，当路易斯数等于 1，即 $c_{p,\mathrm{g}}/k_{\mathrm{g}}=\dfrac{1}{\rho\mathcal{D}}$ 时，组分守恒分析中定义的参数 Z_{F} 与 Z_{T} 相等。而由于式（7.40）是在热扩散与质量扩散相等的基础上得到的，即路易斯数等于 1，所以 $Z_{\mathrm{F}}=Z_{\mathrm{T}}$。

式（7.40）的边界条件是

$$\text{内区}\begin{cases}T(r_{\mathrm{s}})=T_{\mathrm{s}}\\ T(r_{\mathrm{f}})=T_{\mathrm{f}}\end{cases} \tag{7.41a}$$

$$\text{外区}\begin{cases}T(r_{\mathrm{f}})=T_{\mathrm{f}}\\ T(r\to\infty)=T_{\infty}\end{cases} \tag{7.41b}$$

在式（7.41a）和式（7.41b）的三个温度中，只有 T_{∞} 是已知的；T_{s} 和 T_{f} 是两个未知数。

1. 温度分布

式（7.40）的通解为

$$T(r)=\frac{C_1\exp\left(-Z_{\mathrm{F}}\dot{m}_{\mathrm{F}}/r\right)}{Z_{\mathrm{T}}\dot{m}_{\mathrm{F}}}+C_2 \tag{7.42}$$

在内区 $(r_{\mathrm{s}}\leqslant r\leqslant r_{\mathrm{f}})$，由式（7.41a）可解得温度分布为

$$T(r)=\frac{(T_{\mathrm{s}}-T_{\mathrm{f}})\exp(-Z_{\mathrm{F}}\dot{m}_{\mathrm{F}}/r)+T_{\mathrm{f}}\exp(-Z_{\mathrm{F}}\dot{m}_{\mathrm{F}}/r_{\mathrm{s}})-T_{\mathrm{s}}\exp(-Z_{\mathrm{F}}\dot{m}_{\mathrm{F}}/r_{\mathrm{f}})}{\exp\left(-Z_{\mathrm{F}}\dot{m}_{\mathrm{F}}/r_{\mathrm{s}}\right)-\exp\left(-Z_{\mathrm{F}}\dot{m}_{\mathrm{F}}/r_{\mathrm{f}}\right)} \tag{7.43}$$

在外区 $(r_{\mathrm{f}}\leqslant r<r_{\infty})$，将式（7.41b）应用到式（7.42）中，可解得温度分布为

$$T(r)=\frac{(T_{\mathrm{s}}-T_{\mathrm{f}})\exp\left(-Z_{\mathrm{F}}\dot{m}_{\mathrm{F}}/r\right)+\exp\left(-Z_{\mathrm{F}}\dot{m}_{\mathrm{F}}/r_{\mathrm{f}}\right)T_{\infty}-T_{\mathrm{f}}}{\exp\left(-Z_{\mathrm{F}}\dot{m}_{\mathrm{F}}/r_{\mathrm{f}}\right)-1} \tag{7.44}$$

2. 液滴表面能量平衡方程

图 7.6 所示为蒸发液滴表面处的导热通量和焓通量。热量是从火焰通过气相导热传到液滴表面的。这些能量一部分用来蒸发燃料，其余的传到液滴内部。其数学描述为

$$\dot{Q}_{\mathrm{g-i}}=\dot{m}_{\mathrm{F}}(h_{\mathrm{vap}}-h_{\mathrm{liq}})+\dot{Q}_{\mathrm{i-l}} \tag{7.45a}$$

或

$$\dot{Q}_{g-i} = \dot{m}_F h_{f,g} + \dot{Q}_{i-l} \tag{7.45b}$$

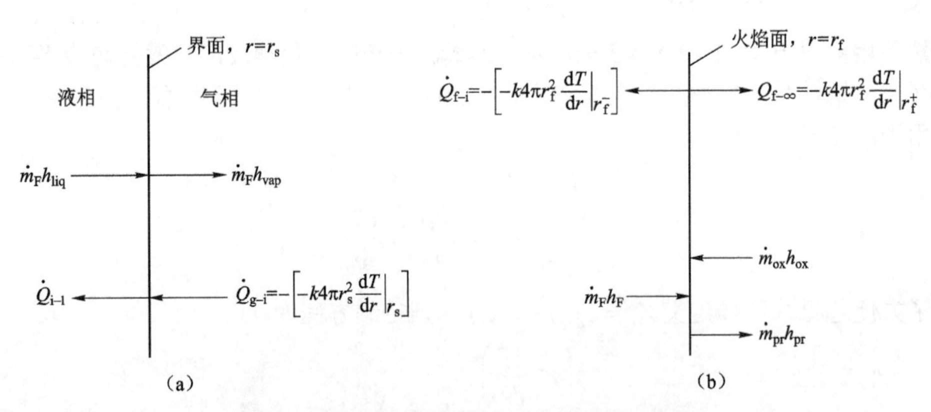

图 7.6　蒸发液滴表面处的导热通量和焓通量

（a）液滴液－气界面的表面能量平衡；（b）火焰面上的表面能量平衡

向液滴内部的导热 $\dot{Q}_{i-l}$ 可以用几种方法来得到。

一种常用的方法是将液滴分为两个区：一个各处均处于初始温度 T_0 的内部区和一个处于表面温度 T_s 的表面薄层区，称为“葱皮”模型，即

$$\dot{Q}_{i-l} = \dot{m}_F c_{p,l}(T_s - T_0) \tag{7.46}$$

即蒸发的燃料从 T_0 加热到 T_s 所需的能量。为方便起见，定义

$$q_{i-l} \equiv \dot{Q}_{i-l} / \dot{m}_F \tag{7.47}$$

则在“葱皮”模型中

$$q_{i-l} = c_{p,l}(T_s - T_0) \tag{7.48}$$

另一种处理 $\dot{Q}_{i-l}$ 的常用方法是假设液滴行为是集总参数，也就是说，液滴在一个瞬时加热期内具有均匀一致的温度。对于集总参数，有

$$\dot{Q}_{i-l} = \dot{m}_d c_{p,l} \frac{dT_s}{dt} \tag{7.49}$$

及

$$q_{i-l} = \frac{m_d c_{p,l}}{\dot{m}_F} \frac{dT_s}{dt} \tag{7.50}$$

式中：m_d 为液滴质量。为得到 dT_s / dt，集总参数模型还需要对液滴的能量和质量守恒方程进行整体求解。

第三种方法，也是最简单的方法，认为液滴很快就加热到一个稳定的温度 T_s，也就是说，液滴的热惯性被忽略掉了。此时有

$$q_{i-l} = 0 \tag{7.51}$$

回到由式（7.45b）描述的表面能量平衡方程上来，从气相传出的热量 $\dot{Q}_{g-i}$ 可以通过傅里叶定律和由内区温度分布得到的温度梯度来计算，即

$$-\left(-k_{\mathrm{g}}4\pi r^2\left.\frac{\mathrm{d}T}{\mathrm{d}r}\right|_{r_{\mathrm{s}}}\right)=\dot{m}_{\mathrm{F}}(h_{\mathrm{f,g}}+q_{\mathrm{i-l}}) \tag{7.52}$$

其中

$$\frac{\mathrm{d}T}{\mathrm{d}r}=\frac{(T_{\mathrm{s}}-T_{\mathrm{f}})Z_{\mathrm{T}}\dot{m}_{\mathrm{F}}\exp(-Z_{\mathrm{T}}\dot{m}_{\mathrm{F}}/r)}{r^2\left[\exp(-Z_{\mathrm{T}}\dot{m}_{\mathrm{F}}/r_{\mathrm{s}})-\exp(-Z_{\mathrm{T}}\dot{m}_{\mathrm{F}}/r_{\mathrm{f}})\right]} \tag{7.53}$$

适用于$(r_{\mathrm{s}}\leqslant r\leqslant r_{\mathrm{f}})$。

为了计算$r=r_{\mathrm{s}}$处的传热量，将式（7.52）重新整理并代入Z_{T}的定义式，可得

$$\frac{c_{p,\mathrm{g}}(T_{\mathrm{f}}-T_{\mathrm{s}})}{q_{\mathrm{i-l}}+h_{\mathrm{f,g}}}\frac{\exp(-Z_{\mathrm{T}}\dot{m}_{\mathrm{F}}/r_{\mathrm{s}})}{\exp(-Z_{\mathrm{T}}\dot{m}_{\mathrm{F}}/r_{\mathrm{s}})-\exp(-Z_{\mathrm{T}}\dot{m}_{\mathrm{F}}/r_{\mathrm{f}})}+1=0 \tag{7.54}$$

式（7.54）包括了 4 个未知数：$\dot{m}_{\mathrm{F}}$，T_{f}，T_{s}和r_{f}。

3. 火焰面处的能量平衡

如图 7.6（b）所示，可以看出火焰面处不同能量通量之间的联系。因为火焰温度是整个系统中最高的温度，向液滴的导热$\dot{Q}_{\mathrm{f-i}}$和向无穷远处的导热$\dot{Q}_{\mathrm{f-\infty}}$同时进行。在火焰处释放的化学能可以由燃料、氧化剂和产物的绝对焓来计算。火焰面的表面能量平衡可用下式表示：

$$\dot{m}_{\mathrm{F}}h_{\mathrm{F}}+\dot{m}_{\mathrm{ox}}h_{\mathrm{ox}}-\dot{m}_{\mathrm{pr}}h_{\mathrm{pr}}=\dot{Q}_{\mathrm{f-i}}+\dot{Q}_{\mathrm{f-\infty}} \tag{7.55}$$

式中各个焓的定义为

$$h_{\mathrm{F}}\equiv h^0_{\mathrm{f,F}}+c_{p,\mathrm{g}}(T-T_{\mathrm{ref}}) \tag{7.56a}$$

$$h_{\mathrm{ox}}\equiv h^0_{\mathrm{f,ox}}+c_{p,\mathrm{g}}(T-T_{\mathrm{ref}}) \tag{7.56b}$$

$$h_{\mathrm{pr}}\equiv h^0_{\mathrm{f,pr}}+c_{p,\mathrm{g}}(T-T_{\mathrm{ref}}) \tag{7.56c}$$

单位质量燃料的燃烧热Δh_{c}由下式给出：

$$\Delta h_{\mathrm{c}}(T_{\mathrm{ref}})\equiv h^0_{\mathrm{f,F}}+\nu h^0_{\mathrm{f,ox}}-(1+\nu)h^0_{\mathrm{f,pr}} \tag{7.57}$$

燃料、氧化剂和产物的质量流量与化学当量比相关［参见式（7.32）、式（7.33a）及式（7.33b）］。尽管内区有产物存在，但在液滴表面与火焰之间并没有产物的净流动，因此，所有的产物都从火焰向外流出去。因此，式（7.55）变成

$$\dot{m}_{\mathrm{F}}\left[h_{\mathrm{F}}+\nu h_{\mathrm{ox}}-(1+\nu)h_{\mathrm{pr}}\right]=\dot{Q}_{\mathrm{f-i}}+\dot{Q}_{\mathrm{f-\infty}} \tag{7.58}$$

将式（7.56）和式（7.57）代入式（7.58），得

$$\dot{m}_{\mathrm{F}}\Delta h_{\mathrm{c}}+\dot{m}_{\mathrm{F}}c_{p,\mathrm{g}}\left[(T_{\mathrm{f}}-T_{\mathrm{ref}})+\nu(T_{\mathrm{f}}-T_{\mathrm{ref}})-(\nu+1)(T_{\mathrm{f}}-T_{\mathrm{ref}})\right]=\dot{Q}_{\mathrm{f-i}}+\dot{Q}_{\mathrm{f-\infty}} \tag{7.59}$$

由于假设$c_{p,\mathrm{g}}$是常数，则Δh_{c}不受温度的影响。于是，可以选择火焰温度作为参考状态来简化式（7.59）

$$\underset{\text{火焰中化学能转化成热能的速率}}{\dot{m}_{\mathrm{F}}\Delta h_{\mathrm{c}}}=\underset{\text{从火焰向外导热的速率}}{\dot{Q}_{\mathrm{f-i}}+\dot{Q}_{\mathrm{f-\infty}}} \tag{7.60}$$

再一次利用傅里叶定律和之前得到的温度分布来计算到热量$\dot{Q}_{\mathrm{f-i}}$和$\dot{Q}_{\mathrm{f-\infty}}$，即

$$\dot{m}_{\mathrm{F}}\Delta h_{\mathrm{c}}=k_{\mathrm{g}}4\pi r_{\mathrm{f}}^2\left.\frac{\mathrm{d}T}{\mathrm{d}r}\right|_{r_{\mathrm{f}}^-}-k_{\mathrm{g}}4\pi r_{\mathrm{f}}^2\left.\frac{\mathrm{d}T}{\mathrm{d}r}\right|_{r_{\mathrm{f}}^+} \tag{7.61}$$

可以采用式（7.53）来计算 $r = r_{\bar{f}}$ 处的温度梯度。对于 $r = r_f^+$ 处的温度梯度，将外区的温度分布式微分可得

$$\frac{dT}{dr} = \frac{Z_T \dot{m}_F (T_\infty - T_f)\exp(-Z_T \dot{m}_F / r)}{r^2\left[1 - \exp(-Z_T \dot{m}_F / r_f)\right]} \tag{7.62}$$

然后计算该处的温度梯度。代入这些条件并整理，火焰面处的能量平衡可表达为

$$\frac{c_{p,g}}{\Delta h_c}\left[\frac{(T_s - T_f)\exp(-Z_T \dot{m}_F / r_f)}{\exp(-Z_T \dot{m}_F / r_s) - \exp(-Z_F \dot{m}_F / r_f)} - \frac{(T_\infty - T_f)\exp(-Z_T \dot{m}_F / r_f)}{1 - \exp(-Z_T \dot{m}_F / r_f)}\right] - 1 = 0 \tag{7.63}$$

式（7.63）是一个非线性代数方程，包含的未知数与式（7.54）中的 4 个未知数（$\dot{m}_F$，T_f，T_s 和 r_f）相同。

4. 液－气平衡

至此，已经有了 4 个方程和 5 个未知数。假设燃料表面液体和蒸气处于平衡，应用克劳修斯－克拉珀龙方程，可以得到封闭问题求解的第 5 个方程。当然，还有其他更精确的公式来表达这个平衡，但是克劳修斯－克拉珀龙方程的方法很容易采用。在液－气分界处，燃料蒸气的分压由下式给出：

$$p_{F,s} = A\exp(-B / T_s) \tag{7.64}$$

式中：A 和 B 为克劳修斯－克拉珀龙方程中的常数，对不同的燃料取不同的值。燃料的分压与燃料摩尔分数和质量分数之间的关系如下：

$$\chi_{F,s} = p_{F,s} / p \tag{7.65}$$

及

$$Y_{F,s} = \chi_{F,s}\frac{M_{W_F}}{\chi_{F,s} M_{W_F} + (1 - \chi_{F,s}) M_{W_{pr}}} \tag{7.66}$$

将式（7.64）和式（7.65）代入式（7.66），得到 $Y_{F,s}$ 与 T_s 之间的直接关系，即

$$Y_{F,s} = \frac{A\exp(-B / T_s) M_{W_F}}{A\exp(-B / T_s) M_{W_F} + \left[p - A\exp(-B / T_s)\right] M_{W_{pr}}} \tag{7.67}$$

对于单个液滴燃烧模型的数学描述就到此为止。值得注意的是，如果令 $T_f \to T_\infty$ 和 $r_f \to \infty$，就会得到一个纯蒸发模型，但是由于结合了热量传递和质量传递的影响，和前面忽略热量或质量传递得到的简单模型略有不同。

7.3.6 总结和求解

表 7.1 总结了求解 5 个未知数 $\dot{m}_F$，r_f，T_f，T_s 和 $Y_{F,s}$ 所需的 5 个方程。先将 T_s 作为已知参数，同时求解方程（Ⅱ），（Ⅲ），（Ⅳ）来得到 $\dot{m}_F$，r_f 和 T_f，使非线性方程的这个系统能够求解。通过这种方式，可得燃烧速率为

$$\dot{m}_F = \frac{4\pi k_g r_s}{c_{p,g}}\ln\left[1 + \frac{\Delta h_c / \nu + c_{p,g}(T_\infty - T_s)}{q_{i-l} + h_{f,g}}\right] \tag{7.68a}$$

或者，引入**传递数** $B_{o,q}$，定义如下：

$$B_{o,q} = \frac{\Delta h_c / \nu + c_{p,g}(T_\infty - T_s)}{q_{i-l} + h_{f,g}} \tag{7.68b}$$

$$\dot{m}_F = \frac{4\pi k_g r_s}{c_{p,g}} \ln(1 + B_{o,q}) \tag{7.68c}$$

火焰温度为

$$T_f = \frac{q_{i-l} + h_{f,g}}{c_{p,g}(\nu + 1)}(\nu B_{o,q} - 1) + T_s \tag{7.69}$$

及火焰半径为

$$r_f = r_s \frac{\ln(1 + B_{o,q})}{\ln[(\nu + 1)/\nu]} \tag{7.70}$$

液滴表面的燃料质量分数为

$$Y_{F,s} = \frac{B_{o,q} - 1/\nu}{B_{o,q} + 1} \tag{7.71}$$

表 7.1　单个液滴燃烧模型小结

方程编号	方程涉及的未知量	表示的基本原理
Ⅰ［式（7.30）］	$\dot{m}_F$，r_f，$Y_{F,s}$	内区燃料组分守恒
Ⅱ［式（7.37）］	$\dot{m}_F$，r_f	外区氧化剂组分守恒
Ⅲ［式（7.54）］	$\dot{m}_F$，r_f，T_f，T_s	液滴表面能量守恒
Ⅳ［式（7.63）］	$\dot{m}_F$，r_f，T_f，T_s	火焰面处的能量平衡
Ⅴ［式（7.67）］	$Y_{F,s}$，T_s	采用克劳修斯－克拉珀龙方程，界面液－气相平衡

假设一个 T_s 值，式（7.68）～式（7.71）就可以计算。方程Ⅴ即式（7.67）可以用来得到一个更好的 T_s 值［见下面的式（7.72），T_s 只出现在方程左边］，然后式（7.68）～式（7.71）再被重新计算，重复这一过程，直到得到一个收敛的结果，即

$$T_s = \frac{-B}{\ln\left[\dfrac{-Y_{F,s} p M_{W_{pr}}}{A(Y_{F,s} M_{W_F} - Y_{F,s} M_{W_{pr}} - M_{W_F})}\right]} \tag{7.72}$$

就像在纯蒸发分析中的那样，如果假设燃料处于沸点温度，问题就会大大简化。在这一假设下，式（7.68）～式（7.70）不用迭代就可以计算出 $\dot{m}_F$，T_f，r_f，而且由于当 $T_s = T_{boil}$ 时，$Y_{F,s} = 1$，所以式（7.71）可以不用。当液滴经过了初始加热阶段后处于稳定燃烧时，这个假设还是很合理的。

7.3.7　燃烧速率常数和液滴寿命

式（7.68c）中传递数 $B_{o,q}$ 表示的液滴质量燃烧速率，与蒸发速率的表达式［参见式（7.13）］具有相同的形式。因此，不需要进一步推导，就可以很快定义燃烧速率常数 K 为

$$K = \frac{8k_g}{\rho_l c_{p,g}} \ln(1 + B_{o,q}) \tag{7.73}$$

只有当表面温度稳定不变时，由于此时 $B_{o,q}$ 是一个常数，燃烧速率常数才是一个常数。假设短暂的加热过程与液滴寿命相比短得多，对于液滴燃烧就可以运用 D^2 定律，即

$$D^2(t) = D_0^2 - Kt \tag{7.74}$$

令 $D^2(t_d) = 0$，可以求得液滴寿命 t_d，即

$$t_d = D_0^2 / K \tag{7.75}$$

与纯蒸发问题相同，需要定义出现在式（7.73）中的物性参数 $c_{p,g}$，k_g 和 ρ_l 的合理值。Law 和 Williams 提出了以下经验公式：

$$c_{p,g} = c_{p,F}(\overline{T}) \tag{7.76a}$$

$$k_g = 0.4k_F(\overline{T}) + 0.6k_{Ox}(\overline{T}) \tag{7.76b}$$

$$\rho_l = \rho_l(T_S) \tag{7.76c}$$

其中

$$\overline{T} = 0.5(T_S + T_f) \tag{7.76d}$$

7.3.8 扩展到对流条件

在上面的分析中，为获得球对称燃烧的边界条件，假设是在静止介质中，即液滴与气流之间没有相对运动，且没有浮升力存在。后者只适用于无重力或者无重力作用的自由落体情况。有好几种方法来研究带对流的液滴燃烧问题。本节采用的是化学工程中的“薄膜理论”，这种方法简明直接，读者易于理解。

薄膜理论的本质是将无穷远处的传热、传质边界条件用所谓的薄膜半径的边界条件替代，且其值相同。而薄膜半径，对组分定义为 δ_M，而对能量定义为 δ_T。从图 7.7 中可看出，薄膜半径使浓度梯度和温度梯度变陡，从而提高了液滴表面的传质和传热速率，也就意味着对流提高了液滴燃烧速率，即减少了燃烧时间。

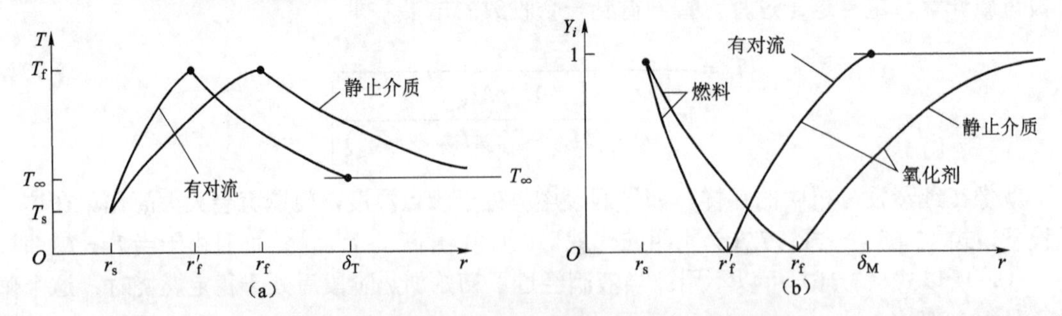

图 7.7 带对流和不带对流时温度和组分分布的比较

对传热的薄膜半径的定义可以用努塞尔数 *Nu* 来表示，而对传质的薄膜半径的定义可以用舍伍德数 *Sh* 来表示。从物理上来讲，努塞尔数是液滴表面处的量纲为 1 的温度梯度，而舍伍德数是表面的量纲为 1 的浓度（质量分数）梯度。薄膜半径的定义式为

$$\frac{\delta_{\mathrm{T}}}{r_{\mathrm{s}}}=\frac{Nu}{Nu-2} \tag{7.77a}$$

$$\frac{\delta_{\mathrm{M}}}{r_{\mathrm{s}}}=\frac{Sh}{Sh-2} \tag{7.77b}$$

对于静止的介质，$Nu=2$，即没有对流时就回到了 $\delta_{\mathrm{T}}\to\infty$。与路易斯数等于 1 的假设相对应，假设 $Sh=Nu$。

根据基本的守恒定律，受对流影响的主要有外区的组分守恒关系式［氧化剂分布，式（7.37）和式（7.38）］和包括外区的能量守恒关系式［外区的温度分布式（7.44）和火焰面的能量平衡式（7.63）］。具体的推导过程此处不再详述，感兴趣的读者可以参考相关文献。

习　题

7.1　试分析油滴燃烧主要过程及特点，强化油滴燃烧有哪些途径？

7.2　油滴燃烧属于扩散燃烧还是预混燃烧？为什么？

7.3　计算直径 1 mm 的水滴在 600 K，1 atm 的干热空气中的蒸发速率常数。

7.4　试用直径为 600 μm 的水滴确定压力对液滴寿命的影响。液滴周围环境为 1 000 K 的干燥空气。分别取压力为 0.1 MPa，0.5 MPa，1.0 MPa。作图并讨论计算结果。

7.5　一个直径 1 mm 的正己烷液滴，在常压空气中燃烧，试估计其质量燃烧速率。假设没有热量传导到液滴内部，且液滴温度等于液体的沸点。环境空气温度为 298 K。

7.6　计算正己烷液滴在静止空气（900 K，1 atm）中蒸发时的寿命，液滴直径分别为 1 000 μm，100 μm，10 μm。同时，计算平均蒸发速率 m_0/t_{d}，其中 m_0 为初始液滴质量。假设液体密度为 664 kg/m^3。

参 考 文 献

［1］岑可法，姚强，骆仲泱，等. 高等燃烧学［M］. 杭州：浙江大学出版社，2002.

［2］Chehroudi B, Talley D, Mayer W, et al. Understanding Injection into High Pressure Supercritical Environments. Fifth International Conference on Liquid Space Propulsion, Chattanooga, TN, 28 [1/N] October 2003.

［3］Law C K, Williams F A. Kinetics and Convection in the Combustion of Alkane Droplets. Combustion and Flame, 1972, 19(3): 393－406.

［4］Faeth G M. Current Status of Droplet and Liquid Combustion. Progress in Energy and Combustion Science, 1977, 3: 191－224.

［5］Kuo K K. Principles of Combustion. 2nd Ed. John Wiley & Sons, Hoboken, NJ, 2005.

［6］J Warnatz U, Maas R W Dibble. Combustion Physical and Chemical Fundamentals, Modeling and Simulation, Experiments, Pollutant Formation. 4th Ed. Springer-Verlag Berlin Heidelberg, 2006.

［7］Bowman C T. Combustion Applications. 斯坦福大学讲义，1999.

［8］Turns S R. An Introduction to Combustion-Concepts and Application. McGraw-Hill,

2000.

［9］ White F M. Viscous Fluid Flow. McGraw-Hill, New York, 1974: 209.

［10］ Weast R C. CRC Handbook of Chemistry and Physics. 56th Ed. CRC Press, Cleveland, OH, 1975.

［11］ Lefebvre A H. Gas Turbine Combustion. 2nd Ed. Taylor & Francis, Philadelphia, PA, 1999.

［12］ Shuen J S, Yang V, Hsiao C C. Combustion of Liquid-Fuel Droplets in Supercritical Conditions. Combustion and Flame, 1992, 89: 299－319.

第 8 章
燃烧污染物的生成和控制

8.1 概述

燃烧不仅能把燃料的化学能转变为热能，为人类造福，但同时还会向大气排放污染物，对人体健康和环境带来严重影响。现代燃烧系统设计中，污染物排放的控制是主要因素之一。所谓的污染物包括：碳烟、飞灰、金属烟雾和各种气溶胶等在内的颗粒物；硫氧化物，如SO_2和SO_3；未燃尽或部分燃烧的碳氢化合物，如醛；氮氧化物NO_x，包括NO和NO_2；一氧化碳等。尽管不是传统意义上的污染物，燃烧中产生的温室气体，如CO_2，CH_4和N_2O，由于其在全球气候变化中的作用而受到重视。根据我国对烟尘，SO_x，NO_x和CO_x四种污染物来源的统计：燃烧产生的空气污染物约占全部污染物的70%，工业生产产生的约占20%，机动车产生的约占10%。由此可见，燃烧是产生污染的主要来源。在我国燃料消费的构成中，煤约占71%，液体燃料（汽油、煤油、柴油、重油）约占17%，气体燃料（天然气、煤制气、液化石油气等）约占12%。

空气污染对人体健康的影响主要通过三种途径：呼吸道吸入、消化道吞入和皮肤接触。其中以第一种途径最重要，也最危险，它能引起各种呼吸道疾病。CO与血红蛋白结合引起人体组织缺氧，造成中毒。吸入高浓度的NO_x能造成人和动物中枢神经障碍。空气污染对气候的影响主要是CO_2引起的。大量CO_2排入大气中会产生所谓的“温室效应”，造成全球或局部地区的空气温度、湿度、雨量等发生变化。空气污染对植物的生长也有严重影响。

一次空气污染物（直接从源头排放出来的）和二次污染物（由一次污染物在大气中通过化学反应形成的）在许多方面影响着人类生存的环境和人体健康。大气对流层内的空气污染物的主要影响有以下几种：

1. 改变大气和降水的特性

对局部地区大气性质的影响包括：降低能见度，这是由大气中出现碳类颗粒物、硫酸盐、硝酸盐、有机化合物和NO_2而引起的；造成雾和降雨增多，这是因为空气中SO_2浓度过高，形成硫酸液滴并进一步凝结成核；降低太阳辐射；改变温度和风力分布。在很大的范围内，温室气体将改变全球的气候。同时，由于SO_x和NO_x的排放造成的酸雨还将对湖泊和敏感的土壤有影响。

2. 对植被有害

对地表植被有害的物质有植物毒素SO_2、硝酸过氧化乙酰（PAN）、C_2H_4及其他。这些有害物质会破坏植被中的叶绿素，从而中断光合作用。

3. 污染和破坏各种材料

颗粒物会污染衣服、房屋和其他建筑物，这不仅降低了观感质量，而且增加了环境的清洗费用。尤其是含有酸性或碱性的颗粒会腐蚀绘画、石雕、电路以及纺织品，同时臭氧会严重腐蚀橡胶。

4. 可能提高人类的发病率和死亡率

由于很难对人体进行直接研究，再加上大量不可控的因素，评价污染物对人体的危害相当困难。但是，流行病学的研究表明，在统计上，污染物的水平与健康有着显著的相关性。例如，急性和慢性支气管炎以及肺气肿的发作都与SO_2和颗粒物有关。最为著名的空气污染事件分别发生在美国宾夕法尼亚州的多诺拉（Donora）（1948）、英国伦敦（1952）和美国纽约（1966），造成了许多人死亡及其他影响。这些污染事件都是由于空气中同时含有高浓度的SO_2和颗粒物引起的。碳质颗粒物也会吸附致癌物。近来才有研究人员开始了解颗粒物和其他污染物与人体之间的物理和生物相互作用过程，例如足够小的颗粒物能够穿越肺细胞而进入血液和淋巴液中，然后这些颗粒物会沉积在骨髓、淋巴结、脾脏和心脏中，并促使容易产生氧化剂。这些行为提供了一个颗粒物和心血管病之间的因果关系。光化学烟雾的二次污染也会导致眼睛受刺激。这类污染物——臭氧、有机硝酸盐、氧化碳氢化合物和光化学气溶胶等——是由一氧化氮和各种碳氢化合物的反应形成的。一氧化氮对于健康的影响已被证明。根据表 8.1,《国家环境空气质量标准》（美国）包括 6 种所谓**标准污染物**［颗粒物（PM_{10}和$PM_{2.5}$），O_3，NO_2，SO_2，CO，Pb］，名称标准指的是要满足在《清洁空气法案》中所提出的污染物的标准，即① 有理由相信那些引起空气污染的排放物同样会引起对公共健康和福利的危险；② 在空气中存在的排放物来自多个不同的移动和固定源的结果。而《清洁空气修正法案》（1990 年）确定了 189 种需要控制的**危险空气污染物（HAP）**。2005 年将 HAP 的数目减为 187 种。

表 8.1　目前关注的燃烧产生的以及相关空气污染

国际条例/美国标准	燃烧产生的或相关的组分
地区/区域空气质量（《国家环境空气质量标准》）	标准污染物：颗粒物(PM_{10}和$PM_{2.5}$)，O_3，NO_2，SO_2，CO，Pb
空气中有毒物/危险空气污染物（《清洁空气修正法案》（1990 年））	187 种物质：选择性脂肪族、芳香族和多环芳烃；选择性卤代烃；各种氧化有机物；其他
温室效应/全球变暖（《京都议定书》，1997 年）	CO_2，CH_4，N_2O，平流层水分，对流层和平流层臭氧，碳烟，硫酸盐
平流层臭氧破坏（《蒙特利尔议定书》，1987 年）	CH_4，N_2O，CH_3Cl，CH_3Br，平流层水分，对流层臭氧

表 8.1 总结了目前关注的问题以及由燃烧产生的相关污染物的情况。早期关注的焦点是工业设施或电厂排放到大气中的可见颗粒物。从 1950 年开始到 1980 年止，美国颗粒物的排放量显著降低。20 世纪 50 年代，人们终于弄清了洛杉矶盆地光化学烟雾是由机动车排放的未燃碳氢化合物及NO_x形成的。20 世纪 60 年代，美国加利福尼亚州（以下简称加州）开始治理机动车污染排放，并在 1963 年的联邦《清洁空气法案》中，针对多种污染物制定了国家空气质量标准。1970 年、1977 年和 1990 年，联邦《清洁空气法案》曾三次被修改，标准一

次比一次严格，而且越来越多的污染源被列入检查范围。从整体上来看，加州的排放标准要比联邦标准更严格，且加州经常率先关注新污染源的排放与控制。其他国家也都相继采用了严格的排放标准，并对污染排放进行控制。

由于燃烧对污染有严重影响，近 20 年来，各国的研究人员在燃烧污染物形成机理及防治方面进行了大量有成效的研究工作，并取得了重要进展。本章主要介绍燃烧污染物的生成机理和控制措施。

8.2　排放的量化描述

由于对污染排放水平的描述有许多种，以致很难相互比较，有时还会造成混乱。这种不同是由于技术的不同引起的，如机动车的排放用 g/mi①表示，民用锅炉排放用 lb/10^6 Btu②表示，而许多测量都用某个氧量值下的 ppm③（体积分数）来表示。各种单位间的换算并不难，下面列出两个最为常用的指标定义。

8.2.1　排放因子

组分 i 的**排放因子**是组分 i 的质量与燃烧过程中所消耗燃料质量的比，即

$$\mathrm{EI}_i = \frac{m_{i,\mathrm{emitted}}}{m_{\mathrm{F,burned}}} \tag{8.1}$$

原则上讲，排放因子是一个量纲为 1 的量，类似于雷诺数或者其他量纲为 1 的数。但是，需要注意的是，为了避免出现非常小的数值，也经常用如 g/kg，g/lb 等这样的单位。排放因子在实践中特别有用，因为它明确地表征了每单位质量的燃料所产生污染物的量，从而不会受产物稀释或者燃烧效率的影响。因此，排放因子可以用来衡量特定燃烧过程产生特定污染物的效率，其与实际应用设备无关。

对于碳氢化合物在空气中的燃烧，排放因子可以由制定测量的组分浓度（摩尔分数）和所有含碳组分的浓度来决定。假设燃料中所有的碳都在 CO_2 和 CO 中，则排放因子可以表示为

$$\mathrm{EI}_i = \left(\frac{\chi_i}{\chi_{\mathrm{CO}} + \chi_{\mathrm{CO_2}}}\right)\left(\frac{xM_{\mathrm{W}_i}}{M_{\mathrm{W_F}}}\right) \tag{8.2}$$

式中：χ 为摩尔分数；x 为燃料中碳元素的物质的量，即 C_xH_y 中的 x；M_{W_i} 和 $M_{\mathrm{W_F}}$ 是组分 i 和燃料的摩尔质量。形式上看，式（8.2）中第一个括号表示燃料中每摩尔碳对应的 i 组分的物质的量，第二个括号表示燃料中碳物质的量的转换以及它们各自相对于质量单位的转换。从式（8.2）中可以明显看出，排放因子的测量与任何（比如）空气稀释效果无关，由于所有测量的浓度都以比例的形式出现，稀释的影响可以消除。

8.2.2　折算浓度

在许多文献及实际应用中，通常将排放浓度折算为燃烧产物中特定氧量下的值。目的在

① 1 mi=1.609 344 km。

② 1 lb=0.453 6kg；1 Btu（英制热单位）=1 055.056 J。

③ ppm=10^{-6}。

于排除各种稀释情况的影响，从而对污染物排放能够客观地进行比较，其仍可使用类似摩尔分数的变量形式。由于折算浓度很有可能就分别用**湿基**和**干基**来表示，在讨论折算浓度之前，先来定义燃烧产物流中任意组分的“湿”和“干”浓度（摩尔分数）。假定化学当量或贫燃料燃烧，即只有痕量的CO，H_2和污染物生成，1 mol 燃料在空气（总体积中，含 21%的 O_2 和 79%的 N_2）中燃烧的化学平衡式为

$$C_xH_y + aO_2 + 3.76aN_2 \to xCO_2 + (y/2)H_2O + bO_2 + 3.76aN_2 + \text{痕量组分} \tag{8.3}$$

在许多应用中，水分将首先从被分析的燃气中去除，得到所谓的干基浓度，但有时加热后的样品水分会依然留在其中。假设所有的水分都已经被去除，则有

$$\chi_{i,\text{干}} = \frac{N_i}{N_{\text{mix},\text{干}}} = \frac{N_i}{x + b + 3.76a} \tag{8.4a}$$

而相应的湿基摩尔分数为

$$\chi_{i,\text{湿}} = \frac{N_i}{N_{\text{mix},\text{湿}}} = \frac{N_i}{x + y/2 + b + 3.76a} \tag{8.4b}$$

根据式（8.4a）、式（8.4b）和氧原子的平衡，可以得到湿基混合物与干基混合物总的物质的量比为

$$\frac{N_{\text{mix},\text{湿}}}{N_{\text{mix},\text{干}}} = 1 + \frac{y}{2(4.76a - y/4)} \tag{8.5}$$

式中，O_2 系数 a 由测量的 O_2 摩尔分数确定，即

$$a = \frac{x + (1 + \chi_{O_2,\text{湿}})y/4}{1 - 4.76\chi_{O_2,\text{湿}}} \tag{8.6a}$$

或者

$$a = \frac{x + (1 - \chi_{O_2,\text{干}})y/4}{1 - 4.76\chi_{O_2,\text{干}}} \tag{8.6b}$$

用式（8.5）可以将干、湿浓度公式联系起来，即

$$\chi_{i,\text{干}} = \chi_{i,\text{湿}} \frac{N_{\text{mix},\text{湿}}}{N_{\text{mix},\text{干}}} \tag{8.7}$$

需要注意，上述关系都是在假定化学当量燃烧或贫燃料燃烧下得到的。对于富燃料燃烧，由于需要考虑 CO 和 H_2，情况将变得较为复杂。

下面进行浓度折算，“原始”测得的摩尔分数（湿基或干基）可以用折算到特定 O_2 摩尔分数下该污染物的摩尔分数（湿基或干基）来表示。比如：“折算到 3%O_2 下 200 ppm NO”。为了将测量浓度从一个 O_2 量折算或转化到另一个 O_2 量下的浓度，可以简单地采用以下公式：

$$\chi_i(\text{折算到}O_2\text{水平}2) = \chi_i(\text{折算到}O_2\text{水平}1)\frac{N_{\text{mix},O_2\text{水平}1}}{N_{\text{mix},O_2\text{水平}2}} \tag{8.8}$$

对于湿基浓度有

$$N_{\mathrm{mix},湿}=4.76\frac{x+(1+\chi_{\mathrm{O_2},湿})y/4}{1-4.76\chi_{\mathrm{O_2},湿}}+\frac{y}{4} \tag{8.9a}$$

对于干基浓度有

$$N_{\mathrm{mix},干}=4.76\frac{x+(1-\chi_{\mathrm{O_2},干})y/4}{1-4.76\chi_{\mathrm{O_2},干}}-\frac{y}{4} \tag{8.9b}$$

8.3　氮氧化物的生成机理及控制措施

近年来由能源利用而造成的环境污染越来越严重，其中由化石燃料的燃烧而排放出来的氮氧化物（NO_x）已成为环境污染的一个重要来源，其中污染大气的主要是 NO 和 NO_2。NO_x 吸收并散射光线，在空气中与光化学氧化剂、颗粒物以及日光发生一系列的复杂反应而形成光化学烟雾，不仅降低了能见度，还对眼睛和呼吸道有刺激。我国能源以煤为主，燃煤所产生的大气污染物占污染物排放总量的比例较大，其中 NO_x 占 67%。有关资料表明，电站锅炉的 NO_x 排放量占各种燃烧装置 NO_x 排放量总和的一半以上，而且 80%左右是由煤粉锅炉排放的。火力发电锅炉及燃气轮机组氮氧化物最高允许排放浓度见表 8.2。

表 8.2　火力发电锅炉及燃气轮机组氮氧化物最高允许排放的质量浓度　　$mg \cdot m^{-3}$

<table>
<tr><td colspan="2">时段</td><td>第 1 时段</td><td>第 2 时段</td><td>第 3 时段</td></tr>
<tr><td colspan="2">实施时间</td><td>2005 年 1 月 1 日</td><td>2005 年 1 月 1 日</td><td>2004 年 1 月 1 日</td></tr>
<tr><td rowspan="3">燃煤锅炉</td><td>V_{daf}<10%</td><td>1 500</td><td>1 300</td><td>1 100</td></tr>
<tr><td>10%≤V_{daf}≤20%</td><td rowspan="2">1 100</td><td rowspan="2">650</td><td>650</td></tr>
<tr><td>V_{daf}>20%</td><td>450</td></tr>
<tr><td colspan="2">燃油锅炉</td><td>650</td><td>400</td><td>200</td></tr>
<tr><td rowspan="2">燃气轮机组</td><td>燃油</td><td>—</td><td>—</td><td>150</td></tr>
<tr><td>燃气</td><td>—</td><td>—</td><td>80</td></tr>
<tr><td colspan="5">注：1996 年 12 月 31 日前建成投产或通过建设项目环境影响报告书审批的新建、扩建、改建火电厂建设项目，执行第 1 时段排放控制要求。1997 年 1 月 1 日起至 2004 年 1 月 1 日通过建设项目环境影响报告书审批的新建、扩建、改建火电厂建设项目，执行第 2 时段排放控制要求。自 2004 年 1 月 1 日起，通过建设项目环境影响报告书审批的新建、扩建、改建火电厂建设项目执行第 3 时段排放控制要求。</td></tr>
</table>

近年来，我国对 SO_x 的重视较多，而对 NO_x 的脱除还不普遍，尤其是对电厂及其他大型工业锅炉 NO_x 的脱除。发达国家 20 世纪 60 年代末期对 NO_x 的污染已经开始重视，纷纷制定出严格的排放标准，各种脱氮（脱硝）装置应运而生。我国也制定了 NO_x 的排放标准，但实践经验不足。

氮的氧化物主要包括 NO 和 NO_2，总称为氮氧化物 NO_x。它是大气对流层出现光化学烟雾和臭氧的主要根源，它还参与了从大气平流层消除臭氧的连锁反应，其严重后果就是使到达地面的紫外线辐射增加。因此，氮氧化物 NO_x 生成最小化已经成为燃烧领域的一个重要课题。通过深入研究NO_x生成的化学动力学机理以及化学动力学和流体力学的相互作用，人们在减少氮氧化物NO_x生成方面取得了一系列进展。所建立的氮氧化物生成模型为寻找减少氮氧化物的新方法指明了方向。

除锅炉之外，工业燃烧设备还包括过程设备、窑炉和炉灶等主要燃烧天然气的设施。下面只针对燃油和燃煤的设备进行讨论。美国环境保护局（EPA）提供了一个很宽泛的污染排放物资料的网站。表 8.3 列出了燃天然气的锅炉和民用炉的NO_x的排放因子，表中分别列出了带污染控制和不带污染控制的情况，资料来自 EPA 对外来燃烧源的排放因子的总结。排放因子以单位输入燃料能量［式（8.2）］计量NO_x排放量（lb $NO_x/10^6$ Btu）。表 8.4 给出了美国加州针对不同燃气系统的《加利福尼亚南海岸空气质量地方管理标准》（SCAQMD）。2011 年开始执行的 SCAQMD 对小锅炉［$(2\sim5)\times10^6$ Btu/h］提出了更严格的标准。1990 年联邦《清洁空气修正法案》也提出了降低工业源的排放。

表 8.3　燃天然气的锅炉和民用炉的 NO 排放因子

燃烧器种类		NO 排放因子/（lb/10^6 Btu）
大型墙式燃烧锅炉（＞100 MMBtu①/h）	未加控制设备	0.186
	加入控制－低 NO 燃烧器	0.137
	加入控制－烟气再循环（FGR）	0.098
小锅炉（＜100 MMBtu/h）	未加控制设备	0.098
	加入控制－低 NO 燃烧器	0.049
	加入控制－低 NO 燃烧器/FGR	0.137
四角切圆燃烧锅炉（所有尺寸）	未加控制设备	0.167
	加入控制－烟气再循环（FGR）	0.075
民用炉（＜0.3 MMBtu/h）	未加控制设备	0.092

表 8.4　工业源的 NO 排放标准（加利福尼亚 SCAQMD）

工业过程	限值	标准编号
燃气工业锅炉	30 ppm（3% O_2）	1 146，1 146.1
精炼加热炉	0.03 lb/MMBtu	1 109
玻璃熔融炉	4 lb/t 玻璃	1 117
燃气轮机（无 SCR）	12 ppm（15% O_2）	1 134
燃气轮机（带 SCR）	9 ppm（15% O_2）	1 134
其他	现有技术中最好的	

① MMBtu 为百万英制热单位。

8.3.1　氮氧化物的生成机理

目前已经确定生成NO有四种不同途径：

（1）高温途径：空气中的氮分子在高温下氧化生成NO，通常发生在已燃区，称为热力型NO；

（2）瞬发途径：当碳氢燃料过多时，在火焰面或火焰面附近生成NO，称为瞬发型NO；

（3）N_2O途径：燃气轮机中生成NO的主要途径；

（4）燃料中氮的转化途径：在高温下将燃料中的氮释放出来并和氧化合生成NO，称为燃料型NO。

1. 热力型NO

在燃烧装置中，常常发现燃烧发热反应与NO生成反应不同步的现象。NO生成反应明显滞后于燃烧放热反应。因此，可以认为NO生成主要在焰后区。泽尔道维奇（Zeldovich）提出了所谓“热反应NO生成机理”，认为高温热分解所产生的氧原子引发了NO生成的连锁反应。其基元反应式如下：

$$O+N_2 \xrightarrow{k_1'} NO+N \tag{8.10}$$

其中

$$k_1' = 1.8\times10^{14}\exp(-318/RT)\ \mathrm{cm^3/(mol \cdot s)}$$

$$N+O_2 \xrightarrow{k_2'} NO+O \tag{8.11}$$

其中

$$k_2' = 9.0\times10^{9}\exp(-27/RT)\ \mathrm{cm^3/(mol \cdot s)}$$

$$N+OH \xrightarrow{k_3'} NO+H \tag{8.12}$$

其中

$$k_3' = 2.8\times10^{13}\ \mathrm{cm^3/(mol \cdot s)}$$

反应式（8.10）具有很高的活化能，只有在高温下才能得到快速充分的反应。反应式（8.11）的活化能比反应式（8.10）的活化能低得多，其氮原子主要靠前一反应供给。因此，反应式（8.10）控制这一连锁反应。反应式（8.12）表明OH对氮原子的氧化也起到了一定作用。以上三个反应综合在一起，称为“扩展的热反应NO生成机理”。

由以上分析不难看出：影响焰后区NO生成的主要因素是焰后区温度、氧原子浓度和反应时间。前两个因素决定了反应式（8.10）的速率，后一个因素决定了整个连锁反应的有效时间。

对于NO的形成速率，可根据反应式（8.10）～式（8.12）得到

$$\frac{\mathrm{d[NO]}}{\mathrm{d}t} = k_1'[O][N_2]+k_2'[N][O_2]+k_3'[N][OH] \tag{8.13}$$

由于

$$\frac{\mathrm{d[N]}}{\mathrm{d}t} = k_1'[O][N_2]-k_2'[N][O_2]-k_3'[N][OH] \tag{8.14}$$

假定氮原子处于准稳态，即

$$\frac{\mathrm{d[N]}}{\mathrm{d}t} \approx 0$$

则

$$\frac{d[NO]}{dt} = 2k_1'[O][N_2] \tag{8.15}$$

因此可以看出：减少[NO]可以通过减少[O]，$[N_2]$及k_1'实现。由式（8.10）可知，$k_1' = 1.8 \times 10^{14} \cdot \exp(-318/RT)$，通过降低温度可以降低$k_1'$，从而减少[NO]。

为了降低热生成NO，可以采取以下几种措施：

（1）降低燃烧温度；

（2）降低氧气浓度，尽量在化学恰当比燃烧；

（3）缩短可燃混合物在高温区的停留时间。

2. 瞬发型NO

瞬发生成NO一般发生在燃烧火焰中。它的生成机理如下：燃料中的CH或C与空气中的N反应生成氢氰酸（HCN），N，CN，进一步反应生成NO_x。在火焰锋面上快速生成NO的机理比生成NO复杂得多，这是因为NO来自CH基，而CH基则是复杂反应过程中一个不太重要的瞬态成分，只是形成于火焰锋面的一个中间产物

$$CH + N_2 \longrightarrow HCN + N \begin{matrix} \nearrow NO \\ \searrow N_2 \end{matrix}$$

反应$CH + N_2 \longrightarrow HCN + N$的活化能只有大约75 kJ/mol，与热生成NO相比，后者的活化能是 318 kJ/mol。因此，相对于热生成，快速生成机理在火焰温度较低，混合物较浓情况下起主导作用。

3. 通过N_2O生成NO

在氧原子（O）与氮气（N_2）反应中，随着第三种分子M的出现，反应产物中出现了N_2O

$$N_2 + O + M \longrightarrow N_2O + M$$

随后N_2O与O反应生成NO：

$$N_2O + O \longrightarrow NO + NO,\ E_a = 97\ kJ/mol$$

由于这个反应对总的NO生成微不足道，所以经常被忽视。然而贫油条件会抑制CH的生成，进而减少瞬发生成NO。另外低温条件也抑制了热生成NO。余下的就是通过N_2O生成NO，因为典型的三体反应活化能较低，在高的压力下就会促进NO的生成。同时低温对该反应的抑制并不像对热生成NO反应那么严重。所有上述条件决定了在燃气涡轮发动机贫油预混燃烧情况下，N_2O途径是生成NO的主要来源。

4. 燃料中氮的转化机理

燃料中氮的转化，有时也称固化在燃料中氮的转化（Fuel-Bound Nitrogen，FBN），这种NO的生成主要出现在煤的燃烧过程中，因为即使是“清洁煤”也含有大约1%的氮。混合物中氮的蒸发发生在煤气化过程中，且在气化阶段产生了NO。实验表明：燃料中氮的氧化特征时间与燃烧放热反应的特征时间处于同一量级。因此难以用使反应系统激冷或稀释的方法降低NO的生成量。此外，燃料中的氮在火焰面处很快转化为CN，然后又瞬变为氨类物质NH。接着，NH参与以下两个反应：

$$NH + O \longrightarrow NO + H$$

$$NH + NO \longrightarrow N_2 + OH$$

上述两个反应在中等温度下即可发生，而且，即使 NH 浓度较低，也可以认为反应是不可逆的。燃料氮生成 NO 的这一特点使得在温度和氧原子浓度这两个因素中变得不重要，而氧原子浓度成为关键。因此当混合物较稀时，尽管燃烧温度降低，但氧原子浓度仍然较高，从而使 NO 生成量较大。

燃料中含氮量并不能全部转变为 NO_x 。在一般燃烧装置中，液体燃料的转变率为 32%～40%，固体燃料的转变率在 20%～32%。

为了降低燃料氮生成 NO，可以采取以下两种措施：

（1）降低燃料中含氮量；

（2）采用偏富燃料燃烧（当量比大于 1）。

表 8.5 列出了预混燃烧系统中各种机理对 NO 形成的相对贡献。层流火焰中，压力对于 NO 形成的影响可以由第一组数据表示。可以看到，低压条件下，NO 的形成由费尼莫尔（$HC-N_2$）以及 O 和 OH 的超平衡途径来控制。在 10 atm 的条件下，简单热力型机制产生了一半以上的 NO，其他的由另外三种途径形成。这些数据对于电火花点火发动机具有很重要的意义，在这类发动机中采用化学当量混合物，且压力可以高达 20 atm 以上。

表 8.5　预混燃烧中各种机理对 NO 形成的相对贡献

火焰	Φ	p/atm	NO 总摩尔分数/（$\times10^{-6}$）	各种途径形成 NO 的比例			
				热平衡	超平衡	$HC-N_2$	N_2O
预混、层流、甲烷-空气	1	0.1	9@5 ms	0.04	0.22	0.73	0.01
	1	1.0	111	0.50	0.35	0.10	0.05
	1	10.0	315	0.54	0.15	0.21	0.10
预混、层流、甲烷-空气	1.05	1	29@5 ms	0.53	0.30	0.17	—
	1.16	1	20	0.30	0.20	0.50	—
	1.27	1	20	0.05	0.05	0.90	—
	1.32	1	23	0.02	0.03	0.95	—
全混流反应器，甲烷-空气	0.7	1	12@3 ms	≈0	0.65	0.05	0.30
	0.8	1	20	—	0.85	0.10	0.05
	1.0	1	70	—	0.30	0.70	—
	1.2	1	110	—	0.10	0.90	—
	1.4	1	55	—	—	1.00	—

表 8.5 中第二组数据显示了富燃料燃烧情况下当量比的影响。主要结论是：随着混合物中燃料逐渐增多，费尼莫尔机理起主导作用，在 Φ=1.32 时其形成了约 95%的 NO。但是如果混合物中的燃料进一步增多，这一机理就不再适用了。

表 8.5 中，全混流反应器的数据显示，在反应物与生成物发生强烈的返混时，超平衡的 O 和 OH 的反应途径控制贫燃混合物的反应，相对而言，费尼莫尔机理则控制化学当量下乃至富燃混合物的燃烧过程。

8.3.2 影响煤粉炉内氮氧化物生成的因素

1. 炉内 NO 的生成

在实际煤粉炉内燃烧过程中，NO 的生成主要由上述三部分组成，即燃料型 NO、热力型 NO、瞬发型 NO。

对于瞬发型 NO，即使煤粉炉处于$\alpha>1$ 的燃烧工况，在局部区域由于混合不一定均匀，也可能出现富燃料区域，此时在该区域内还会有瞬发型 NO 的生成，由于其生成时间极短，所以其生成量仅是 NO 总量的 5%（体积分数）以下，基本上可以忽略。

热力型 NO 的生成情况稍微复杂一些，有许多因素会影响燃料型 NO 和热力型 NO 的生成，如炉内混合状况、温度、氧含量、煤种、炉内传热情况等。一般来说，在煤粉火焰中，热力型 NO 约占 NO 的 20%（体积分数），且温度等对其生成有较大的影响。

燃料型 NO 占 NO 的 75%～80%（体积分数），由于燃料型 NO 又可分为挥发分型 NO 和焦炭型 NO，在这两部分中，对高挥发性的煤，其挥发分 NO 是主要部分，它在燃烧初始阶段形成，即在离燃烧器很近的地方生成，工况对其影响很大。

图 8.1 所示为煤粉炉内沿火焰方向的 NO 生成，从图中可以看出 NO 的生成可以分为三个阶段，这三个阶段可能对应于煤粉炉内燃烧的初始阶段、挥发分燃烧阶段和焦炭燃烧阶段。

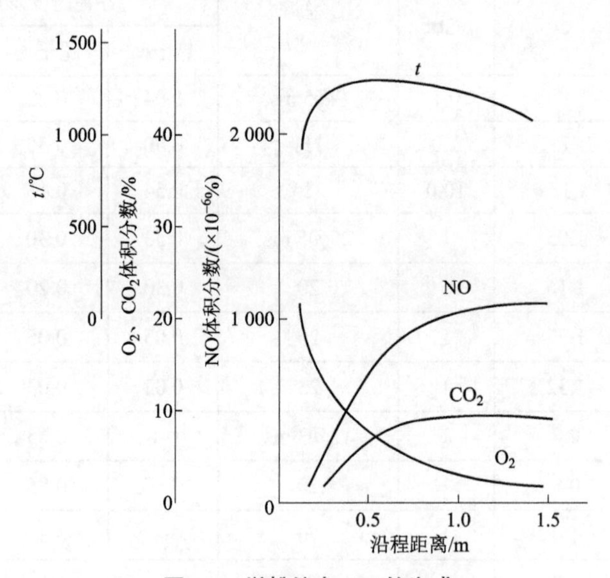

图 8.1 煤粉炉内 NO 的生成

从图 8.1 中可以看出，在第一阶段 NO 的生成量很小，此时温度也很低；第二阶段，温度很高，氧含量（体积分数）很高，NO 的生成（热力型和挥发分型 NO）反应很快，NO 体积分数急剧增加。当炉温达到最高值附近时，NO 的体积分数也达到最大值；在第三阶段，温度和氧含量均下降，此时虽然不断生成焦炭型 NO，但已经生成的 NO 会被焦炭还原分解而逐渐减少，总体上 NO 基本不变或略有下降。

2. 炉温对 NO 生成的影响

炉温主要影响热力型 NO 的生成量，从而影响到总 NO 的生成量。图 8.2 所示为燃用不同燃料时炉内 NO 的生成情况。

由图 8.2 可以看出，当 T_{max}<1 500 K 时，以燃料型 NO 为主；当 T_{max}>1 900 K 时，燃料型 NO 的比例减少；当 T_{max}>2 200 K 时，燃料中的氮对 NO 已无影响。

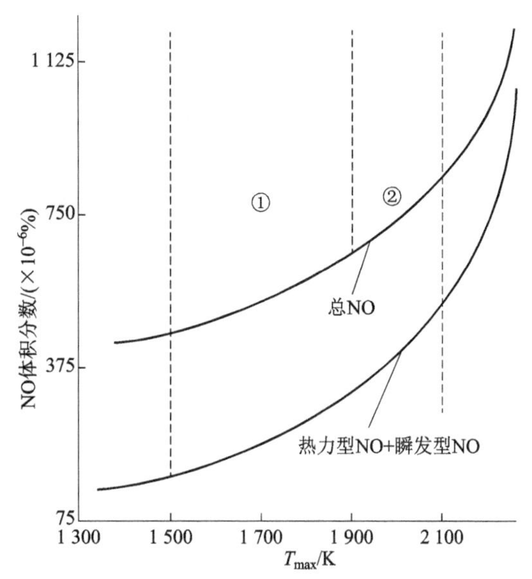

图 8.2　煤粉炉内 NO 生成与炉温的关系

3. 煤的性质对 NO 生成的影响

（1）煤中含氮量对 NO 生成的影响。煤中含氮量对 NO 的影响是非常明确的，含氮量增加，总的 NO 含量大致呈线性增加。

（2）煤中挥发分含量对 NO 生成的影响。由于煤粉燃烧过程中产生的NO以燃料型为主，而挥发分型 NO 占燃料型 NO 的 60%～80%，所以挥发分含量对燃料中氮的释放量影响较大，挥发分含量高，则氮的释放量大，更容易产生大量的 NO。另外，煤中挥发分增加时，由于着火提前，温度峰值和平均温度均会有所提高，故热力型 NO 也会有所增加。因此，对于挥发分高的煤种，煤中的氮更易析出，但最终生成的 NO 含量受以下三个因素的影响：

① 着火区段挥发分的析出量。挥发分析出量越大，挥发分氮则越多，从而使生成的挥发分型 NO 量也越大。由于挥发分析出量与煤种及热解温度有关，煤的挥发分越高，热解温度越高，则挥发分析出量越大，因而挥发分型 NO 也越高。

② 着火段中的氧含量。氮化合物只有经过氧化反应才能生成 NO，因此，着火段的氧含量增加，则挥发分型 NO 增加，实验表明氧含量增加时，挥发分型 NO 份额增加；反之，当氧含量减小，挥发分氮不易转化为 NO，而且由于此时挥发分含量较高，挥发分氮的相互反应以及对 NO 的还原反应增强，从而使挥发分型 NO 减少。

③ 着火段的停留时间。在空气较多的情况下，因燃料氮释放并转变成 NO 需要一定的反应时间，若可燃组分在着火段中停留时间较长，则生成的 NO 增加；在富燃料工况下，挥发分氮化合物的还原分解或相互复合反应增强，也需要一定的反应时间，所以着火段中停留时间长，使 NO，HCN 和 NH_3 等都得到充分分解和复合反应，则挥发分型 NO 减少。

（3）煤化度对 NO 生成的影响。在煤粉燃烧过程中，煤中的有机氮化合物首先分解成 HCN，NH_3 等中间反应产物。煤化度影响着热解过程中形成 HCN 的数量，煤化度高的煤种在热解过程中形成 HCN 的数量少，煤化度低的煤种形成 HCN 的数量则相对较多。而 NH_3 的生成机理不同于 HCN，煤化度对 NH_3 的形成没有明显的影响，所以 NH_3 排放浓度的高低主要受 HCN 的影响。随着煤化度的加深，焦炭的还原反应成为 NO 还原的主要因素。

（4）煤中水分对 NO 生成的影响。当煤中水分增加时，着火延迟。这样，一方面，挥发分燃烧前燃料与空气之间的混合增强，也就是着火处的氧含量增加，而且燃料中的氮在着火段的停留时间增加，使 NO 的反应充分，故燃料型 NO 增加。另一方面，煤中水分增加，煤的发热量降低，炉内的温度水平与温度峰值降低，故热力型 NO 减少。通常，前者的影响较后者大，所以总的 NO 是随煤中水分的增加而增加的。

（5）燃烧工况对 NO 生成的影响。

① 过量空气系数对燃烧型 NO、热力型 NO、瞬发型 NO 均有影响，但影响的趋势不一样，图 8.3 给出了炉内燃料型 NO、热力型 NO 和总 NO 随过量空气系数变化的规律。从图中可以看出，当α值从 0.8 开始增加时，热力型 NO 增加，当$\alpha>1.1$ 时，由于炉温降低，热力型 NO 趋于下降；但是，燃料型 NO 则随α的增大而继续上升，因此总的 NO 随α的增大而增加，而后趋于平缓。这种情况表明，从降低 NO 的观点来说，最好是在α接近于 1.0 的条件下燃烧。

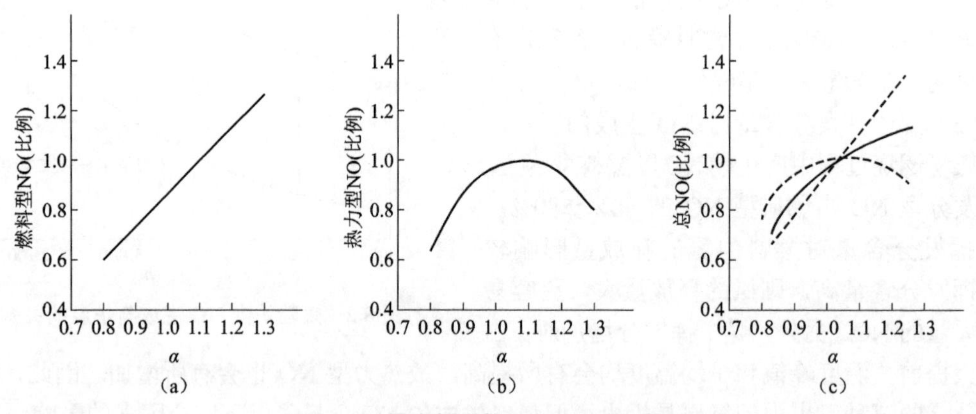

图 8.3　过量空气系数对 NO 生成的影响

（a）燃料型 NO；（b）热力型 NO；（c）总 NO

② 一、二次风比值对 NO 生成的影响。相关研究表明，随着一、二次风比值的增加，煤粉从富燃料燃烧转为富氧燃烧，由于氧含量的逐渐增多，煤中的氮转变为 NO 的成分都在逐渐增加。

8.3.3　氮氧化物的生成控制措施

根据上述有关 NO 生成机理分析，可以提出减少 NO 生成的措施。主要有两类：一类是针对新的燃烧设备的；另一类是针对已有设备的。前者主要通过改变燃烧设备的几何条件，以改善燃烧条件来满足减少 NO 的要求。后者是指以不改变或少许改变现有燃烧设备几何条件来实现。下面介绍一些常用的方法。

（1）降低过量空气。热力型 NO 排放的最大值出现在略小于化学当量的情况下。这项技术会降低空气的供应，从而将 NO－Φ曲线从最高值降到化学当量对应的值。但是这种方法只能有限地降低 NO 的排放，因为随着过量空气的减少，CO 的排放会相应增多。

（2）分级燃烧方法。这种控制 NO 的方法是将已有的燃烧器结合成多级燃烧器，形成典型的浓－淡分级燃烧。也就是说，使上游燃烧器在富燃料燃烧状况下运行，而下游燃烧器则只提供空气；或者有些级的燃烧器用富燃料形式燃烧，而另外一些则用贫燃料形式燃烧；再或者将所有级的燃烧器都调成富燃料性燃烧，而在下游入口额外提供空气。利用这样的技术，NO 的减排可达 10%～40%。

（3）降低峰值温度方法。由于热生成 NO 反应机理需要很高的活化能，因此任何降低峰值温度的措施都能减少 NO 的生成。在非预混射流火焰中，由于火焰热量的辐射作用降低了温度峰值，对减少 NO 生成量也起到非常明显的作用。另外，喷入像氮气和水这样的“惰性”

稀释剂对降低温度峰值也能起到很好的作用。根据这种想法，排出的气体就是惰性气体。当活塞发动机采用此技术时称为废气再循环（EGR），当大气锅炉火焰采用该技术时称为燃料－空气再循环（FGR）。尽管 EGR 技术得到成功运用，但在柴油发动机和汽油发动机中，会出现较高的压力和温度，以促进 NO 的生成。

（4）低 NO 燃烧器。即有燃料分级或空气分级的低 NO 燃烧器。燃料分级会产生淡－浓（实际上是次贫燃）燃烧过程，而空气分级则产生浓－淡燃烧过程。低 NO 燃烧器是一项成熟技术，在过去 10～15 年的时间内借助于计算流体力学的发展，取得了显著进步。另一类低 NO 燃烧器叫作纤维排列燃烧器。这类燃烧器是在金属或者陶瓷纤维阵列的上方或内部实行预混燃烧。由于纤维阵列的辐射和对流传热，燃烧温度会变得很低，从而抑制 NO 的生成和排放。

（5）富氧燃料燃烧。燃烧系统中氮气的浓度可以通过在空气中加入额外的氧气来降低。若加入足够的氧气，则氮气浓度的降低超过了燃烧温度增加的影响，这样 NO 生成会减小。假设燃烧中不含氮，如果防止空气渗入燃烧室内，则在理想的纯氧气环境下将没有 NO 形成。

（6）减少高温驻留时间。在任何燃烧系统中，高温驻留的时间越长就越接近 NO 系统的平衡。理想的最佳时间就是所有的燃料以及像 CO 这样的中间产物都被氧化，且 NO 的形成通过快速冷却迅速终止。

（7）采用贫燃料燃烧。最重要的是通过燃料与空气充分混合并形成均匀的混合物来减少 NO 的生成。这是一项很重要的措施，但在实际实施中却遇到两个障碍。第一个障碍是当系统中的贫油程度增加时火焰温度下降，于是 NO 的生成量降低。但与此同时，CO 转化成 CO_2 的量降低。CO 的生成量大大提高，达到不可接受的程度。第二个障碍是在燃气涡轮中贫燃料燃烧会在燃烧室中出现大的压力脉动。对于有 15 atm 的燃气涡轮燃烧室，发现只要出现 ±2 bar① 的压力波动就会破坏燃气涡轮。当燃烧室中出现压力波动时，化学反应速度降低，会很敏感地改变火焰温度和燃烧室内化学成分的浓度。燃烧室中的压力波动，特别是频繁的压力波动是由燃烧室的声学模式来决定的，这将引起反应速度下降，同时使热量释放速度按相同频率进行调整，这就意味着提高了压力波的强度。燃烧室的压力波能够影响燃料和空气的输入，这将进一步提高压力波的强度。

（8）再燃。在这项控制 NO 的技术中，燃料总量的 15% 将被直接送往贫燃区域的下游进行再燃。在再燃区（$\Phi>1$）内，与费尼莫尔机理相类似，NO 将会和碳氢化合物及其中间物质（如 HCN）反应而使其降低。最后加入额外的空气以保证再燃燃料最终能燃烧完全。运用再燃技术的锅炉一般都能将 NO 的排放量减少 60%。图 8.4

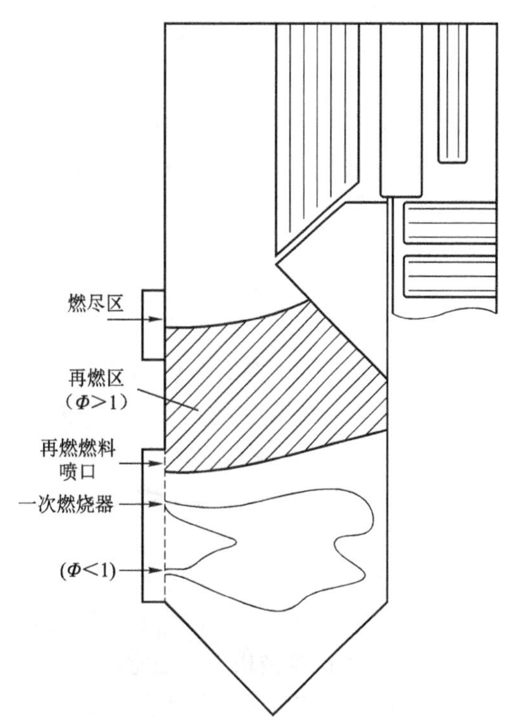

图 8.4　带有再燃 NO 控制的工业锅炉

① 1 bar=0.1 MPa。

所示描述了这一再燃过程。

（9）选择性非催化还原（SNCR）。在这项燃烧后控制技术中，含氮的添加剂如氨、尿素或者氰尿酸被注入到烟气中，在无须催化的条件下，利用化学反应，将 NO 转化为 N_2。喷氨法经常被认为是热力型脱除 NO 的过程。温度是决定性的变量，实现 NO 的大量减排必须将温度控制在很窄的变化范围中，图 8.5 就说明了这一点。由于在实际的废气中，添加剂混合得并不充分，而且区域内的温度也不一致，因此，NO 的减排量会或多或少地小于图 8.5 中给出的实验室内反应器所能达到的最大值。

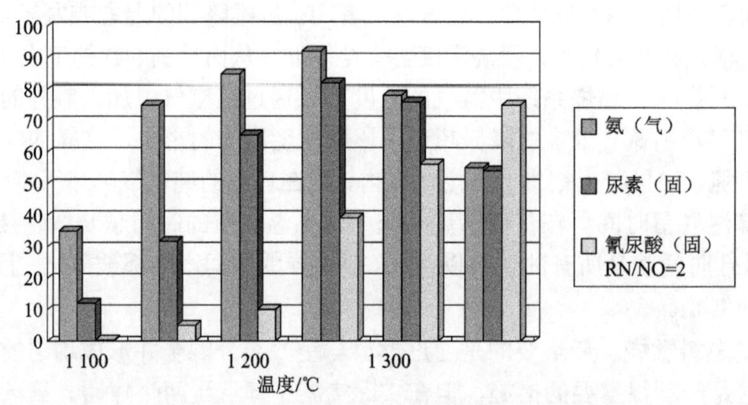

图 8.5　选择性非催化还原技术脱除 NO 的效果

（10）选择性催化还原（SCR）。在这项技术中，催化剂与喷氨法共同作用，使 NO 转化为 N_2，一种典型的催化剂是 $V_2O_5-TiO_2$。有效的还原温度由催化剂的性质决定，但将处在 480 K（400 ℉）到 780 K（950 ℉）。SCR 优于 SNCR 的地方在于 NO_x 的减排可以更大，而且操作温度更低。SCR 几乎是所有脱硝技术中最昂贵（以美元/吨计）的一项技术，因为初期投资和运行过程中催化剂的更换成本都很高。由于严格的法规，日本和德国大量地使用 SCR 技术，美国最近也开始大量使用。

8.4　CO_2的捕集、封存和利用简介

CO_2 平均约占大气体积的 397 ppm。大气中的 CO_2 含量随季节变化，这主要是由植物生长的季节性变化而导致的。当春夏季来临时，植物由于光合作用消耗 CO_2，其含量随之减少；反之，当秋冬季来临时，植物不但不进行光合作用，反而制造 CO_2，其含量随之上升。CO_2 常压下为无色、无味、不支持燃烧、不可燃的气体。CO_2 是一种温室气体，因为它能强烈吸收红外线。

海洋是地表最重要的储水库，也是全球碳的第二大循环系统。通过对海洋循环以及 CO_2 溶于海水的系统模拟证实，化石燃料燃烧产生的约 40%的 CO_2 会被海洋吸收。海洋中吸收与释放的 CO_2 的量旗鼓相当。因此，海洋可被视为地球上最大的 CO_2 水池。海洋不仅从大气中吸收 CO_2，同时将其自身储存的 CO_2 释放至大气中，海洋能作为 CO_2 的存储池，也是因为其吸收 CO_2 的量略大于释放的量。

燃烧产生的 CO_2 是显而易见的：含碳燃料的有效燃烧基本上将燃料中的碳转化为了

CO_2。表 8.6 列出了几种燃料的 CO_2 排放因子和其单位燃料能量的排放因子。以单位能量的 CO_2 排放因子对燃料进行排列，煤值最高（0.094 8 $kg_{(CO_2)}$/MJ），是甲烷值（0.049 4 $kg_{(CO_2)}$/MJ）的两倍。假设在相等的效率下，燃煤电厂转换为烧天然气可以大幅度降低 CO_2 的排放量。表 8.6 的排列反映了燃料中的碳/氢比，当碳/氢比下降时，其 CO_2 排放因子也下降。由于氢中不含碳，因此其燃烧不会产生 CO_2。

表 8.6　各种燃料 CO_2 排放指数和排放因子

燃料	实际或等效的化学组成	摩尔质量/($kg \cdot kmol^{-1}$)	高位热值/($MJ \cdot kg^{-1}$)	CO_2 排放指数/($kg_{(CO_2)}$/$kg_{(燃料)}$)	CO_2 排放因子/($kg_{(CO_2)}$/MJ)
煤（匹兹堡 8 号煤）	$C_{65}H_{52}NSO_3$	927.18	32.55	3.08	0.094 8
柴油	$C_{12.3}H_{22.2}$	170.1	44.8	3.18	0.071 0
汽油	$C_{7.9}H_{14.8}$	109.8	47.3	3.17	0.066 9
乙醇	C_2H_5OH	46.06	29.7	1.91	0.064 3
天然气	$C_{1.16}H_{4.32}N_{0.11}$	19.83	50.0	2.57	0.051 5
甲烷	CH_4	16.04	55.53	2.74	0.049 4
氢	H_2	2.016	142.0	0	0

8.4.1　CO_2 的捕集和封存

CO_2 的捕集和封存技术（Carbon Capture and Storage）简称 CCS 技术。CO_2 捕集技术是将工业和有关能源产业所产生的 CO_2 分离出来，再通过碳储存手段，将其输送并封存到海底或地下等与大气隔绝的地方。CO_2 捕集和封存技术被认为是未来大规模减少温室气体排放，减缓全球变暖最经济、可行的方法。

CCS 技术可以分为碳捕集、碳运输和碳封存三个部分。

碳捕集技术目前主要有三种：燃烧前捕集、燃烧后捕集和富氧燃烧捕集。

燃烧前捕集技术主要运用于 IGCC（整体煤汽化联合循环）系统中，将煤高压富氧气化变成煤气，再经过水煤气变换后将产生 CO_2 和氢气（H_2），气体压力和 CO_2 浓度都很高，将很容易对 CO_2 进行捕集。剩下的 H_2 可以被当作燃料使用。该技术的捕集系统小、能耗低，在效率以及对污染物的控制方面有很大的潜力，因此受到广泛关注。然而，IGCC 发电技术仍面临着投资成本太高，可靠性有待提高等问题。

燃烧后捕集即在燃烧排放的烟气中捕集 CO_2。有化学吸收法、物理吸附法和化学链分离法，此外还有膜分离法技术，虽然正处于发展阶段，却是公认的在能耗和设备紧凑性方面具有非常大潜力的技术。从理论上说，燃烧后捕集技术适用于任何一种火力发电厂。然而，普通烟气的压力小、体积大、CO_2 浓度低，而且含有大量的 N_2，因此捕集系统庞大，需要耗费大量的能源。

富氧燃烧捕集技术是用纯度非常高的氧气助燃，同时在锅炉内加压，使排出的 CO_2 的浓度和压力提高，再用燃烧后的捕集技术进行捕集，这样得到的高浓度 CO_2 气体，可以直接进行处理和封存。欧洲已有在小型电厂进行改造的富氧燃烧项目。该技术路线面临的最大难题是制氧技术的投资和能耗太高。

捕集到的 CO_2 必须运输到合适的地点进行封存，可以使用汽车、火车、轮船以及管道来进行运输。一般说来，管道是最经济的运输方式。2008 年，美国约有 5 800 km 的 CO_2 管道，这些管道大都用以将 CO_2 运输到油田，注入地下油层以提高石油采收率（Enhanced Oil Recovery，EOR）。

碳封存技术相对于碳捕集技术也更加成熟，主要有三种：海洋封存、油气层封存和煤气层封存。潜在的技术封存方式主要有地质封存（封存在地质构造中，例如石油天然气田、不可开采的煤田以及深盐沼池构造）、海洋封存（直接释放到海洋水体中或海底）以及将 CO_2 固化成无机碳酸盐。

1. 深部盐水储层

许多地下的含水层含有盐水，不能作为饮用水，但 CO_2 可以溶解在水中，部分与矿物慢慢发生反应，形成碳酸盐，实现 CO_2 的永久封存。我国松辽盆地咸含水层埋深大于 1 000 m，孔隙发育较好，盖层连续完整且封闭良好，其可以作为封存 CO_2 的地质储体。估算 CO_2 理论储存容量大约为 69 160 亿 t。吉林油田已在黑 59 区块开始进行 CO_2 注入试验。

2. 枯竭油气藏

油气藏是封闭良好的地下储气库，可以实现 CO_2 的长期封存。其封存机理主要是 CO_2 溶解于剩余油或水中，或者独立滞留在孔隙中。枯竭油气藏在封存 CO_2 的同时也可以提高采收率，以实现经济开发与环境保护的双赢。因此，将 CO_2 封存于油气藏中是减少 CO_2 排放极具潜力的有效办法。

3. 不能开采的煤层

目前已采用减压法开采煤层气，但采收率只有 50%。注入 CO_2 后，CO_2 可置换出煤层气（ECBM），使更多的甲烷被采出，同时 CO_2 被吸附。煤层可吸附 2 倍于甲烷的 CO_2。

我国煤层资源丰富，仅山西晋城矿区可开采量就达 728 亿 m^3，如能用 CO_2 换出煤层气并加以收集，既可减少大气中 CO_2 的浓度，又可为我国提供大量的优质能源。

4. 森林和陆地生态封存

森林和陆地生态封存是最理想的廉价储存方法，但一个功率为 500 MW 的燃煤电站约需 2 000 km^2 的森林来捕集其所排放的 CO_2，故此方式不太可能作为主要储存方式。

5. 海洋封存

海洋封存 CO_2 通过以下两种方式：一是使用陆上的管线或移动的船把 CO_2 注入 15 000 m 深度，这是 CO_2 具有浮力的临界深度，在这个深度 CO_2 能有效地被溶解和被驱散；二是使用垂直的管线将 CO_2 注入 30 000 m 深度，由于 CO_2 的密度比海水大，CO_2 不能溶解，只能沉入海底，形成 CO_2 液体湖。

虽然深海 CO_2 封存在理论上潜力较大，但是还有一些问题需要研究：一是深海溶解和驱散在技术上的可行性；二是长时间封存的效果评价；三是 CO_2 深海封存是否对海洋生物有影响。因此海洋封存目前并不是理想的 CO_2 封存方式。

而在煤层、深部盐水层、油气藏等地质体中封存 CO_2 的技术及应用都已相对成熟，是不错的选择。其中，相对于煤层和深部盐水层，油气藏的勘探与开发程度更高，对其特征了解更清楚，数据资料也更多，同时，CO_2 在油气藏中封存不仅可以实现温室气体减排，还可提高石油采收率，因此 CO_2 在油气藏中的封存技术是目前最经济、最可靠的技术。表 8.7 比较了几种封存方式的优缺点。

表 8.7　CO_2 封存的主要方法

封存方法及类型	优　点	缺　点
地质封存：石油－天然气储层、不可开采的煤层、深盐沼池构造和深咸水含水层	存储量大：其中 CO_2－EOR（强化采油）技术具有经济性，可补偿部分 CO_2 捕集成本	泄漏风险大，释放出的 CO_2 可能给人类、生态系统和地下水造成局部灾害；输送成本高
海洋封存：处于研究阶段	处理 CO_2 潜力大	存在 CO_2 溢出问题；受海洋生态系统的复杂性和测试方法的局限性，无法准确估测 CO_2 注入后对海洋生态系统的影响
矿石封存：碱金属和碱土金属氧化物	不易泄漏，可永久封存	矿物质与 CO_2 的反应缓慢，需对其进行强化处理，能耗大，成本高
生物固定：水藻类浮游微生物	无须对 CO_2 进行预分离	成本较高，处于探索阶段
陆地生态系统储存	封存 CO_2 潜力大，前景广阔	固碳周期长，短期内效果不明显

目前我国的 CO_2 捕集和封存整体上还处于实验室阶段，而且大都采用燃烧后捕集的方式。工业上的应用也主要是为了提高采油率。近年来中国在 CCS 的研究上做了很多的工作，包括“973 计划”“863 计划”在内的国家重大课题都对 CCS 的研究进行了立项，并取得了重大进展。2008 年 7 月 16 日中国首个燃煤电厂 CO_2 捕集示范工程——华能北京热电厂 CO_2 捕集示范工程正式建成投产，并成功捕集出纯度为 99.99%的 CO_2。目前 CO_2 回收率大于 85%，每年可回收 $CO_2$3 000 t。

8.4.2　CO_2 的利用

世界各国的工业化进程促使空气中 CO_2 浓度剧增，限制其排放，必然影响工业发展，而且 CO_2 本身既是资源，又是引起地球气候变暖的原因，因此兼顾工业发展和环境保护，综合治理和利用 CO_2 已引起世界各国科学家的关注。相较于封存，综合利用是控制 CO_2 排放的更高级目标。图 8.6 展示了 CO_2 从生成到捕集、封存和最终利用的技术路线，为了实现这些目标，还有很多的基础和应用研究工作要做。目前，常见的 CO_2 利用方式主要包括下面几种：

1. 化工合成应用

除了成熟的化工利用（例如合成尿酸，生产碳酸盐、阿司匹林，制取脂肪酸和水杨酸及其衍生物等）以外，现在又研究成功许多利用 CO_2 的新工艺方法，例如合成甲酸及其衍生物，合成天然气、乙烯和丙烯等低级烃类，合成甲醇、壬醇、草酸及其衍生物，丙酯及芳烃的烷基化，合成高分子单体及进行二元或三元共聚，制成一系列高分子材料等。① CO_2 与甲烷反应制合成气：CO_2 与甲烷反应生成富含 CO 的合成气（$CO_2+CH_4 \longrightarrow 2CO+2H_2$），既可以解决常用的天然气蒸气转化法制合成气在许多场合下的氢过剩问题，又可实现 CO_2 的减排。② CO_2 与甲醇反应合成碳酸二甲酯（DMC），随着全世界环保意识的增强，“绿色产品”

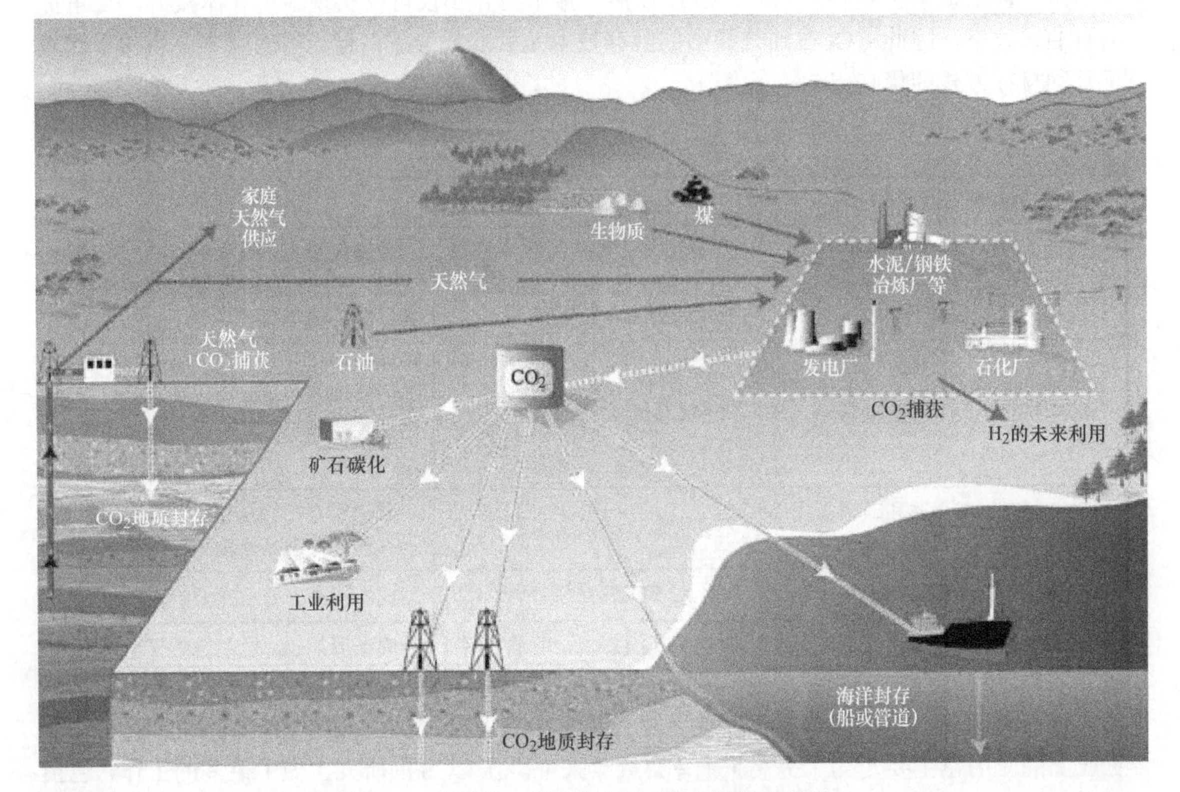

图 8.6　CO_2 捕集、封存和利用的技术路线示意图

日益受到人们的青睐。碳酸二甲酯作为一种非毒性和“绿色”新型化工原料已经在国内外引起重视。CO_2 与甲醇直接合成碳酸二甲酯在合成化学、碳资源利用和环境保护方面都有重大意义。研究人员经过近 10 年的研究开发工作，突破了光催化法 CO_2 和甲醇直接合成碳酸二甲酯过程中的光催化剂、光催化反应器和反应产物分离工艺难题，形成了反应物原子接近 100%利用的环境友好生产技术，为发展碳酸二甲酯生产提供了一种经济、高效的新方法。

碳酸丙烯酯是重要的化工产品，有着广泛的用途，随着现代工业的发展，碳酸丙烯酯的需求量越来越大。由环氧丙烷和 CO_2 制备环状碳酸酯这个研究领域近年来一直很活跃，开发了不少新型催化体系，主要可分为均相催化和非均相催化两大类。均相催化剂通常活性较高，目前工业生产也是采用均相催化的方法。但均相过程往往需要大量的毒性有机溶剂，而且需通过高温蒸馏纯化产物，工序复杂又浪费能源。非均相催化过程更易满足工业生产的需要，催化剂较易从反应体系中除去，产物纯化更加简洁，但目前工艺催化效率不高，并且一般需要有机溶剂以保持催化效率。

2. 农业应用

作为一种廉价的原料，CO_2 可用于蔬菜、瓜果的保鲜和粮食的储藏。在现代化仓库里常充入 CO_2，可防止粮食虫蛀和蔬菜腐烂，延长保存期。用 CO_2 储藏的食品，由于缺氧和 CO_2 本身的抑制作用，可有效地防止食品中细菌、霉菌和虫子生长，避免变质和有害健康的过氧化物产生，并能保鲜和维持食品原有的风味和营养成分，CO_2 不会造成谷物中药物残留和大气污染，将 CO_2 通入大米仓库 24 h，能使 99%的虫子死亡。CO_2 作为人工降雨剂，能解决久旱无雨，庄稼失收的问题，用飞机在高空喷洒固态的 CO_2，可以使空气中水蒸气冷凝，形成人工降雨。在自然界中，CO_2 保证了绿色植物进行光合作用和海洋浮游植物呼吸的需要。

众所周知，CO_2 是植物光合作用的必要条件之一。研究表明，CO_2 浓度倍增能提高叶绿素对光能的吸收能力，促进叶绿体高效地把光能转化为生物化学能，供碳同化所利用，加速有机物质的合成和累积。这为高浓度 CO_2 可促进植物生长提供了解释和理论依据。

国内有研究机构就光合作用与作物高产、CO_2 浓度与作物产量进行了几十年的研究，认为光合作用的正常发挥是作物获得高产的基础，而影响光合作用效率的因素除作物品种、光强度、温度、水分、肥料外，足够的 CO_2 原料也是一个十分重要的因素。增施 CO_2 不仅能显著地提高蔬菜大棚作物的产量，而且能明显地增加作物干物质，改善作物品质。

3. 一般工业应用

固态 CO_2 即干冰是很好的制冷剂，它不仅冷却速度快，操作性能好，不浸湿产品，不会造成二次污染，而且投资少、省人力。在实验室里，干冰与乙醚等易挥发液体混合，可以提供 −77 ℃左右的低温浴。利用 CO_2 保护电弧焊接，既可避免金属表面氧化，又可使焊接速度提高 9 倍。CO_2 在石油工业上的应用已较为成熟：CO_2 作为油田注入剂，可有效地驱油和提高石油的采油率，用作油田洗井用剂，效果也十分理想。另外，还可将 CO_2 注入地下难于开采的煤层，使煤层气化，从而获得化工所需的合成气体。

4. 医学应用

CO_2 作为人体呼吸的有效刺激因素，通过对人体外化学感受器的刺激，可兴奋呼吸中枢。如果一个人长时间呼入纯氧，体内 CO_2 浓度过低，可导致呼吸停止。因此，临床上把 5%CO_2 与 95%O_2 的混合气体应用于 CO 中毒、溺水、休克和碱中毒的治疗。液态 CO_2 在低温手术中的应用也较为广泛。

医用 CO_2 检测就是临床上的呼吸末 CO_2 浓度监测，包含呼吸末 CO_2（$EtCO_2$）、吸入 CO_2（$InsCO_2$）和气道呼吸率（AwRR）等参数的监测，是临床 ICU、OR 和 ER 等重点科室中针对危重病人的最重要的监护参数技术之一，是评估病人通气状态，以及外部机械通气状态的重要指征。多年来，医用 CO_2 监测的应用一直受到临床医护人员的广泛重视，医用呼吸 CO_2 监测技术在国外已有多年的发展和应用，在国内的应用也有多年。

5. 超临界萃取

超临界 CO_2 流体，由于具有与液体相近的密度，而黏度只有液体的 1%，扩散系数是液体的 100 倍，所以萃取能力远远超过有机溶剂。更为理想的是控制条件可定向分离选定的组分，可在常温和较低压力下工作，没有毒性和发生爆炸的危险，使用时不但有很好的工作性能，而且可有效地浸出高沸点、高黏度、热敏性物质。超临界 CO_2 萃取目前已在大规模生产装置中获得应用的有：从香料和水果中提取香精，从咖啡中提取碱，从石油残渣油中回收各种油品，从油料种子中萃取油脂等。

CO_2 作为化石燃料燃烧的副产物，对其进行回收和综合利用，不仅可以提高原料总利用率，降低生产成本，提高产品市场竞争力，而且可以改善工厂生产环境，为社会提供优质而丰富的 CO_2 产品，具有良好的社会效益和经济效益。大型电厂，尤其是燃煤电厂是收集 CO_2 的首选。如果所考虑的电厂临近即将枯竭的油田或气田，CO_2 可以用来回收石油和天然气，既能回收资源又完成了 CO_2 的处置，况且油气田具备安全储存 CO_2 的水文地质条件。这一方案的关键是如何将发电、CO_2 收集和油气回收协同优化，以产生最大的经济和社会效益。

习　题

8.1　讨论下列物质对环境和人类的影响：一氧化氮、二氧化氮和一氧化碳。

8.2　讨论氮氧化物废气处理方法有哪些。

8.3　解释各种一氧化氮形成机理的区别。

8.4　推导热力型 NO 的 $d[NO]/dt$ 表达式，假设[O]浓度平衡，[N]处于稳态。忽略逆反应。将 $[O]_e$ 作为变量消去，通过平衡反应方程式 $1/2O_2 \Leftrightarrow O$ 用 $[O_2]_e$ 代替。

提示：最终的结果只应包括 $O+N_2 \longrightarrow NO+N$ 中正反应的速率常数 k_1，平衡常数 K_p，$[O_2]_e$，$[N_2]_e$ 和温度。

8.5　对一台电火花点火发动机进行测功试验，并对排放物进行了测量，数据如下：CO_2 为 12.47%，CO 为 0.12%，O_2 为 2.3%，C_6H_{14} 为 367×10^{-6}，NO 为 76×10^{-6}。所有量都是干燥基下体积比（摩尔分数）。燃料采用异辛烷。试用当量正己烷来确定未燃碳氢化合物的排放因子。

8.6　常压、化学当量条件下丙烷－空气混合物燃烧，考虑气体产物中氮氧化物形成。假设是绝热条件，采用 Zeldovich 热力型机理，试比较没有稀释和加入空气体积 25%的氮气稀释两种条件下，NO 的初始生成速率。反应物和氮气稀释剂的初始温度都为 398 K。

参考文献

［1］岑可法，姚强，骆仲泱，等. 燃烧理论与污染控制［M］. 北京：机械工业出版社，2004.

［2］Zeldovish J. The Oxidation of Nitrogen in Combustion and Explosion. Acta Physiochim, 1964, 4: 21.

［3］Johnsson J E. Formation and Reduction of Nitrogen Oxides in Fluidized-bed Combustion. Fuel, 1994, 73 (9) : 1393－1415.

［4］Aarna I, Suuberg E M. The Role of Carbon Monoxide in the NO-Carbon Reaction. Energy & Fuels, 1999, 13(6): 1145－1153.

［5］Glassman I. Combustion. Academic Press, 1977.

［6］Code of Federal Regulations. National Primary and Secondary Ambient Air Quality Standards. Title 40, Vol. 2, Part 50, U.S. Government Printing Office, July 1997.

［7］Seinfeld J H. Atmospheric Chemistry and Physics of Air Pollution. John Wiley & Sons, New York, 1986.

［8］Drake M C, Blint R J. Calculations of NO_x Formation Pathways in Propagating Laminar, High Pressure Premixed CH_4/Air Flames. Combustion Science and Technology, 1991, 75: 261－285.

[9] Newhall H K. Kinetics of Engine-Generated Nitrogen Oxides and Carbon Monoxide. Twelfth Symposium (International) on Combustion, The Combustion Institute, Pittsburgh, PA, 603–613, 1968.

[10] Heywood J B. Internal Combustion Engine Fundamentals. McGraw-Hill, New York, 1988.

[11] Cavaliere A, de Joannon M. Mlid Combustion. Progress in Energy and Combustion Science, 2004, 30: 329–366.

第9章 燃烧学研究前沿简介

9.1 富氧燃烧

富氧助燃是近代燃烧的节能技术之一。富氧助燃技术能够降低燃料的燃点、加快燃烧速度、促进燃烧完全、提高火焰温度、减少燃烧后的烟气量、提高热量利用率和降低过量空气系数。富氧燃烧技术最早由 Abraham 于 1982 年提出，目的是产生高纯度的 CO_2 用来提高石油采收率（EOR）。随着全球变暖以及气候变化等问题，作为温室气体主要因素的 CO_2 排放问题逐渐引起了全球的关注。因此，富氧燃烧技术作为最具潜力的有效减排 CO_2 的燃烧技术之一，成为全球研究者关注的一个技术热点。

目前，富氧燃烧技术在美国、日本、加拿大、澳大利亚、英国、西班牙、法国、荷兰等国家都得到重视和发展。富氧燃烧技术在中国的研发历程也有近 20 年，但是同国外先进的技术和设备相比，我国的富氧燃烧技术发展水平还相对落后，基础研究和应用技术开发方面还有很多工作要做。

9.1.1 富氧燃烧技术的理论基础

燃烧是由于燃料中可燃物分子与氧分子之间发生碰撞而引起的，所以氧的供给情况决定了燃烧过程完成得是否充分。用比通常空气（含氧 21%）含氧浓度高的富氧空气进行燃烧，称为富氧燃烧（Oxygen-Enriched Combustion，OEC）。它是一项高效节能的燃烧技术，在玻璃工业、冶金工业及热能工程领域均有应用。富氧燃烧与用普通空气燃烧相比有以下优点：

1. 高火焰温度和黑度

燃烧过程是空气中的氧参与燃烧氧化的过程。热传递一般通过辐射、传导和对流三种方式进行。辐射换热是锅炉换热的主要方式之一，按气体辐射的特点，只有三原子和多原子气体具有辐射能力，原子气体几乎无辐射能力。所以在常规空气助燃的情况下，无辐射能力的 N_2 所占比例很高，因此烟气的黑度很低，影响了烟气对锅炉辐射换热面的传热。富氧助燃技术因 N_2 量减少，空气量及烟气量均显著减少，故火焰温度和黑度随着空气中氧气比例的增加而显著提高，进而提高了火焰辐射强度和辐射传热。从图 9.1 中能够看出，随着 O_2 浓度的增加，理论火焰温度的提升幅度逐渐减小，但富氧浓度不宜过高，一般富氧浓度在 26%～31% 时为最佳，因为富氧浓度再高时，火焰温度增加较少，而制氧投资等费用增加较多，综合效益反而下降。

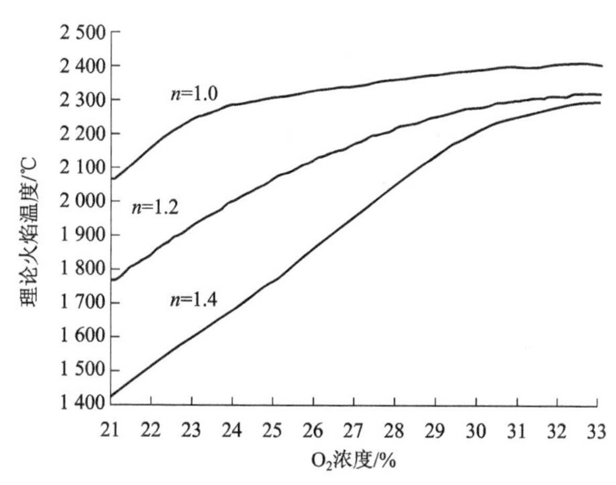

图 9.1　城市煤气燃烧的理论火焰温度与氧浓度关系图

2. 加快燃烧速度，促进燃烧完全

燃料在空气中和在纯氧中的燃烧速度相差甚大，如 H_2 在纯氧中的燃烧速度是在空气中的 4.2 倍，在天然气中则达到 10.7 倍左右。故用富氧空气助燃后，不仅使火焰变短，提高燃烧强度，加快燃烧速度，而且由于温度升高了，有利于燃烧反应完全。几种气体燃料在空气（O_2 体积分数为 21%）中和纯氧中的燃烧速度对比情况见表 9.1。

表 9.1　几种气体燃料的燃烧速度

燃料	在空气中的速度/（$m\cdot s^{-1}$）	在纯氧中的速度/（$m\cdot s^{-1}$）
氢气	250～360	890～1 190
天然气	33～34	325～480
丙烷	40～47	360～400
丁烷	37～46	335～390
乙炔	110～180	950～1 280

3. 降低燃料的燃点温度和减少燃尽时间

燃料的燃点温度随燃烧条件变化而变化，燃料的燃点温度不是一个常数，如 CO 在空气中为 609 ℃，在纯氧中仅为 388 ℃，所以用富氧助燃能提高火焰强度、增加释放能量等。表 9.2 为几种燃料在空气和纯氧中的燃点温度。可见，加入 O_2 将有助于降低燃料的燃点温度。比如：市政垃圾的燃点很高，普通空气助燃下不易燃烧，可将富氧燃烧技术应用于垃圾焚烧炉中。

表 9.2　几种气体燃料的燃点温度

燃料	空气（21% O_2）	氧气（100% O_2）
氢气	572	560
天然气	632	556
丙烷	493	468
丁烷	408	283
乙炔	609	388

4. 降低过量空气系数，减少燃烧后的烟气量

用富氧代替空气助燃，可适当降低过量空气系数，减少排烟体积。用锅炉反平衡效率法计算锅炉效率时，会发现锅炉的排烟损失占锅炉热损失的很大比例，特别是在普通空气助燃的情况下，占助燃空气近 4/5 体积的 N_2 并没参加燃烧反应，并且在燃烧过程中被同时加热，带走大量的热量。

若使用 O_2 浓度为 21%的常规空气，按理论空气量燃烧的烟气量作为单位 1 计算时，随着含氧量的增加，烟气量有减少的倾向。使用含氧量为 27%的富氧空气燃烧与氧浓度为 21%的空气燃烧比较，过量空气系数α=1 时，则烟气体积减小 20%，排烟热损失也相应减少并且节能。

9.1.2 中国富氧燃烧技术发展历程

国内关于富氧燃烧的基础研究早在 20 世纪 90 年代中期即已开始，并取得了可喜的成果，国内研究单位主要关注富氧燃烧的燃烧特性、污染物排放和脱除机制等。启动了富氧燃烧技术的研发和试验工作，取得了较为系统的基础研究成果和小试台架运行经验。近年来，围绕煤燃烧的两种主要设备（煤粉炉和流化床）的富氧燃烧的研究和平台建设都十分活跃，如图 9.2 所示。

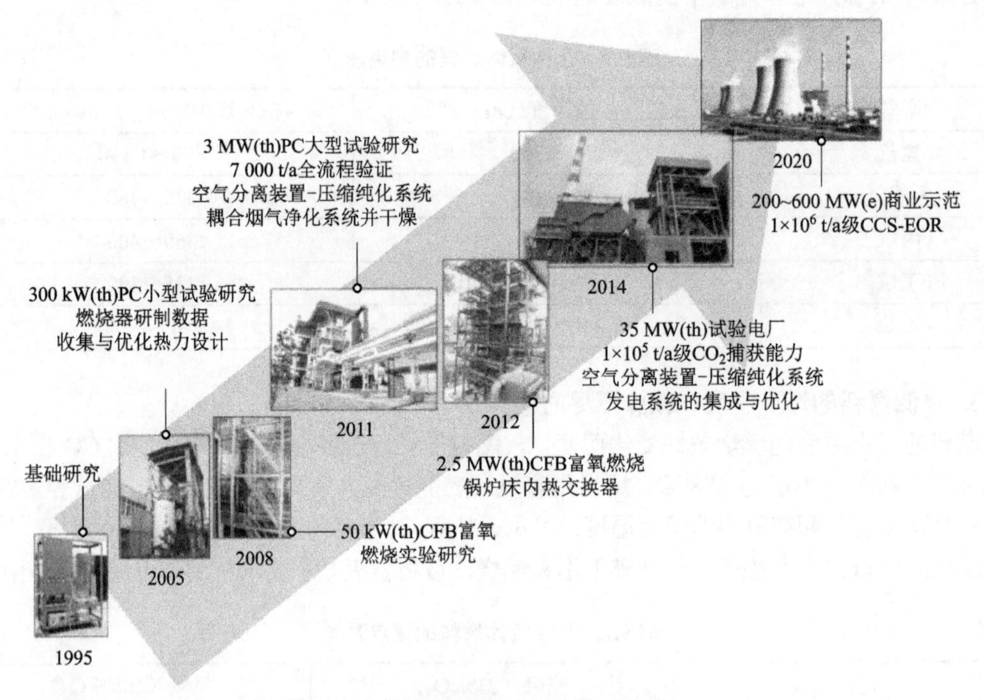

图 9.2 中国富氧燃烧技术研发路线图

1. 富氧燃烧系统的开发

2011 年年底，国内建成了第一套全流程 3 MW（th）富氧燃烧碳捕获试验平台，该平台为国内现阶段最大容量的富氧燃烧试验平台，热输入为 3 MW（th），年捕获 CO_2 量达 7 000 t。整个系统从空气分离制氧开始，到 CO_2 富集、压缩、纯化，涵盖富氧燃烧技术全部流程，主要包含空分系统、富氧燃烧锅炉、烟气净化–除湿、CO_2 压缩和纯化等，现已完成了综合调试运行，突破了空分制氧与锅炉燃烧系统耦合等瓶颈问题，实现了锅炉岛出口烟气中 CO_2 浓度超过 80%的目标，实验系统如图 9.3 所示。

图 9.3　3 MW（th）全流程富氧燃烧碳捕获实验系统

2. 空气燃烧切换到富氧燃烧过程中锅炉的动态特性

以富氧燃烧烟气全干循环为例，对其切换过程的动态特性进行模拟研究。采用炉膛出口氧浓度、炉膛进气氧浓度和一次风量等三个变量作为控制指标，相应调节进入炉膛的空气量和纯氧量以及循环烟气量，获得了切换过程中烟气温度、流量和组分等的变化情况，如图 9.4 所示。

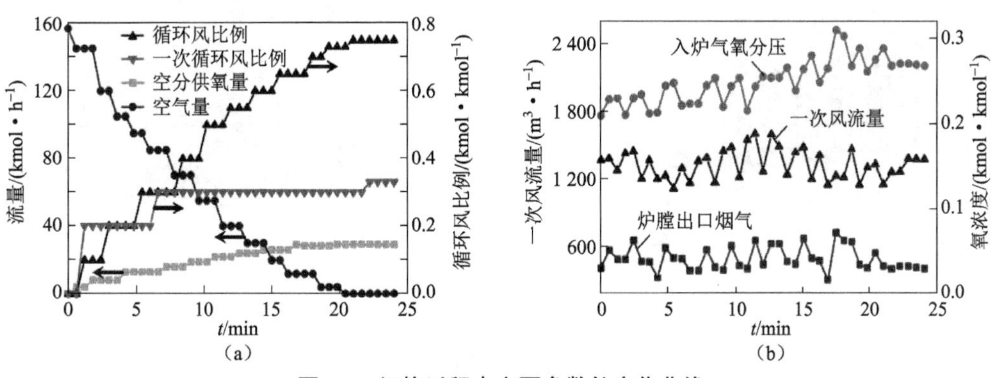

图 9.4　切换过程中主要参数的变化曲线

（a）主要操作变量；（b）主要受控变量

为保证切换过程中炉膛辐射换热量的稳定，切换过程中炉膛进气的氧浓度缓慢升高，最终稳定在 26.8%，保持在最佳范围之内；炉膛出口氧浓度波动上升，最后稳定到 3%，保证了炉膛内煤粉的安全和经济燃烧；一次风量在很小的范围内波动，保证了送粉过程的安全和稳定。切换过程结束，炉膛绝热火焰温度和炉膛出口烟气温度均有一定的下降，说明炉内气氛的变化对炉膛辐射换热过程有很大影响。通过优化调节，在 3 MW（th）试验系统上成功获得 CO_2 浓度超过 80%的烟气。

3. CFB 富氧燃烧技术

结合循环流化床的优势和特点，国内研究单位对循环流化床富氧燃烧技术进行了相关研究。建造了国内首台可实现烟气循环流化床 O_2/CO_2 燃烧试验装置［50 kW（th）］，其试验系统如图 9.5 所示。利用该实验平台成功进行了 300 h 烟气循环试验，O_2 浓度轻微升高时，富氧燃烧的床内温度与空气燃烧时的温度处于同一范围；而在较高的[Ca]/[S]比的条件下，脱硫效率可以达到 80%以上；此外，以 mg/MJ 作为排放单位时，富氧燃烧下的 NO 排放量大大低于空气燃烧下的排放，其减少的程度与燃料的性质有较大的关系。对于某一特定燃料，CO 排放量在 ppm 的计量单位下并未增加，而在 mg/MJ 的计量方式下却明显下降。烟气中的水蒸气含量有较大的增加，烟气中的水蒸气浓度对 CaO 的碳酸化和硫化有重要影响。

目前国内与 B&W 合作建设的 2.5 MW（th）循环流化床富氧燃烧实验系统已初步建成（图 9.6）。特别指出的是，所设计的并行床换热器突破了传统循环流化床外置床仅靠循环灰作为热载体的局限，引入部分未燃碳燃烧放热，在鼓泡床方式下运行，传热系数更高；通过供风调节循环量，调节方便；换热量可达整个锅炉热负荷的 15%以上，实现了通过在并行床布置受热面解决高 O_2 浓度条件下受热面布置受限的问题，极大地减小了锅炉的体积，并使循环流化床富氧燃烧技术更加成熟。这些研究成果使富氧燃烧技术在未来电厂的商业化应用方面又前进了一大步。

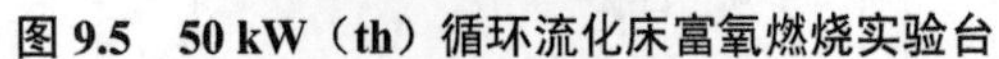

图 9.5　50 kW（th）循环流化床富氧燃烧实验台

图 9.6　2.5 MW（th）循环流化床富氧燃烧实验台

9.2　化学链燃烧

化学链燃烧（Chemical-Looping Combustion，CLC）技术是洁净、高效的新一代燃烧技术，它打破了传统的燃烧方式，是解决能源与环境问题的创新性突破口，该技术在燃烧过程中能自动分离 CO_2 而无须消耗能量，因此近些年来受到了广泛关注。

9.2.1　化学链燃烧的技术原理

化学链燃烧通过燃料与空气不直接接触的无火焰化学反应来释放能量，打破了传统的火焰燃烧概念，提供了回收 CO_2 的新途径，并且根除了燃料型、热力型 NO_x 的产生。它的基本原理是将传统的燃料与空气直接接触反应的燃烧借助于载氧剂（Oxygen Carrier，OC）的作用分解为两个气－固反应：一方面利用载氧剂分离空气中的氧；另一方面载氧剂将分离的空气中的氧传递给燃料，进行燃料的无火焰燃烧。这样，燃料侧反应产物只有 CO_2 和水蒸气，

CO_2 没有被 N_2 稀释，可以通过冷凝水蒸气的方法直接对 CO_2 进行回收利用，不需要额外的能量和常规的分离装置，从而提高了系统效率。图 9.7 所示为化学链燃烧原理示意图。

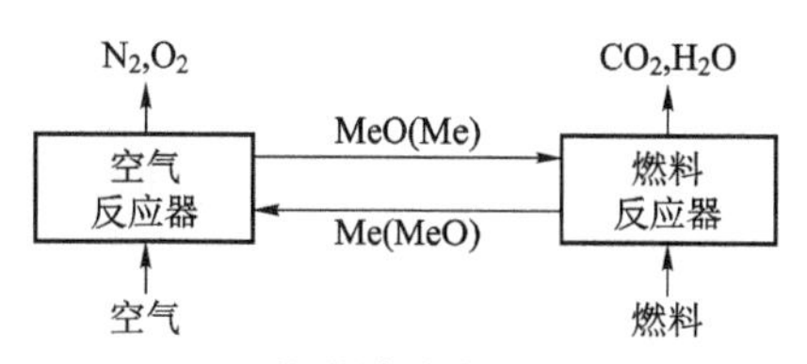

图 9.7　化学链燃烧原理示意图

CLC 系统包括两个连接的流化床反应器：空气反应器和燃料反应器，固体氧载体在空气反应器和燃料反应器之间循环，燃料进入燃料反应器后被固体氧载体的晶格氧氧化，完全氧化后生成 CO_2 和水蒸气。由于没有空气的稀释，产物纯度很高，将水蒸气冷凝后即可得到较纯的 CO_2，而无须消耗额外的能量进行分离，所得的 CO_2 可用于其他用途。其反应式如下：

$$(2n+m)\ M_yO_x+C_nH_{2m} \longrightarrow (2n+m)\ M_yO_{x-1}+mH_2O+nCO_2$$

$$M_yO_{x-1}+1/2O_2 \longrightarrow M_yO_x$$

由于无火焰的气－固反应温度远远低于常规的燃烧温度，因而可控制热力型 NO_x 的生成。因此，这种新颖的燃烧方式可以根除（而不是减少）NO_x 的生成。此外，不需要额外的能量和常规的分离装置分离燃烧产物中的 CO_2，比采用尾气分离 CO_2 的燃气－蒸汽联合循环电站效率高。化学链燃烧动力系统的概念性示意图如图 9.8 所示。该动力系统与分离 CO_2 的 1 200 ℃级的燃气－蒸汽联合循环系统相比，效率可高出 17 个百分点，被称为新一代燃气轮机联合循环。

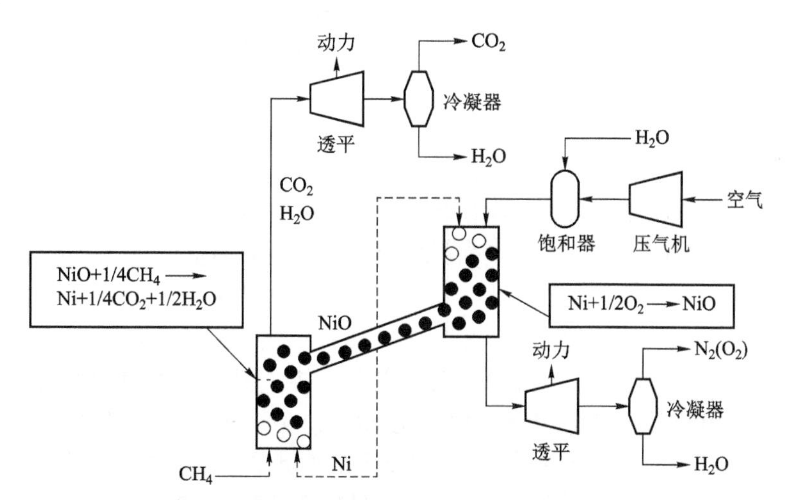

图 9.8　化学链燃烧动力系统的概念性示意图

9.2.2　化学链燃烧技术的研究现状

1983 年，德国科学家 Richter 和 Knoche 等首次在美国化学学会（ACS）年会上提出化学链燃烧这个概念，认为其具有比传统燃烧方式更高的能量利用效率。之后，人们发现该燃烧方式具有 CO_2 的内分离性质，因此随着全球对 CO_2 的广泛关注，化学链燃烧技术在 20 世纪 90 年代开始迅速发展起来，许多学者开始把 CLC 作为一种 CO_2 捕捉和 NO_x 控制的新型工艺进行研究。国内外学者对 CLC 进行了大量研究，重点集中在以下 4 个方面：① 载氧剂的筛选与制备；② 化学链燃烧反应器的设计；③ 化学链燃烧反应系统分析和数值模拟；④ 化学链燃烧技术的拓展。

1. 载氧剂

载氧剂在两个反应器之间循环使用，既要传递氧，又要传递热量，因此，研究适合于不同燃料的高性能载氧剂是化学链燃烧技术能够实施的先决条件，也是化学链燃烧技术的研究重点与热点。评价载氧剂性能的指标一般包括反应性、载氧能力、持续循环能力（寿命）、能承受的最高反应温度、机械强度（抗破碎、抗磨损能力等）、抗烧结和抗团聚能力、载氧剂的颗粒尺度分布、内部孔隙结构、价格和环保性能等。

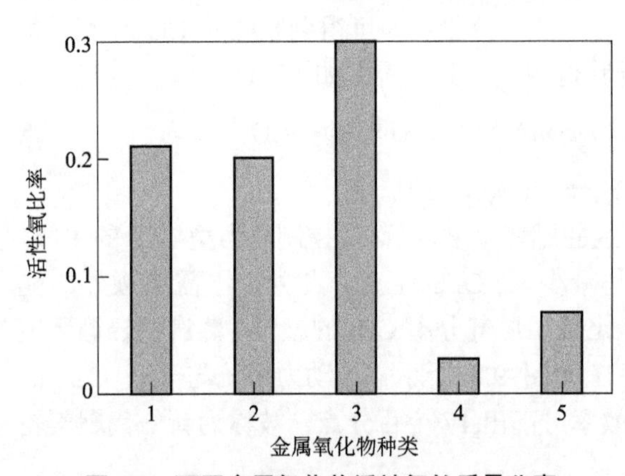

图 9.9　不同金属氧化物活性氧的质量分率

1—NiO－Ni；2—CuO－Cu；3—Fe_2O_3－Fe；4—Fe_2O_3－Fe_3O_4；5—Mn_3O_4－MnO

1）金属氧化物载氧剂

当前研究较多的金属氧化物载氧剂主要包括 Ni，Fe，Co，Mn，Cu 和 Cd 等金属的单一或混合氧化物。按反应性排序为：NiO＞CuO＞Fe_2O_3＞Mn_2O_3，其氧化物系统活性氧质量分率如图 9.9 所示。

镍基载氧剂具有很高的活性、较强的抗高温能力、较低的高温挥发性和较大的载氧量，但其价格较高且对环境有害，碳沉积严重也是它的一个缺点。铜基载氧剂具有较高的活性和较大的载氧能力，碳沉积现象也较少，但铜基氧化物较低的熔点使其在高温下易分解为 Cu_2O，降低了在高温下运行的活性。铁基载氧剂价格低廉，但载氧能力差，高温易烧结。

2）硫酸盐载氧剂

当前研究较多的硫酸盐非金属氧化物载氧剂主要有 $CaSO_4$，$SrSO_4$ 和 $BaSO_4$ 等，具有载氧能力大、物美价廉等优点，近年来受到广泛关注。Diaz-Bossio 等较早地使用 TGA 研究了 CO 和 H_2 还原 $CaSO_4$，试验温度 900～1 180 ℃，CO 和 H_2 气体体积分数在 1%～6%。Jemdal 等对 $SrSO_4$ 和 $BaSO_4$ 等非金属载氧剂的性能进行了评价，认为相对于常用的金属氧化物载氧剂，$SrSO_4$ 和 $BaSO_4$ 载氧量较大，但活性偏低，且在高温反应中易烧结，发生分解生成 SO_2 等气体。有研究者以水煤气为燃料，在串行流化床内对 $CaSO_4$ 的还原反应热力学特性进行了研究，发现 $CaSO_4$ 和 CO，H_2 还原反应的亲和性与 NiO 非常接近，但其单位摩尔质量的载氧能力是 NiO 的 4 倍。对非金属氧化物 $CaSO_4$ 作为载氧剂进行了可行性研究，证明了其在一定条件下与燃料气进行氧化－还原两步反应的可行性。

3）钙钛矿载氧剂

钙钛矿型复合氧化物是结构与钙钛矿 $CaTiO_3$ 相同的一大类具有独特物理和化学性质的新型无机非金属材料，是 CLC 载氧剂研究的新方向。Rydén 等综合研究了 $La_xSr_{1-x}Fe_yCo_{1-y}O_{3-\delta}$ 型钙钛矿和 NiO，Fe_2O_3，Mn_3O_4 等混合金属载氧剂，实验采用石英管固定床，在 900 ℃时以 4 种钙钛矿以上金属氧化物为载氧剂，氧化 CH_4 制取合成气。实验结果表明：$La_xSr_{1-x}FeO_{3-\delta}$ 上对 CO 或 H_2 具有较高的选择性，适合化学链重整。Rydén 等以 $CaMn_{0.875}Ti_{0.125}O_3$ 为载氧剂使用天然气在循环流化床反应器中进行化学链氧解耦燃烧（CLOU），实验结果表明：在 720 ℃时载氧剂粒子释放出 O_2，在 950 ℃时燃烧效率为 95%，反应后粒子特性保持不变。

4）铁矿石载氧剂

近年来，钛铁矿和铁矿石由于其价格低廉、储量丰富等原因，得到许多研究者的关注。Leion 等研究了铁矿石和炼钢余料等廉价载氧剂在以石油焦、木炭、褐煤及烟煤为燃料的化学链燃烧中的反应特性，研究表明两种载氧剂与煤气化产物气体的反应很快，并且多次氧化还原后载氧剂的反应性并没有衰减。对赤铁矿作为载氧剂用于生物质化学链气化的反应性能的研究表明：载氧剂与生物质热解产物的反应性随着温度的升高而逐渐增加，表明将天然铁矿石用于生物质化学链气化过程是可行的。

2. 反应器

2001 年之前，研究化学链燃烧技术的工作主要集中在系统分析和载氧剂的选取上，而对载氧剂的选取主要使用 TGA，所以仅有有限的资料提到了化学链燃烧反应器的设计。直到 2001 年，有研究者设计了用于化学链燃烧的反应器，如图 9.10 所示。该反应器由两个相互联通的流化床组成：一个是高速提升管，一个是低速鼓泡流化床，故又称为双循环流化床。在该循环流化床反应器中，载氧剂在两个流化床之间循环，在空间反应器中载氧剂被空气氧化，然后经过旋风分离器被传递到燃料反应器，载氧剂在其中被还原，燃料则被氧化；被还原后的载氧剂通过回料阀重新被传送到空气反应器，而氧化后的气体（主要是 H_2O+CO_2）从燃料反应器排出，冷却分离后进行 CO_2 的压缩，成为液体后回收，而没有被压缩的气体（主要是未反应的燃气和燃气氧化过程中可能出现的副产品）重新循环通入燃料反应器中进行氧化。两个流化床之间的气体泄漏问题通过两个固体颗粒回料阀来解决，这样就实现了载氧剂的不断氧化还原和循环，也实现了化学链燃烧技术。

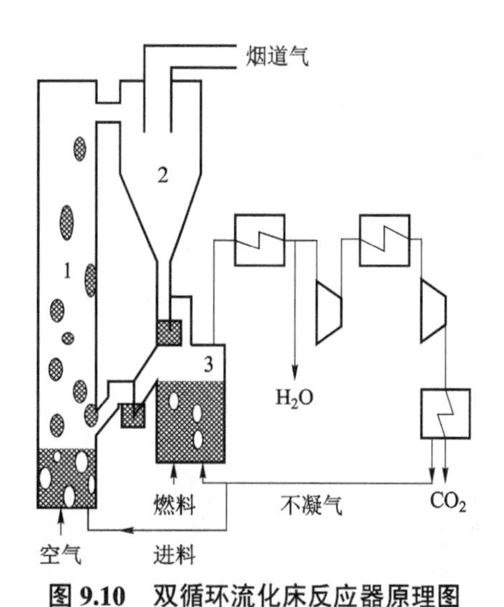

图 9.10　双循环流化床反应器原理图

1—空气反应器（提升管）；2—旋风分离器；3—燃料反应器

2004 年，国外研究者等发表了在 10 kW 化学链燃烧反应器原型中的试验结果，在该研究中使用基于 NiO 的载氧剂，并以天然气作为燃料，反应系统连续进行了 100 h，燃料的转化效率达 99.5%，并且试验过程中没有发现 CO_2 泄漏进入空气反应器，在应用过程中 CO_2 可以完全被回收。另外，在试验过程中，载氧剂的磨损率也很低，这表明了化学链燃烧技术用于工业应用中的可行性。

目前已经有两组 10 kW 的化学链燃烧装置能够成功满足该技术的连续运行，接下来过程发展中要解决的问题就是反应装置的最优化设计、系统的长时间连续运行以及具体的工程设计和成本问题。对于载氧剂在连续运行反应器中的长时间运行的化学性能和机械稳定性研究也将进一步展开。

3. 化学链燃烧系统分析与设计

为了提高化学链燃烧效率，增大设备的操作弹性，降低设备运行所需的能耗，目前，许多国内外研究人员开展了化学链燃烧系统设计与分析方面的工作，其中关于系统分析方面的研究主要分为两大类：第一类主要针对化学链燃烧系统本身；第二类将化学链燃烧与现有的发电系统如燃气轮机、燃料电池相结合，研究化学链燃烧系统中部分参数对整体性能的影响，寻找最优的能量利用方式，为未来大规模工业应用提供参考。

1）化学链燃烧系统

有研究者使用 Aspen plus 软件对合成气的 CLC 联合产氢、发电项目进行了模拟，结果与从实验中和动力学分析中获得的数据相一致，模拟和实验结果都说明了合成气化学链燃烧制取氢气和联合发电的概念是可行的。

加拿大的 Ion Iliuta、法国的 Sebastien Rifflart 等提出了基于固定床和流化床微反应器的动力学和数学模型，实验研究了 NiO 载氧剂在 600～900 ℃时在固定床和流化床的传送动力学，以固定床微反应器获得的数据估算了气固反应的动力学参数，结合流体力学模型成功地模拟了流化床反应器的运行状况。

此外，国内学者也在该领域开展了相关研究。主要包括：① 用 Aspen plus 软件对化学链燃煤系统进行模拟和热力学分析，研究主要运行参数对系统性能的影响，得到优化的系统运行工况；② 基于吉布斯自由能最小化原理，建立以 Fe_2O_3 为载氧剂的甲烷化学链燃烧模型，研究流化床燃料反应器内反应物的物质的量比、温度以及操作压力对反应产物的分布和载氧剂反应活性的影响。

2）化学链燃烧系统与其他系统的耦合

如将 CLC 系统与其他的系统联合起来，取长补短，不仅能实现 CO_2 内在分离，还能提高系统的整体效率。德国 Fontina 等的研究证实了这一点，通过对比具有 CO_2 捕捉系统和不带 CO_2 捕捉系统的电厂评估了化学链燃烧系统的经济效益和环境效益，结果表明：化学链燃烧系统联合电厂的燃气轮机循环不仅能降低发电成本，还能减少对环境的污染。

日本 Ishida 等的研究表明，将化学链燃烧系统和燃气轮机相结合可使系统整体效率达50.2%；将化学链燃烧系统和固体氧化物燃料电池相结合，系统效率可高达 55.1%。国内利用化学链燃烧技术开拓出了第三代能源环境动力系统，该系统在高温段应用化学链燃烧技术，在中、低温段采用高效的空气湿化方法，提出了高效、低污染、新颖的化学链燃烧与空气湿化燃气轮机联合循环（CISA）。该系统如图 9.8 所示，与传统的循环相比，系统效率提高了17%。

此外，有研究者提出了甲醇化学链燃烧中间冷却联合燃气轮机循环系统，如图 9.11 所示。该系统使用氧化铁作为载氧剂，在两个反应器之间循环，系统的反应过程分为两步：一方面，

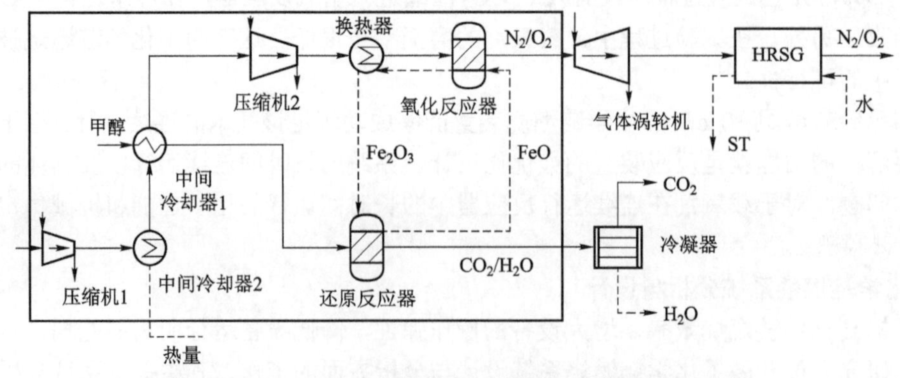

图 9.11 CLC 联合中间化学冷却燃气轮机循环系统示意图

载氧剂在还原反应器中被还原，保持没有空气混入，反应所需的热量由燃气轮机的压缩机冷却换热器提供；另一方面，载氧剂在氧化反应器中发生氧化反应，反应热用来加热压缩空气。该系统的热效率可达 56.8%，CO_2 的回收率达 90%。与相同的带 CO_2 捕捉的燃气轮机循环相比，热效率提高了 10.2%。

9.2.3　化学链燃烧技术的进一步应用

化学链燃烧自从 1983 年提出后，研究的重点主要集中在气体燃料，如天然气、水蒸气等，但是对中国而言，固态燃料（煤、生物质等）储量较气态燃料相对丰富，应用于 CLC 前景更广阔。拓展传统的化学链燃烧研究范围，开展固态、液态燃料的化学链燃烧的相关研究和技术开发对我国实现清洁的、可持续发展的能源战略具有重要意义。

1. 化学链燃烧技术制氢

化学链燃烧技术可以用来制氢，该技术可分为两步：① 化学链重整（Chemical-Looping Reforming，CLR）；② 利用化学链燃烧技术进行水汽重整。化学链重整技术与化学链燃烧技术相似，是基于化学链燃烧的原理使燃料部分氧化来制取合成气，不同的是其使用载氧剂的质量比传统化学链燃烧少，化学链重整技术是利用固体载氧剂和水蒸气进行部分氧化从而产生 H_2，CO，H_2O 和 CO_2，而不是进行燃料的燃烧，其产物的实际组成由空气比率，也就是由载氧剂传递到燃料反应器的氧与完全氧化所需要的氧的量的比值决定，它们可以作为化学工业的原料，还可以在一个低温转换器中完全转化为 CO_2 和 H_2。而具有 CO_2 回收功能的化学链燃烧水汽重整技术与传统的水汽重整技术相似，只是由化学链燃烧反应器代替了重整炉并且燃料变成了分离 H_2 后的乏气。

国外研究者用流化床反应器较早地研究了燃料的化学链燃烧重整制氢，并提出了初步的系统设计。有研究者在致密膜反应器中，利用 $La_{1-x}Sr_xFeO_{3-\delta}$ 作为载氧剂，对 CH_4 和 H_2O 进行化学链重整制得纯氢和合成气。热重实验表明，钙钛矿材料在 1 000 ℃时能从它的晶格中可逆地吸收和放出氧。实验结果表明该钙钛矿材料能很好地用于化学链重整制氢。还有研究者研究了化石燃料（天然气、煤等）的化学链重整制氢，评估了天然气及合成气的铁基化学链制氢系统，并基于天然气和合成气的 CLH 过程，研究分析了 500 MW 氢辅助电站的燃料消耗情况。

2. 固体燃料的化学链燃烧

目前对化学链燃烧技术的研究多采用的是气体燃料，而气体燃料与固体载氧体之间的高反应性不仅可以实现化学链燃烧技术，还可以提高系统的能量转换效率，对于韩国、日本这种以较低含碳量的石油和天然气为主要能源的国家而言，供给气体燃料的化学链燃烧系统具有较大的优势，但是对于以煤这种高含碳量燃料为主要能源的国家，比如我国，则需要寻求实现固体燃料利用的化学链燃烧方式。

实现固体燃料利用的化学链燃烧技术的途径有三种：第一种途径需要引入一个单独的固体燃料气化过程，使其首先转化为气体燃料（主要为 CO 和 H_2），然后再与载氧剂发生反应，由于气化过程能耗很大并且需要能耗很高的空气分离器，因此很大地限制了该方案的发展；第二种途径是将固体燃料直接引入燃料反应器，燃料的气化及与载氧剂的反应在燃料反应器中同时进行，这种途径的缺点是燃料和载氧剂之间发生的固–固反应效率非常低，因此需要使用 H_2O 和 CO_2 对固体燃料进行气化，生成 CO 和 H_2 等气体中间产物，然后再与载氧剂反应；第三种途径是化学链氧解耦燃烧（CLOU），即载氧剂在燃料反应器中首先释放出气相氧，然后气相氧再与固体燃料燃烧，该过程主要反应方程式如下：

$$O_2 + Me_xO_{y-2} \longrightarrow Me_xO_y \text{（空气反应器）}$$

$$Me_xO_y \longrightarrow O_2 + Me_xO_{y-2} \text{（燃料反应器）}$$

$$C_nH_{2m} + (n+m/2)O_2 \longrightarrow nCO_2 + mH_2O \text{（总）}$$

与常规的 CLC 燃烧相比，CLOU 的优点是固体燃料不与载氧剂直接反应而无须气化过程，系统所需载氧剂减少，同时减少了反应器的尺寸和系统成本。

9.3 微小尺度燃烧

近年来，不断涌现出各种微型飞行器、微小机器人以及各种使用于通信、遥感成像、化学分析和生物医学等的便携式电子设备，这些设备往往需要一个从几毫瓦到数百瓦的紧凑、长寿命的便捷式电源装置。此外，手机、笔记本电脑等便携式设备也要求电池具有更高的能量密度和更少的充电时间。目前，这些设备大都由传统的化学电池驱动。然而，化学电池存在能量密度低、充电时间长、可连续工作时间短、体积和重量大等缺点。因此，开发新型的、紧凑的、耐用的、高效率的、高能量密度的微型发电设备取代现有电池具有重要的意义。相比之下，氢气和碳氢化合物燃料相对于电池来说有着高几十倍的能量密度，如图 9.12 所示。

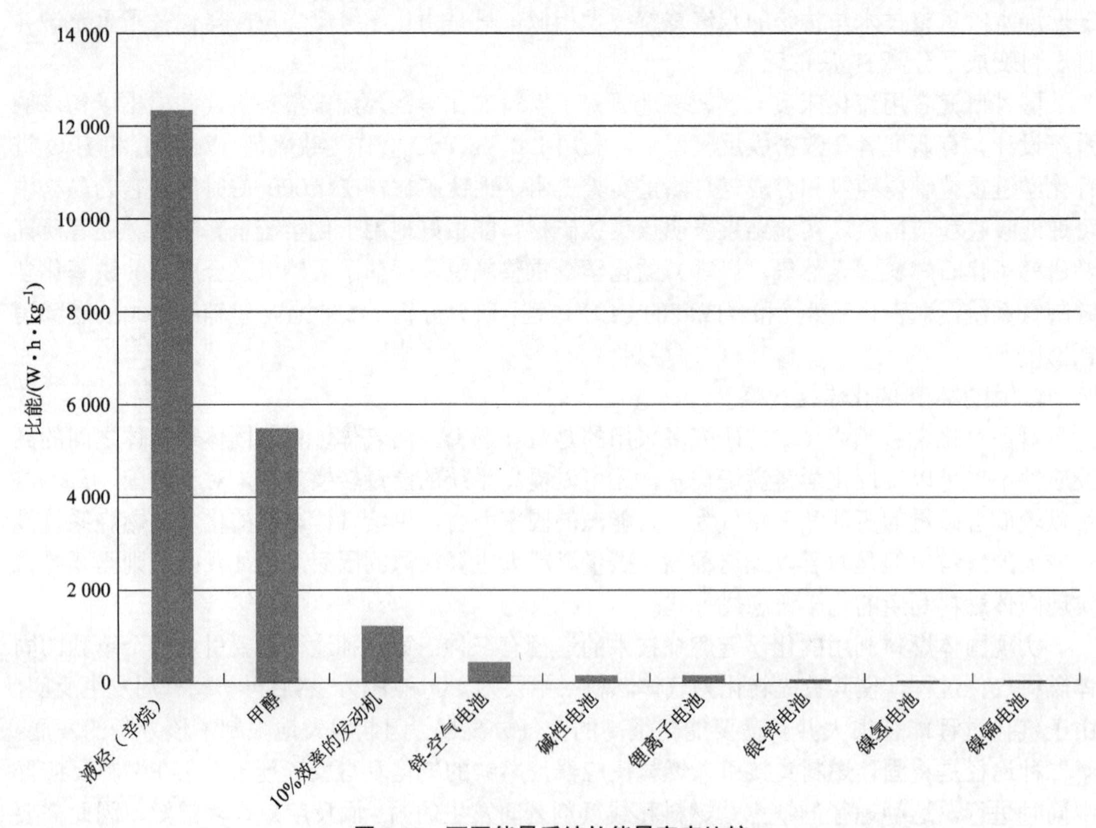

图 9.12 不同能量系统的能量密度比较

有研究表明：典型液体碳氢化合物的能量密度约为 45 MJ/kg，而最好的锂电池的能量密度约为 1.2 MJ/kg。因此，如果能够实现稳定、高效的燃烧，基于燃烧的微小型动力装置和系统就具备与化学电池竞争的巨大潜力。

对管内预混燃烧的研究表明，如果火焰管的内径小于某个临界直径，从火焰向管壁的传热将使反应发生淬熄。在这个临界直径以下，燃烧波只有依靠外界对管壁的加热才能稳定。这个直径一般称为淬熄直径，对平行通道而言称为淬熄距离。目前研究的微尺度燃烧的燃烧室容积通常小于 1 cm^3，其特征尺寸通常要小于或接近燃料的淬熄距离或淬熄直径。

9.3.1 微小尺度燃烧的应用

微型动力系统（Power MEMS）的概念最早由麻省理工学院的 Epstein 等于 1997 年提出，后被各国学者们广泛使用，泛指基于 MEMS 技术的微能源动力系统，是一种直接燃烧碳氢化合物，输出电能、热能、机械能，尺寸在毫米或者厘米量级，功率达数十瓦的动力系统。从 20 世纪 90 年代开始，关于微动力系统和微尺度燃烧的研究在世界各国广泛开展。下面简要介绍一下国内外已经研发的一些微小型动力/电力系统。

1. 微小型热光伏系统

微小型热光伏系统（MTPV）是一种直接将热能转换为电能的装置，其工作原理如图 9.13 所示。TPV 系统一般由四个基本部件组成，分别是热源（微燃烧器）、发射器、滤光器和热光伏电池。首先，燃料在燃烧室内将化学能转换为热能，被发射器吸收。当发射器被加热到足够高的温度时，便向外发射光子。因此，发射器是用来将热能转换为辐射能的。当发射器发出的光子撞击到 TPV 阵列上时，将诱发自由电子，从而产生电能输出。因此，热光伏电池的功能是将热辐射转换为电能。

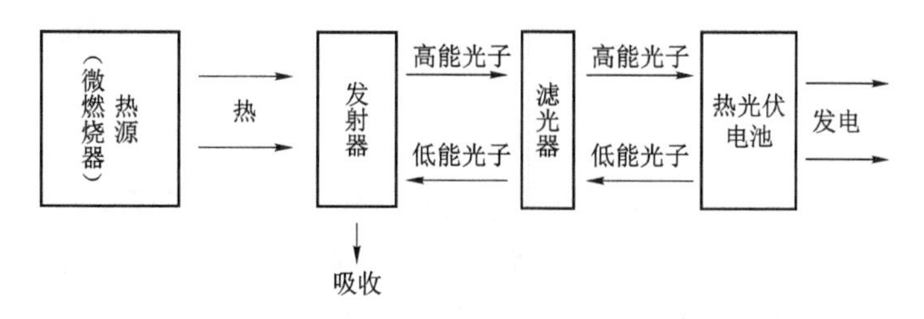

图 9.13 热光伏发电系统的原理示意图

然而，发射器发出的光子中只有能量高于光伏电池的带隙能被转换为电能。换句话说，那些能量低于带隙的光子撞击到 PV 电池上并不会产生自由电子和电能。如果这些电子没有被中途截止，它们将被 PV 电池吸收，加大系统元件的热负荷，降低系统的转换效率。因此，为了改善系统效率，这些光子应该被送回到发射器上。传统的 TPV 设计中经常采用一个过滤器，用来将低于带隙的低能光子反射回发射器，同时将可转换的光子传输到 TPV 阵列。

对于 MTPV 系统而言，提高燃烧器壁面的辐射效率是提升系统效率的可行且有效的途径。研究结果表明，选择合适的发射器材料比改变 TPV 电池的材料对改善 MTPV 系统的性能更为有效。

2. 微小型热电系统

微小型热电系统的原理是利用热电材料的塞贝克效应，将燃料产生的热能直接转换为电能。塞贝克效应是指由于两种不同电导体或半导体的温度差异而引起两种物质间的电压差的热电现象，即当受热物体中的电子（空穴），因随着温度梯度由高温区往低温区移动时，所产生电流或电荷堆积的一种现象。

国外已成功地把微型 Swiss-roll 燃烧器和热电装置结合在一起，研发出了可以用来进行热电发电的装置，如图 9.14 所示。尽管该设备的效率不高，但已经能够产生电能。为了尽可能地增加热回流以及减小热损失，在二维 Swiss-roll 燃烧器的基础上，还提出了三维环形 Swiss-roll 微燃烧器的理念，这些设备的造型非常适合 MEMS 大小的设备。

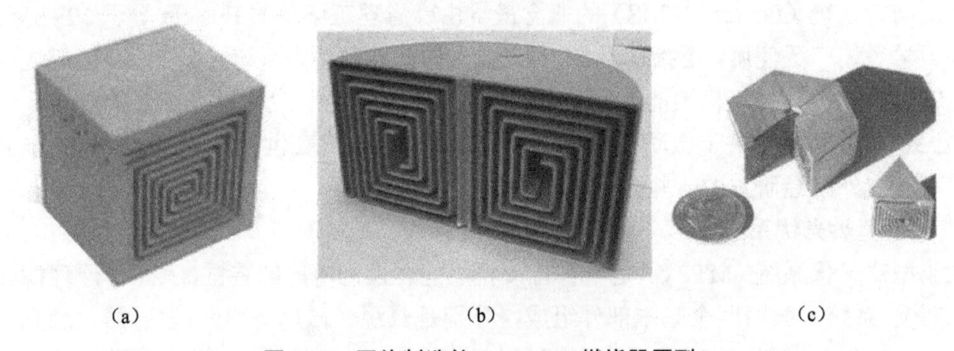

（a）　　（b）　　（c）

图 9.14　国外制造的 Swiss-roll 燃烧器原型

（a）二维 Swiss-roll 燃烧器；（b）常规尺寸；（c）微尺度三维燃烧器

微小型热电系统的优点是没有运动部件，缺点是整个系统的效率过低。尽管有些热电材料的效率不错，但这些材料的冷、热端难以维持一个大的温差。这是因为设备的尺寸太小，而且热的良导体一般也是电的良导体。因此，进行良好的热管理，以及能否对导热和导电进行解耦是这些设备成功的关键。

3. 微型燃气轮机和内燃机

麻省理工学院燃气轮机实验室研发了一种基于 MEMS 的硅基微型燃气轮机，如图 9.15 所示。它包括一个径向压缩机/透平单元、空气入口、排气口、一个燃烧室和一个发电机。该装置涉及的问题包括材料的热稳定性、透平的冷却、高转速下的轴磨损，以及压缩机压缩率的增加等。

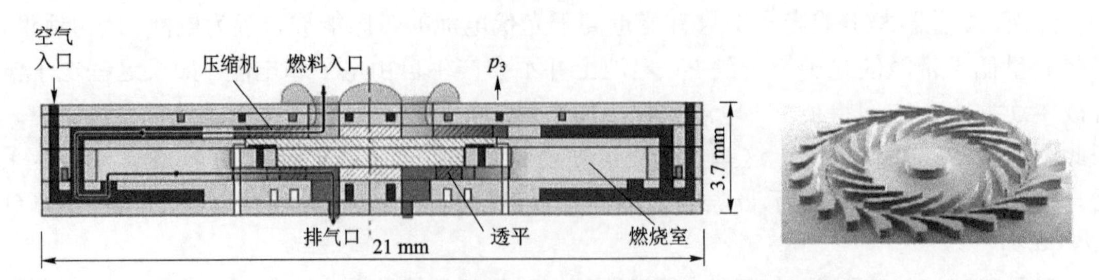

图 9.15　MIT 开发的微型燃气轮机剖面图以及微型透平的照片

日本东北大学与 IHI 合作研发出世界上最小级别的燃气轮机，如图 9.16 所示。该装置的外部直径约为 10 cm，长度为 15 cm。它包括一个直径为 16 mm 的压缩机、直径为 17.4 mm 的透平、一个环形燃烧器，以及一个虚拟的电磁发电机。

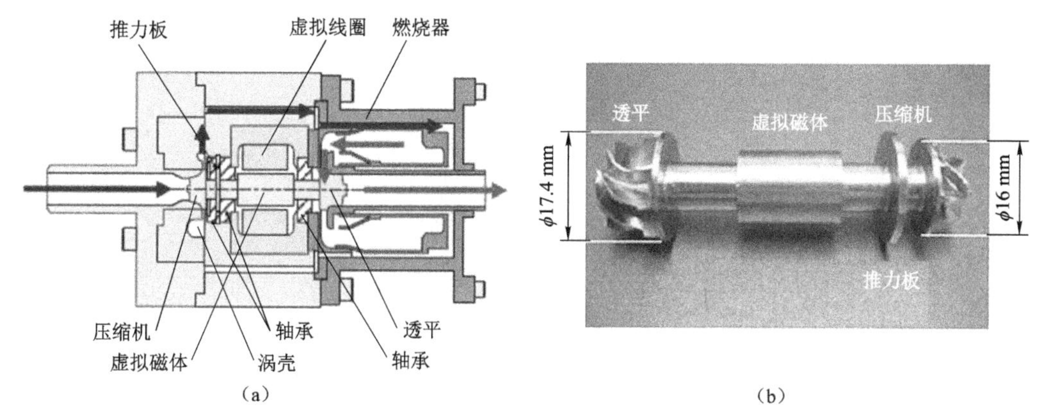

图 9.16　日本东北大学联合 IHI 研发的微型燃气轮机

(a) 结构示意图；(b) 用于该装置的转子

4. 微型推进系统

发展微型推进系统的主要原因之一是它能获得更高的推重比（F/W）。一般来说，推力 F 正比于特征尺度的平方，推进器的初始重量 W 大致与其体积成正比，与长度尺度成反比。这样，如果 1 m 的宏观尺度的推进器的推重比为 10，那么 1 cm 的长度尺度的推进器可获得 1 000 的推重比，而长度尺度为 1 mm 的推进器，其推重比可达 10 000。如果能够实现，则微型推进器的应用前景将十分广阔。

TRW 制造了可用于卫星和微型航天器的轨道保持和位置保持的微型推进器阵列，如图 9.17 所示。该推进器阵列由硅和玻璃作为材料，采用 MEMS 技术制成，总共包含 15 个推进器。初步的测试显示它能够产生 10^{-4} N/s 的冲量和 100 W 的功率。

图 9.17　TRW 制造的微型推进器阵列

9.3.2　微小尺度燃烧面临的挑战

微尺度燃烧区别于传统燃烧过程，其本质是由燃烧器特征尺寸减小所造成的。根据燃烧理论，当圆管（或平行通道）的尺寸小于某一临界值时，火焰不能稳定通过而发生熄火，该临界尺寸称为淬熄直径（对平行通道而言称作淬熄距离）。小于或接近于淬熄直径尺度下的燃烧，一般统称为微小尺度燃烧。与传统燃烧过程相比，微小尺度燃烧至少面临以下几个方面的挑战：

1. 散热损失大

在传统的燃烧器中，通过壁面的热损失通常可以忽略不计。然而，对于微小型燃烧器来说却是一个非常重要的影响因素。微燃烧器表面积与体积的比值（*S/V*）相对于常规尺度来说要大 2～3 个数量级，由此使得通过壁面的散热损失大大增加，如图 9.18 所示。较大的表面热损失对均匀气相燃烧有两重影响：首先，大的热损失对总燃烧效率有直接影响，因此，微小型燃烧器不太可能达到常规燃烧器情况下高达 99%的效率。其次，热损失会降低反应温度，从而增加化学反应时间，并使可燃极限变窄，这将进一步减小停留时间。

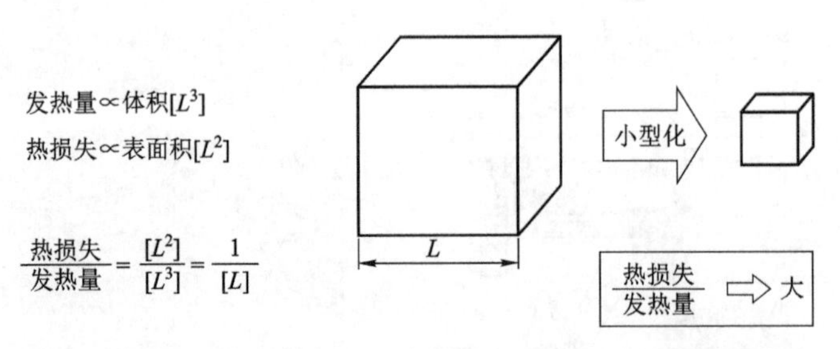

图 9.18　燃烧器壁面的相对散热损失与特征尺寸的关系示意图

2. 气体混合物停留时间短

对于能量转换装置来说，功率密度是最重要的度量标准。微型燃烧器的高功率密度是每单位体积对应的高质量流量。因为化学反应时间并不随质量流量或燃烧器容积而变化，高功率密度的实现要由气体混合物在通过燃烧器的时间内能否完成燃烧过程而定。相较于常规燃烧器，燃料在微燃烧器中的停留时间太短，燃料和空气往往未完全反应就被吹出燃烧室，不仅燃烧效率降低，而且燃料的吹熄极限和稳燃范围也大大缩小。

3. 燃烧不稳定性大

由于燃烧器特征尺寸接近或者小于燃料的淬熄直径或者淬熄距离，从而使得燃烧不稳定性显著增大。已有的实验结果表明，在微尺度燃烧中，观察到形式多样的不稳定火焰形态，有一些是大尺度燃烧器中没有出现过的，这从一个方面也体现出微小尺度燃烧的复杂性。

4. 化学基元的壁面淬熄

微小尺度燃烧由于表面积与体积的比率大大增加，不仅导致从燃烧器壁面散失的热量增加，也会提高反应自由基与壁面碰撞而销毁的可能性。这些机理都会增加化学反应时间，甚至可能会阻止气相燃烧反应的开始，或者导致正在进行的反应发生淬熄。

9.3.3　微小尺度燃烧的稳燃方法

总的来说，微小尺度燃烧存在的问题在于燃烧的停留时间较短，因此控制燃烧时间对于确保燃烧器内燃烧过程的完成至关重要。一般来说，可以通过提高燃烧温度来减小化学反应时间，反过来又需要减小燃烧器的热损失、提高反应物温度等。目前文献中常见的微尺度稳燃方法大致可以分为以下几大类：① 利用回热或者减少热损的方法，如微型 Swiss-roll 燃烧器、有多孔壁面的自绝热型燃烧器；② 通过结构设计产生回流区来稳燃，例如微型钝体燃烧器、带台阶的突扩型燃烧器等；③ 对燃烧室表面进行特殊处理，削弱表面对自由基的淬熄作用，包括表面钝化处理、催化表面燃烧等。下面将就常用的稳燃方法进行介绍。

1. 采用热管理措施，减少散热损失

这类方法主要是利用热循环来减少热量损失，预热未燃烧的预混气，实现“超焓燃烧”（或称“过余焓燃烧”）。同样，利用多孔介质来稳燃也是基于类似的原理。

（1）热循环型燃烧器的基本原理是利用高温烟气与未燃烧预混气之间进行热交换，提高预混气着火前的温度，实现稳燃的目的。实现热循环最简单的结构就是 U 形微通道，燃烧后的高温产物通过中间隔板与未燃烧的预混气进行热交换，从而提高预混气温度。如果将 U 形微通道以燃烧室为中心进行弯曲，就会形成所谓的 Swiss-roll 结构，如图 9.19 所示。

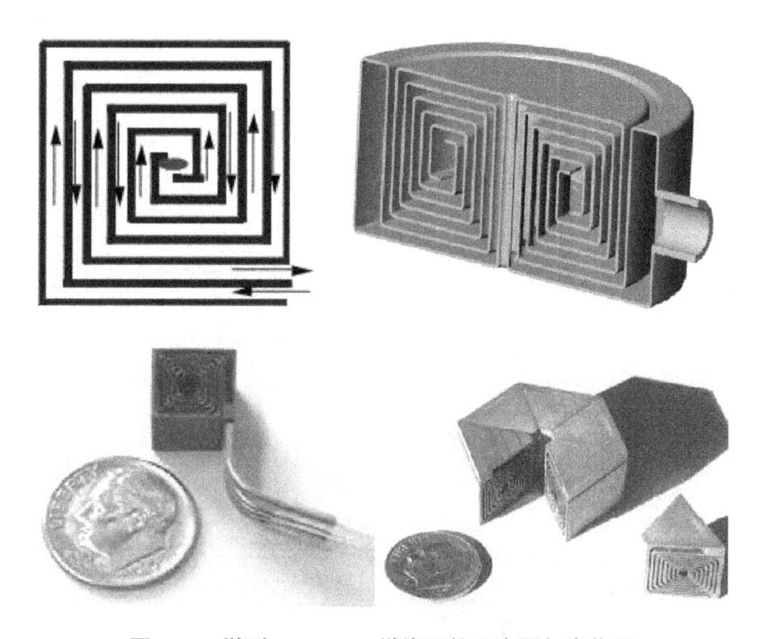

图 9.19　微型 Swiss-roll 燃烧器的示意图与实物图

（2）在燃烧室内填充多孔介质也是有效的稳燃方法。与自由空间的燃烧相比，多孔介质具有良好的导热和辐射性能。在燃烧系统中引入多孔介质，利用固体介质的大比热蓄热作用，燃烧释放的热量通过多孔介质固体骨架的热回流，反馈到上游未燃烧的预混气，可以提高燃烧速率。与传统的自由空间燃烧相比，多孔介质内的预混燃烧具有贫燃极限低、火焰稳定好、燃烧效率高、温度分布均匀、污染物排放少等优点。研究人员在微燃烧室内加装少量金属丝网，在一定程度上利用了多孔介质“超焓燃烧”效应来稳定。针对填充多孔介质的微小尺寸燃烧的实验装置如图 9.20 所示。微燃烧器外形为平板型，如图 9.21 所示，燃烧器的材料采用的是不锈钢 316L。多孔介质采用部分填充的方式，由不锈钢铁丝网经过折叠而成，多孔介质的平均孔隙率主要由铁丝网的丝径以及折叠层数决定。

2. 基于回流区稳燃

传统燃烧器中利用回流区稳燃的方法在微尺度燃烧中同样有效。目前常见的方法有微小型钝体燃烧器、带台阶的突扩型微燃烧器。

（1）钝体稳燃技术。众所周知，钝体稳燃技术已经广泛地应用于工业锅炉燃烧器以及航空系统中的湍流扩散火焰的稳燃，其主要原理是利用钝体后回流区的低速、高温等特点来形成所谓的“值班火焰”，点燃周围燃料达到稳燃的目的。

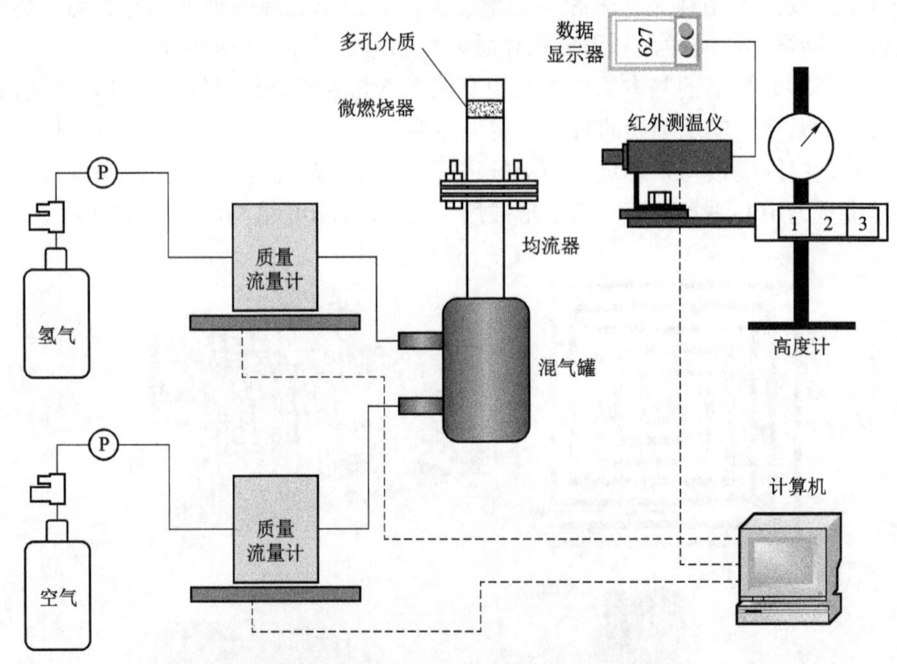

图 9.20 填充多孔介质微燃烧器的实验装置图

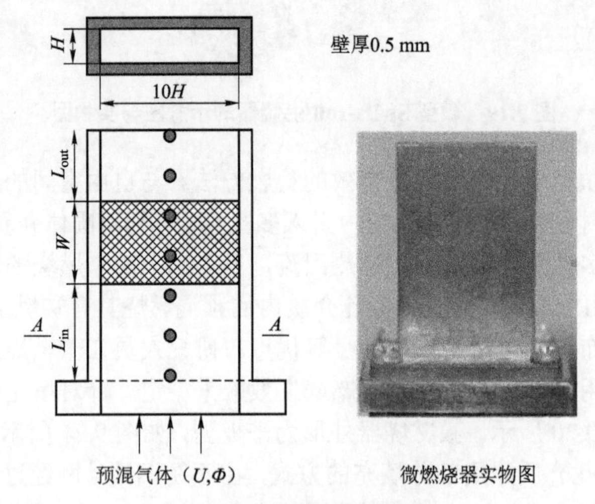

图 9.21 微燃烧器示意图

实际应用中，可将钝体稳燃技术应用于微燃烧器中，如在平板型微通道燃烧器内安装三角形钝体。

（2）突扩型微燃烧器。常规尺度下已有的研究表明，突扩型结构能够在近壁面区域产生回流区，从而能够强化燃烧过程中各种组元的混合，实现完全、稳定的燃烧。研究结果表明，图 9.22 所示的带台阶的突扩型燃烧器，对于稳定火焰具有一定的作用。

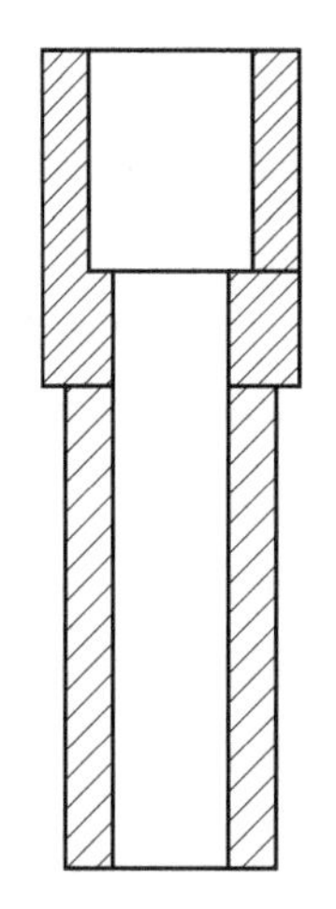
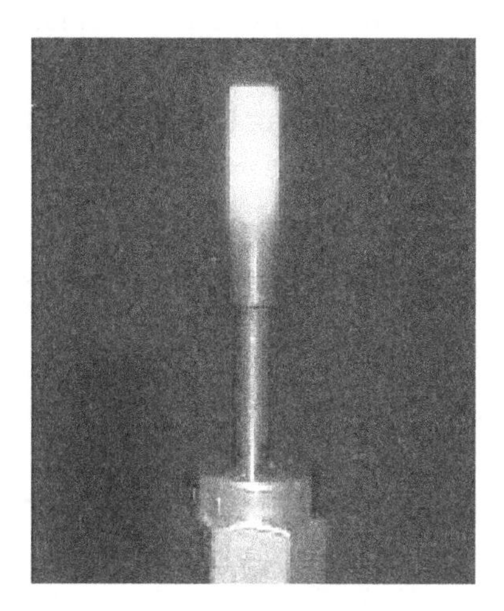

图 9.22　带台阶的突扩型微燃烧器示意图

3. 对燃烧室表面进行特殊处理

该类措施主要包括采用催化燃烧以及对表面进行惰性化处理等。

（1）催化燃烧的优点主要体现在：① 由于催化燃烧器的反应区域是固定的，所以其结构设计简便；② 催化燃烧能够降低点火所需的活化能；③ 催化燃烧在催化表面进行，更加适用于面体比很大的微小型燃烧器。实践表明，采用催化反应的微尺度燃烧比采用单纯气相反应的微燃烧有更宽的可燃极限范围。但是，催化剂在使用一定时间后存在活性降低和失效的问题。此外，长期在高温作用下还会出现凝聚结块现象。

（2）对燃烧室表面进行惰性化处理。对燃烧室表面进行惰性化处理，可起到一定的效果，但是这种方法也存在缺陷：一是处理方法比较复杂、费时；二是使用一段时间后燃烧室表面也有可能被再次污染，导致效果降低。

参考文献

［1］刘毅. 富氧助燃技术及其应用［J］. 节能与环保，2005（2）：28.

［2］Masaharu Kira. Development of New Stoker Incineratorfor Municipal Solid Wastes Using Oxygen Enrichment. Mitsubishi Heavy Industries, Ltd. Technical Review, 2001 (2): 78－81.

［3］Masao Takuma. Contribution of Waste to Energy Technology to Global Warming. Mitsubishi Heavy Industries, Ltd. Technical Review, 2004 (4).

［4］金红光. 新颖化学链燃烧与空气湿化燃气轮机循环［J］. 工程热物理学报，2000（2）：138－141.

［5］Richter H J, Knoche K F. Reversibility of Combustion Process, Efficiency and Costing, Second Law Analysis of Prcesses [C] // Gaggioli R A. Washington DC: ACS Symposium Series, 1983, 235: 71－85.

［6］Jin H, Okamoto T, Ishida M. Development of a Novel Chemical-Looping Combustion: Synthesis of a Solid Looping Material of $NiO/NiAl_2O_4$. Ind Eng Chem Res, 1999, 38(1): 126－132.

［7］Kaoru Maruta. Micro and Mesoscale Combustion. Proceedings of Combustion Institute, 2011, 33: 125－150.

［8］Chou S K, Yang W M, Chua K J. Development of Micro Power Generators－A Review. Applied Energy, 2011, 88: 1－16.

［9］Yiguang Ju, Kaoru Maruta. Microscale Combustion: Technology Development and Fundamental Research. Progress in Energy and Combustion Science, 2011, 37: 669－715.

附　　录

表 A.1　一氧化碳（CO），$M_r = 28.010\ \mathrm{kg \cdot kmol^{-1}}$, 298 K 时的生成焓=–110 541 kJ・kmol^{-1}

T/K	$\bar{c}_p$	$\bar{h}^\ominus(T)-\bar{h}_f^\ominus(298\ \mathrm{K})$	$\bar{h}_f^\ominus(T)$	$\bar{s}^\ominus(T)$	$\bar{g}_f^\ominus(T)$
	kJ・(kmol・K)$^{-1}$	kJ・kmol^{-1}	kJ・kmol^{-1}	kJ・(kmol・K)$^{-1}$	kJ・kmol^{-1}
200	28.687	–2 835	–111 308	186.018	–128 532
298	29.072	0	–110 541	197.548	–137 163
300	29.078	54	–110 530	197.728	–137 328
400	29.433	2 979	–110 121	206.141	146 332
500	29.857	5 943	–110 017	212.752	–155 403
600	30.407	8 955	–110 156	218.242	–164.47
700	31.089	12 029	–110 477	222.979	–173 499
800	31.860	15 176	–110 942	227.180	–182 473
900	32.629	18 401	–111 450	230.978	–191 386
1 000	33.255	21 697	–112 022	234.450	–200 238
1 100	33.725	25 046	–112 619	237.642	–209 030
1 200	34.148	28 440	–113 240	240.595	–217 768
1 300	34.530	31 874	–113 881	243.344	–226 453
1 400	34.872	35 345	–114 543	245.915	–235 087
1 500	35.178	38 847	–115 225	248.332	–243 674
1 600	35.451	42 379	–115 925	250.611	–252 214
1 700	35.694	45 937	–116 644	252.768	–260 711
1 800	35.910	49 517	–117 380	254.814	–269 164
1 900	36.101	53 118	–118 132	256.761	–277 576
2 000	36.271	56 737	–118 902	258.617	–285 948
2 100	36.421	60 371	–119 687	260.391	–294 281
2 200	36.553	64 020	–120 488	262.088	–302 576
2 300	36.670	67 682	–121 305	263.715	–310 835
2 400	36.744	71 354	–122 137	265.278	–319 057
2 500	36.867	75.036	–122 984	266.781	–327 245
2 600	36.950	78 727	–123 847	268.229	–335 399

续表

T/K	$\overline{c}_p$	$\overline{h}^{\ominus}(T)-\overline{h}_f^{\ominus}(298\ \text{K})$	$\overline{h}_f^{\ominus}(T)$	$\overline{s}^{\ominus}(T)$	$\overline{g}_f^{\ominus}(T)$
	kJ・(kmol・K)$^{-1}$	kJ・kmol^{-1}	kJ・kmol^{-1}	kJ・(kmol・K)$^{-1}$	kJ・kmol^{-1}
2 700	37.025	82 426	−124 724	269.625	−343 519
2 800	37.093	86 132	−125 616	270.973	−351 606
2 900	37.155	89 844	−126 523	272.275	−359 661
3 000	37.213	93 562	−127 446	273.536	−367 684
3 100	37.268	97 287	−128 383	274.757	−375 677
3 200	37.321	101 016	−129 335	275.941	−383 639
3 300	37.372	104 751	−130 303	277.090	−391 571
3 400	37.422	108 490	−131 285	278.207	−399 474
3 500	37.471	112 235	−132 283	279.292	−407 347
3 600	37.521	115 985	−133 295	280.349	−415 192
3 700	37.570	119 739	−134 323	281.377	−423 008
3 800	37.619	123 499	−135 366	282.380	−430 796
3 900	37.667	127 263	−136 424	283.358	−438 557
4 000	37.716	131 032	−137 497	284.312	−446 291
4 100	37.764	134 806	−138 585	285.244	−453 997
4 200	37.810	138 585	−139 687	286.154	−461 677
4 300	37.855	142 368	−140 804	287.045	−469 330
4 400	37.897	146 156	−141 935	287.915	−476 957
4 500	37.936	149 948	−143 079	288.768	−484 558
4 600	37.970	153 743	−144 236	289.602	−492 134
4 700	37.998	157 541	−145 407	290.419	−499 684
4 800	38.019	161 342	−146 589	291.219	−507 210
4 900	38.031	165 145	−147 783	292.003	−514 710
5 000	38.033	168 948	−148 987	292.771	−522 186

表 A.2　二氧化碳（CO_2），M_r = 44.011 kg・kmol^{-1}，298 K 时的生成焓=−393 546 kJ・kmol^{-1}

T/K	$\overline{c}_p$	$\overline{h}^{\ominus}(T)-\overline{h}_f^{\ominus}(298\ \text{K})$	$\overline{h}_f^{\ominus}(T)$	$\overline{s}^{\ominus}(T)$	$\overline{g}_f^{\ominus}(T)$
	kJ・(kmol・K)$^{-1}$	kJ・kmol^{-1}	kJ・kmol^{-1}	kJ・(kmol・K)$^{-1}$	kJ・kmol^{-1}
200	32.387	−3 423	−393 483	199.876	−394 126
298	37.198	0	−393 546	213.736	−394 428
300	37.280	69	−393 547	213.966	−394 433

续表

T/K	$\bar{c}_p$	$\bar{h}^\ominus(T)-\bar{h}_f^\ominus(298\ \mathrm{K})$	$\bar{h}_f^\ominus(T)$	$\bar{s}^\ominus(T)$	$\bar{g}_f^\ominus(T)$
	$\mathrm{kJ\cdot(kmol\cdot K)^{-1}}$	$\mathrm{kJ\cdot kmol^{-1}}$	$\mathrm{kJ\cdot kmol^{-1}}$	$\mathrm{kJ\cdot(kmol\cdot K)^{-1}}$	$\mathrm{kJ\cdot kmol^{-1}}$
400	41.276	4 003	−393 617	225.257	−394 718
500	44.569	8 301	−393 712	234.833	−394 983
600	47.313	12 899	−393 844	243.209	−395 226
700	49.617	17 749	−394 013	250.680	−395 443
800	51.550	22 810	−394 213	257.436	−395 635
900	53.136	28 047	−394 433	263.603	−395 799
1 000	54.360	33 425	−394 659	269.268	−395 939
1 100	56.333	38 911	−394 875	274.495	−396 056
1 200	56.205	44 488	−395 083	279.348	−396 155
1 300	56.984	50 149	−395 287	283.878	−396 236
1 400	57.677	55 882	−395 488	288.127	−396 301
1 500	58.292	61 681	−395 691	292.128	−396 352
1 600	58.836	67 538	−395 897	295.908	−396 389
1 700	59.316	73 446	−396 110	299.489	−396 414
1 800	59.738	79 399	−396 332	302.892	−396 425
1 900	60.108	85 392	−396 564	306.132	−396 424
2 000	60.433	91 420	−396 808	309.223	−396 410
2 100	60.717	97 477	−397 065	312.179	−396 384
2 200	60.966	103 562	−397 338	315.009	−396 346
2 300	61.185	109 670	−397 626	317.724	−396 294
2 400	61.378	115 798	−397 931	320.333	−396 230
2 500	61.548	121 944	−398 253	322.842	−396 152
2 600	61.701	128 107	−398 594	325.259	−396 061
2 700	61.839	134 284	−398 952	327.590	−395 957
2 800	61.965	140 474	−399 329	329.841	−395 840
2 900	62.083	146 677	−399 725	332.018	−395 708
3 000	62.194	152 891	−400 140	334.124	−395 562
3 100	62.301	159 116	−400 573	336.165	−395 403
3 200	62.406	165 351	−401 025	339.145	−395 229
3 300	62.510	171 597	−401 495	340.067	−395 041
3 400	62.614	177 853	−401 983	341.935	−394 838

续表

T/K	$\bar{c}_p$	$\bar{h}^\ominus(T)-\bar{h}_f^\ominus(298\text{ K})$	$\bar{h}_f^\ominus(T)$	$\bar{s}^\ominus(T)$	$\bar{g}_f^\ominus(T)$
	kJ・(kmol・K)$^{-1}$	kJ・kmol^{-1}	kJ・kmol^{-1}	kJ・(kmol・K)$^{-1}$	kJ・kmol^{-1}
3 500	62.718	184 120	–402 489	343.751	–394 620
3 600	62.825	190 397	–403 013	345.519	–394 388
3 700	62.932	196 685	–403 553	347.242	–394 141
3 800	63.041	202 983	–404 110	348.922	–393 879
3 900	63.151	209 293	–404 684	350.561	–393 602
4 000	63.261	215 613	–405 273	353.161	–393 311
4 100	63.369	221 945	–405 878	353.725	–393 004
4 200	63.474	228 287	–406 499	355.253	–392 683
4 300	63.575	234 640	–407 135	356.748	–392 346
4 400	63.669	241 002	–407 785	358.210	–391 995
4 500	63.753	247 373	–407 451	359.642	–391 629
4 600	63.825	253 752	–409 132	361.044	–391 247
4 700	63.881	260 138	–409 828	362.417	–390 851
4 800	63.918	266 528	–410 539	363.763	–390 440
4 900	63.932	272 920	–411 267	365.081	–390 014
5 000	63.919	279 313	–412 010	366.372	–389 572

表 A.3　氢（H_2），M_r = 2.016 kg・kmol^{-1}，298 K 时的生成焓=0

T/K	$\bar{c}_p$	$\bar{h}^\ominus(T)-\bar{h}_f^\ominus(298\text{ K})$	$\bar{h}_f^\ominus(T)$	$\bar{s}^\ominus(T)$	$\bar{g}_f^\ominus(T)$
	kJ・(kmol・K)$^{-1}$	kJ・kmol^{-1}	kJ・kmol^{-1}	kJ・(kmol・K)$^{-1}$	kJ・kmol^{-1}
200	28.522	–2 818	0	119.137	0
298	28.871	0	0	130.595	0
300	28.877	53	0	130.773	0
400	29.120	2 954	0	139.116	0
500	29.275	5 874	0	145.632	0
600	29.375	8 807	0	150.979	0
700	29.461	11 749	0	155.514	0
800	29.581	14 701	0	159.455	0
900	29.792	17 668	0	162.950	0
1 000	30.160	20 664	0	166.106	0
1 100	30.625	23 704	0	169.003	0

续表

T/K	$\overline{c}_p$	$\overline{h}^{\ominus}(T)-\overline{h}_f^{\ominus}$ (298 K)	$\overline{h}_f^{\ominus}$ (T)	$\overline{s}^{\ominus}(T)$	$\overline{g}_f^{\ominus}(T)$
	kJ • (kmol • K)$^{-1}$	kJ • kmol^{-1}	kJ • kmol^{-1}	kJ • (kmol • K)$^{-1}$	kJ • kmol^{-1}
1 200	31.077	26 789	0	171.687	0
1 300	31.516	29 919	0	174.192	0
1 400	31.943	33 092	0	176.543	0
1 500	32.356	36 307	0	178.761	0
1 600	32.758	39 562	0	180.862	0
1 700	33.146	42 858	0	182.860	0
1 800	33.522	46 191	0	184.765	0
1 900	33.885	49 562	0	186.587	0
2 000	34.236	52 968	0	188.334	0
2 100	34.575	56 408	0	190.013	0
2 200	34.901	59 882	0	191.629	0
2 300	35.216	63 388	0	193.187	0
2 400	35.519	66 925	0	194.692	0
2 500	35.811	70 492	0	196.148	0
2 600	36.091	74 087	0	197.558	0
2 700	36.361	77 710	0	198.926	0
2 800	36.621	81 359	0	200.253	0
2 900	36.871	85 033	0	201.542	0
3 000	37.112	88 733	0	202.796	0
3 100	37.343	92 455	0	204.017	0
3 200	37.566	96 201	0	205.206	0
3 300	37.781	99 968	0	206.365	0
3 400	37.989	103 757	0	207.496	0
3 500	38.190	107 566	0	208.600	0
3 600	38.385	111 395	0	209.679	0
3 700	38.574	115 243	0	210.733	0
3 800	38.759	119 109	0	211.764	0
3 900	38.939	122 994	0	212.774	0
4 000	39.116	126 897	0	213.762	0
4 100	39.291	130 817	0	214.730	0
4 200	39.464	134 755	0	215.679	0
4 300	39.636	138 710	0	216.609	0

续表

T/K	$\overline{c}_p$	$\overline{h}^{\ominus}(T)-\overline{h}_f^{\ominus}$ (298 K)	$\overline{h}_f^{\ominus}(T)$	$\overline{s}^{\ominus}(T)$	$\overline{g}_f^{\ominus}(T)$
	kJ • (kmol • K)$^{-1}$	kJ • kmol^{-1}	kJ • kmol^{-1}	kJ • (kmol • K)$^{-1}$	kJ • kmol^{-1}
4 400	39.808	142 682	0	217.522	0
4 500	39.981	146 672	0	218.419	0
4 600	40.156	150 679	0	219.300	0
4 700	40.334	154 703	0	220.165	0
4 800	40.516	158 746	0	221.016	0
4 900	40.702	162 806	0	221.853	0
5 000	40.895	166 886	0	222.678	0

表 A.4　氢原子（H），M_r = 1.008 kg • kmol^{-1}, 298 K 时的生成焓=217 977 kJ • kmol^{-1}

T/K	$\overline{c}_p$	$\overline{h}^{\ominus}(T)-\overline{h}_f^{\ominus}$ (298 K)	$\overline{h}_f^{\ominus}(T)$	$\overline{s}^{\ominus}(T)$	$\overline{g}_f^{\ominus}(T)$
	kJ • (kmol • K)$^{-1}$	kJ • kmol^{-1}	kJ • kmol^{-1}	kJ • (kmol • K)$^{-1}$	kJ • kmol^{-1}
200	20.786	−2 040	217 346	106.305	207 999
298	20.786	0	217 977	114.605	203 276
300	20.786	38	217 989	114.733	203 185
400	20.786	2 117	218 617	120.713	198 155
500	20.786	4 196	219 236	125.351	192 968
600	20.786	6 274	219 848	129.351	187 657
700	20.786	8 353	220 456	132.345	182 244
800	20.786	10 431	221 059	135.121	176 744
900	20.786	12 510	221 653	137.569	171 169
1 000	20.786	14 589	222 234	139.759	165 528
1 100	20.786	16 667	222 793	141.740	159 830
1 200	20.786	18 746	223 329	143.549	154 082
1 300	20.786	20 824	223 843	145.213	148 291
1 400	20.786	22 903	224 335	146.753	142 461
1 500	20.786	24 982	224 806	148.187	136 596
1 600	20.786	27 060	225 256	149.528	130 700
1 700	20.786	29 139	225 687	150.789	124 777
1 800	20.786	31 217	226 099	151.977	118 830
1 900	20.786	33 296	226 493	153.101	112 859
2 000	20.786	35 375	226 868	154.167	106 869
2 100	20.786	37 453	227 226	155.181	100 860

续表

T/K	$\bar{c}_p$	$\bar{h}^\ominus(T)-\bar{h}_f^\ominus$ (298 K)	$\bar{h}_f^\ominus(T)$	$\bar{s}^\ominus(T)$	$\bar{g}_f^\ominus(T)$
	kJ・(kmol・K)$^{-1}$	kJ・kmol^{-1}	kJ・kmol^{-1}	kJ・(kmol・K)$^{-1}$	kJ・kmol^{-1}
2 200	20.786	39 532	227 568	156.148	94 834
2 300	20.786	41 610	227 894	157.072	88 794
2 400	20.786	43 689	228 204	157.956	82 739
2 500	20.786	45 768	228 499	158.805	76 672
2 600	20.786	47 846	228 780	159.620	70 593
2 700	20.786	49 925	229 047	160.405	64 504
2 800	20.786	52 003	229 301	161.161	58 405
2 900	20.786	54 082	229 543	161.890	52 298
3 000	20.786	56 161	229 772	162.595	46 182
3 100	20.786	58 239	229 989	163.276	40 058
3 200	20.786	60 318	230 195	163.936	33 928
3 300	20.786	62 396	230 390	164.576	27 792
3 400	20.786	64 475	230 574	165.196	21 650
3 500	20.786	66 554	230 748	165.799	15 502
3 600	20.786	68 632	230 912	166.954	9 350
3 700	20.786	70 711	231 067	166.954	3 194
3 800	20.786	72 789	231 212	167.508	−2 967
3 900	20.786	74 868	231 348	168.048	−9 132
4 000	20.786	76 947	231 475	168.575	−15 299
4 100	20.786	79 025	231 594	169.088	−21 470
4 200	20.786	81 104	231 704	169.589	−27 644
4 300	20.786	83 182	231 805	170.078	−33 820
4 400	20.786	85 261	231 897	170.556	−39 998
4 500	20.786	87 340	231 981	171.023	−46 179
4 600	20.786	89 418	232 056	171.480	−52 361
4 700	20.786	91 497	232 123	171.927	−58 545
4 800	20.786	93 575	232 180	172.364	−64 730
4 900	20.786	95 654	232 228	172.793	−70 916
5 000	20.786	97 733	232.267	173.213	−77 103

表 A.5　氢氧基（OH），$M_r = 17.00\ kg \cdot kmol^{-1}$，298 K 时的生成焓=38 985kJ • kmol^{-1}

T/K	$\bar{c}_p$	$\bar{h}^\ominus(T)-\bar{h}_f^\ominus(298\ K)$	$\bar{h}_f^\ominus(T)$	$\bar{s}^\ominus(T)$	$\bar{g}_f^\ominus(T)$
	kJ • (kmol • K)$^{-1}$	kJ • kmol^{-1}	kJ • kmol^{-1}	kJ • (kmol • K)$^{-1}$	kJ • kmol^{-1}
200	30.140	–2 948	38 864	171.607	35 808
298	29.932	0	38 985	183.604	34 279
300	29.928	55	38 987	183.789	34 250
400	29.718	3 037	39 030	192.369	32 662
500	29.570	6 001	39 000	198.983	31 072
600	29.527	8 955	38 909	204.369	29 494
700	29.615	11 911	38 770	208.925	27 935
800	29.844	14 883	38 599	202.893	26 399
900	30.208	17 884	38 410	216.428	24 885
1 000	30.682	20 928	38 220	219.635	23 392
1 100	31.186	24 022	38 039	222.583	21 918
1 200	31.662	27 164	37 867	225.317	20 460
1 300	32.114	30 353	37 704	227.869	19 017
1 400	32.540	33 586	37 548	230.265	17 585
1 500	32.943	36 860	37 397	232.524	16 164
1 600	33.323	40 174	37 252	234.662	14 753
1 700	33.682	43 524	37 109	236.693	13 352
1 800	34.019	46 910	36 969	238.628	11 958
1 900	34.337	50 328	36 831	240.476	10 573
2 000	34.635	53 776	36 693	242.245	9 194
2 100	34.915	57 254	36 555	243.942	7 823
2 200	35.178	60 759	36 416	245.572	6 458
2 300	35.425	64 289	36 276	247.141	5 099
2 400	35.656	67 843	36 133	248.654	3 746
2 500	35.872	71 420	35 986	250.114	2 400
2 600	36.074	75 017	35 836	251.525	1 060
2 700	36.263	78 634	35 682	252.890	–275
2 800	36.439	82 269	35 524	254.212	–1 604
2 900	36.606	85 922	35 360	255.493	–2 927
3 000	36.759	89 590	35 191	256.737	–4 245
3 100	36.903	93 273	35 016	257.945	–5 556
3 200	37.039	96 970	34 835	259.118	–6 862

续表

T/K	$\bar{c}_p$	$\bar{h}^\ominus(T)-\bar{h}_f^\ominus(298\ K)$	$\bar{h}_f^\ominus(T)$	$\bar{s}^\ominus(T)$	$\bar{g}_f^\ominus(T)$
	kJ • (kmol • K)$^{-1}$	kJ • kmol^{-1}	kJ • kmol^{-1}	kJ • (kmol • K)$^{-1}$	kJ • kmol^{-1}
3 300	37.166	100 681	34 648	260.260	−8 162
3 400	37.285	104 403	34 454	261.371	−9 457
3 500	37.398	108 137	34 253	262.454	−10 745
3 600	37.504	111 882	34 046	263.509	−12 028
3 700	37.605	115 638	33 831	264.538	−13 305
3 800	37.701	119 403	33 610	265.542	−14 576
3 900	37.793	123 178	33 381	266.522	−15 841
4 000	37.882	126 962	33 146	267.480	−17 100
4 100	37.968	130 754	32 903	268.417	−18 353
4 200	38.052	134 555	32 654	269.333	−19 600
4 300	38.135	138 365	32 397	270.229	−20 841
4 400	38.217	142 182	32 134	271.107	−22 076
4 500	38.300	146 008	31 864	271.967	−23 306
4 600	38.382	149 842	31 588	272.809	−24 528
4 700	38.466	153 685	31 305	273.636	−25 745
4 800	38.552	157 536	31 017	274.446	−26 956
4 900	38.640	161 395	30 722	275.242	−28 161
5 000	38.732	165 264	30 422	276.024	−29 360

表 A.6　水（H_2O），M_r = 18.016 kg • kmol^{-1}, 298 K 时的
生成焓 = −241 845 kJ • kmol^{-1}，蒸发焓 = 44 010 kJ • kmol^{-1}

T/K	$\bar{c}_p$	$\bar{h}^\ominus(T)-\bar{h}_f^\ominus(298\ K)$	$\bar{h}_f^\ominus(T)$	$\bar{s}^\ominus(T)$	$\bar{g}_f^\ominus(T)$
	kJ • (kmol • K)$^{-1}$	kJ • kmol^{-1}	kJ • kmol^{-1}	kJ • (kmol • K)$^{-1}$	kJ • kmol^{-1}
200	32.255	−3 227	−240 838	175.602	−232 779
298	33.448	0	−241 845	188.715	−228 608
300	33.468	62	−241 865	188.922	−228 526
400	34.437	3 458	−242 858	198.686	−223 929
500	35.337	6 947	−243 822	206.467	−219 085
600	36.288	10 528	−244 753	212.992	−214 049
700	37.364	14 209	−245 638	218.665	−208 861
800	38.587	18 005	−246 461	223.733	−203 550
900	39.930	21 930	−247 209	228.354	−198 141

续表

T/K	$\overline{c}_p$	$\overline{h}^{\ominus}(T)-\overline{h}_f^{\ominus}$ (298 K)	$\overline{h}_f^{\ominus}(T)$	$\overline{s}^{\ominus}(T)$	$\overline{g}_f^{\ominus}(T)$
	kJ·(kmol·K)$^{-1}$	kJ·kmol^{-1}	kJ·kmol^{-1}	kJ·(kmol·K)$^{-1}$	kJ·kmol^{-1}
1 000	41.315	25 993	−247 879	232.633	−192 652
1 100	42.638	30 191	−248 475	236.634	−187 100
1 200	43.874	34 518	−249 005	240.397	−181 497
1 300	45.027	38 963	−249 477	243.955	−175 852
1 400	46.102	43 520	−249 895	247.332	−170 172
1 500	47.103	48 181	−250 267	250.547	−164 464
1 600	48.035	52 939	−250 597	253.617	−158 733
1 700	48.901	57 786	−250 890	256.556	−152 983
1 800	49.705	62 717	−251 151	259.374	−147 216
1 900	50.451	67 725	−251 384	262.081	−141 435
2 000	51.143	72 805	−251 594	264.687	−135 643
2 100	51.784	77.952	−251 783	267.198	−129 841
2 200	52.378	83 160	−251 955	269.621	−124 030
2 300	52.927	88 426	−252 113	271.961	−118 211
2 400	53.435	93 744	−252 261	274.225	−112 386
2 500	53.905	99 112	−252 399	276.416	−106 555
2 600	54.340	104 524	−252 532	278.539	−100 719
2 700	54.742	109 979	−252 659	280.597	−94 878
2 800	55.115	115 472	−252 785	282.595	−89 031
2 900	55.459	121 001	−252 909	284.535	−83 181
3 000	55.779	126 563	−253 034	286.420	−77 326
3 100	56.076	132 156	−253 161	288.254	−71 467
3 200	56.353	137 777	−253 290	290.039	−65 604
3 300	56.610	143 426	−253 423	291.777	−59 737
3 400	56.851	149 099	−253 561	293.471	−53 865
3 500	57.076	154 795	−253 704	295.122	−47 990
3 600	57.288	160 514	−253 852	296.733	−42 110
3 700	57.488	166 252	−251 007	298.305	−36 226
3 800	57.676	172 011	−254 169	299.841	−30 338
3 900	57.856	177 787	−254 338	301.341	−24 446
4 000	58.026	183 582	−254 515	302.808	−18 549

续表

T/K	$\bar{c}_p$	$\bar{h}^{\ominus}(T)-\bar{h}_f^{\ominus}$ (298 K)	$\bar{h}_f^{\ominus}$ (T)	$\bar{s}^{\ominus}(T)$	$\bar{g}_f^{\ominus}(T)$
	kJ • (kmol • K)$^{-1}$	kJ • kmol^{-1}	kJ • kmol^{-1}	kJ • (kmol • K)$^{-1}$	kJ • kmol^{-1}
4 100	58.190	189 392	−254 699	304.243	−12 648
4 200	58.346	195 219	−254 892	305.647	−6 742
4 300	58.496	201 061	−255 096	307.022	−831
4 400	58.641	206 918	−255 303	308.368	5 085
4 500	58.781	212 790	−255 522	309.688	11 005
4 600	58.916	218 674	−255 751	310.981	16 930
4 700	59.047	224 573	−255 990	312.250	22 861
4 800	59.173	230 484	−256 239	313.494	28 796
4 900	59.295	236 407	−256 501	314.716	34 737
5 000	59.412	242 343	−256 774	315.915	40 684

表 A.7　氮（N_2），M_r = 28.013 kg • kmol^{-1},298 K 时的生成焓=0

T/K	$\bar{c}_p$	$\bar{h}^{\ominus}(T)-\bar{h}_f^{\ominus}$ (298 K)	$\bar{h}_f^{\ominus}$ (T)	$\bar{s}^{\ominus}(T)$	$\bar{g}_f^{\ominus}(T)$
	kJ • (kmol • K)$^{-1}$	kJ • kmol^{-1}	kJ • kmol^{-1}	kJ • (kmol • K)$^{-1}$	kJ • kmol^{-1}
200	28.793	−2 841	0	179.959	0
298	29.071	0	0	191.511	0
300	29.075	54	0	191.691	0
400	29.319	2 973	0	200.088	0
500	29.636	5 920	0	206.662	0
600	30.086	8 905	0	212.103	0
700	30.684	11 942	0	216.784	0
800	31.394	15 046	0	220.927	0
900	32.131	18 222	0	224.667	0
1 000	32.762	21 468	0	228.087	0
1 100	33.258	24 770	0	231.233	0
1 200	33.707	28 118	0	234.146	0
1 300	34.113	31 510	0	236.861	0
1 400	34.477	34 939	0	239.402	0
1 500	34.805	38 404	0	241.792	0
1 600	35.099	41 899	0	244.048	0
1 700	35.361	45 423	0	246.184	0
1 800	35.595	48 971	0	248.212	0

续表

T/K	$\bar{c}_p$	$\bar{h}^{\ominus}(T)-\bar{h}_f^{\ominus}(298\ \text{K})$	$\bar{h}_f^{\ominus}(T)$	$\bar{s}^{\ominus}(T)$	$\bar{g}_f^{\ominus}(T)$
	kJ • (kmol • K)$^{-1}$	kJ • kmol^{-1}	kJ • kmol^{-1}	kJ • (kmol • K)$^{-1}$	kJ • kmol^{-1}
1 900	35.803	52 541	0	250.142	0
2 000	35.988	56 130	0	251.983	0
2 100	36.152	59 738	0	253.743	0
2 200	36.298	63 360	0	255.429	0
2 300	36.428	66 997	0	257.045	0
2 400	36.543	70 645	0	258.598	0
2 500	36.645	74 305	0	260.092	0
2 600	36.737	77 974	0	261.531	0
2 700	36.820	81 652	0	262.919	0
2 800	36.895	85 338	0	264.259	0
2 900	36.964	89 031	0	265.555	0
3 000	37.028	92 730	0	266.810	0
3 100	37.088	96 436	0	268.025	0
3 200	37.144	100 148	0	269.203	0
3 300	37.198	103 865	0	270.347	0
3 400	37.251	107 587	0	271.458	0
3 500	37.302	111 315	0	272.539	0
3 600	37.352	115 048	0	273.590	0
3 700	37.402	118 786	0	274.614	0
3 800	37.452	122 528	0	275.612	0
3 900	37.501	126 276	0	276.586	0
4 000	37.549	130 028	0	277.536	0
4 100	37.597	133 786	0	278.464	0
4 200	37.643	137 548	0	279.370	0
4 300	37.688	141 314	0	280.257	0
4 400	37.730	145 085	0	281.123	0
4 500	37.768	148 860	0	281.972	0
4 600	37.803	152 639	0	282.802	0
4 700	37.832	156 420	0	283.616	0
4 800	37.854	160 205	0	284.412	0
4 900	37.868	163 991	0	285.193	0
5 000	37.873	167 778	0	285.958	0

表 A.8　氮原子（N），$M_r = 14.007\ kg \cdot kmol^{-1}$，298 K 时的生成焓=472 629 $kJ \cdot kmol^{-1}$

T/K	$\bar{c}_p$	$\bar{h}^{\ominus}(T) - \bar{h}_f^{\ominus}(298\ K)$	$\bar{h}_f^{\ominus}(T)$	$\bar{s}^{\ominus}(T)$	$\bar{g}_f^{\ominus}(T)$
	$kJ \cdot (kmol \cdot K)^{-1}$	$kJ \cdot kmol^{-1}$	$kJ \cdot kmol^{-1}$	$kJ \cdot (kmol \cdot K)^{-1}$	$kJ \cdot kmol^{-1}$
200	20.790	−2 040	472 008	144.889	461 026
298	20.786	0	472 629	153.189	455 504
300	20.786	38	472 640	153.317	455 398
400	20.786	2 117	473 258	159.297	449 557
500	20.786	4 196	473 864	163.935	443 562
600	20.786	6 274	474 450	167.725	437 446
700	20.786	8 353	475 010	170.929	431 234
800	20.786	10 431	475 537	173.705	424 944
900	20.786	12 510	476 027	176.153	418 590
1 000	20.786	14 589	476 483	178.343	412 183
1 100	20.792	16 668	476 911	180.325	405 732
1 200	20.795	18 747	477 316	182.134	399 243
1 300	20.795	20 826	477 700	183.798	392 721
1 400	20.793	22 906	478 064	185 339	386 171
1 500	20.790	24 985	478 411	186.774	379 595
1 600	20.786	27 064	478 742	188.115	372 996
1 700	20.782	29 143	479 059	189.375	366 377
1 800	20.779	31 220	479 363	190.563	359 740
1 900	20.777	33 298	479 656	191.687	353 086
2 000	20.776	35 376	479 939	192.752	346 417
2 100	20.778	37 453	480 213	193.766	339 735
2 200	20.783	39 531	480 479	194.733	333 039
2 300	20.791	41 610	480 740	195.657	326 331
2 400	20.802	43 690	480 995	196.542	319 622
2 500	20.818	45 771	481 246	197.391	312 883
2 600	20.838	47 853	481 494	198.208	306 143
2 700	20.864	49 938	481 740	198.995	299 394
2 800	20.895	52 026	481 985	199.754	292 636
2 900	20.931	54 118	482 230	200.488	285 870
3 000	20.974	56 213	482 476	201.199	279 094
3 100	21.024	58 313	482 723	201.887	272 311
3 200	21.080	60 418	482 972	202.555	265 519

续表

T/K	$\bar{c}_p$	$\bar{h}^{\ominus}(T)-\bar{h}_f^{\ominus}$ (298 K)	$\bar{h}_f^{\ominus}(T)$	$\bar{s}^{\ominus}(T)$	$\bar{g}_f^{\ominus}(T)$
	kJ·(kmol·K)$^{-1}$	kJ·kmol^{-1}	kJ·kmol^{-1}	kJ·(kmol·K)$^{-1}$	kJ·kmol^{-1}
3 300	21.143	62 529	483 224	203.205	258 720
3 400	21.214	64 647	483 481	203.837	251 913
3 500	21.292	66 772	483 742	204.453	245 099
3 600	21.378	68 905	484 009	205.054	238 276
3 700	21.472	71 048	484 283	205.641	231 447
3 800	21.575	73 200	484 564	206.215	224 610
3 900	21.686	75 363	484 853	206.777	217 765
4 000	21.805	77 537	485 151	207.328	210 913
4 100	21.934	79 724	485 459	207.868	204 053
4 200	22.071	81 924	485 779	208.398	197 186
4 300	22.217	84 139	486 110	208.919	190 310
4 400	22.372	86 368	486 453	209.431	193 427
4 500	22.536	88 613	486 811	209.936	176 536
4 600	22.709	90 875	487 184	210.433	169 637
4 700	22.891	93 155	487 573	210.923	162 730
4 800	23.082	95 454	487 979	211.407	155 814
4 900	23.282	97 772	488 405	211.885	148 890
5 000	23.481	100 111	488 850	212.358	141 956

表 A.9　一氧化氮（NO），M_r = 30.006 kg·kmol^{-1}, 298 K 时的生成焓=90 297 kJ·kmol^{-1}

T/K	$\bar{c}_p$	$\bar{h}^{\ominus}(T)-\bar{h}_f^{\ominus}$ (298 K)	$\bar{h}_f^{\ominus}(T)$	$\bar{s}^{\ominus}(T)$	$\bar{g}_f^{\ominus}(T)$
	kJ·(kmol·K)$^{-1}$	kJ·kmol^{-1}	kJ·kmol^{-1}	kJ·(kmol·K)$^{-1}$	kJ·kmol^{-1}
200	29.374	−2 901	90 234	198.856	87 811
298	29.728	0	90 297	210.652	86 607
300	29.735	55	90 298	210.836	86 584
400	30.103	3 046	90 341	219.439	85 340
500	30.570	6 079	90 367	226.204	84 086
600	31.174	9 165	90 382	231.829	82 828
700	31.908	12 318	90 393	236.688	81 568
800	32.715	15 549	90 405	241.001	80 307
900	33.498	18 860	90 421	244.900	79 043
1 000	34.076	22 241	90 443	248.462	77 778

续表

T/K	$\bar{c}_p$	$\bar{h}^{\ominus}(T)-\bar{h}_f^{\ominus}(298\ \mathrm{K})$	$\bar{h}_f^{\ominus}(T)$	$\bar{s}^{\ominus}(T)$	$\bar{g}_f^{\ominus}(T)$
	kJ • (kmol • K)$^{-1}$	kJ • kmol^{-1}	kJ • kmol^{-1}	kJ • (kmol • K)$^{-1}$	kJ • kmol^{-1}
1 100	34.483	25 669	90 465	251.729	76 510
1 200	34.850	29 136	90 486	254.745	75 241
1 300	35.180	32 638	90 505	257.548	73 970
1 400	35.474	36 171	90 520	260.166	72 697
1 500	35.737	39 732	90 532	262.623	71 423
1 600	35.972	43 317	90 538	264.937	70 149
1 700	36.180	46 925	90 539	267.124	68 875
1 800	36.364	50 552	90 534	269.197	67 601
1 900	36.527	54 197	90 523	271.168	66 327
2 000	36.671	57 857	90 505	273.054	65 054
2 100	36.797	61 531	90 479	274.838	63 782
2 200	36.909	65 216	90 447	276.552	62 511
2 300	37.008	68 912	90 406	278.195	61 243
2 400	37.095	72 617	90 358	279.772	59 976
2 500	37.173	76 331	90 303	281.288	58 771
2 600	37.242	80 052	90 239	282.747	57 448
2 700	37.305	83 779	90 168	284.154	56 118
2 800	37.362	87 513	90 089	285.512	54 931
2 900	37.415	91 251	90 003	286.824	53 667
3 000	37.464	94 995	89 909	288.093	52 426
3 100	37.511	98 774	89 809	289.322	51 178
3 200	37.556	102 498	89 701	290.514	49 934
3 300	37.600	106 255	89 586	291.607	48 693
3 400	37.642	110 018	89 465	292.793	47 456
3 500	37.686	113 784	89 337	293.885	46 222
3 600	37.729	117 555	89 203	294.947	44 992
3 700	37.771	121 330	89 063	295.981	43 776
3 800	37.815	125 109	88 918	296.989	42 543
3 900	37.858	128 893	88 767	297.972	41 325
4 000	37.900	132 680	88 611	298.931	40 110
4 100	37.943	136 473	88 449	299.867	38 900
4 200	37.984	140 269	88 238	300.782	37 693

续表

T/K	$\overline{c}_p$	$\overline{h}^{\ominus}(T)-\overline{h}_f^{\ominus}(298\ K)$	$\overline{h}_f^{\ominus}(T)$	$\overline{s}^{\ominus}(T)$	$\overline{g}_f^{\ominus}(T)$
	kJ·(kmol·K)$^{-1}$	kJ·kmol^{-1}	kJ·kmol^{-1}	kJ·(kmol·K)$^{-1}$	kJ·kmol^{-1}
4 300	38.023	144 069	88 112	301.677	36 491
4 400	38.060	147 873	87 936	302.551	35 292
4 500	38.093	151 681	87 755	303.407	34 098
4 600	38.122	155 492	87 569	304.244	32 908
4 700	38.146	159 305	87 379	305.064	31 721
4 800	38.162	163 121	87 184	305.686	30 539
4 900	38.171	166 938	86 984	306.655	29 361
5 000	38.170	170 755	86 779	307.426	28 187

表 A.10　二氧化氮（NO_2），M_r = 46.006 kg·kmol^{-1}，298 K 时的生成焓=33 098 kJ·kmol^{-1}

T/K	$\overline{c}_p$	$\overline{h}^{\ominus}(T)-\overline{h}_f^{\ominus}(298\ K)$	$\overline{h}_f^{\ominus}(T)$	$\overline{s}^{\ominus}(T)$	$\overline{g}_f^{\ominus}(T)$
	kJ·(kmol·K)$^{-1}$	kJ·kmol^{-1}	kJ·kmol^{-1}	kJ·(kmol·K)$^{-1}$	kJ·kmol^{-1}
200	32.936	−3 432	33 961	226.061	45 453
298	36.881	0	33 098	239.925	51 291
300	36.949	68	33 085	240.153	51 403
400	40.331	3 937	32 521	251.259	57 602
500	43.227	8 118	32 173	260.578	63 916
600	45.373	12 569	31 974	268.686	70 285
700	47.931	17 255	31 885	275.904	76 679
800	49.762	22 141	31 880	282.427	83 079
900	51.243	27 195	31 938	288.377	89 476
1 000	52.271	32 357	32 035	293.834	95 864
1 100	52.989	37 638	32 146	298.850	102 242
1 200	53.625	42 970	32 267	303.489	108 609
1 300	54.186	48 361	32 392	307.804	114 966
1 400	54.679	53 805	32 519	311.838	121 313
1 500	55.109	59 295	32 643	315.625	127 651
1 600	55.483	64 825	32 762	319.194	133 398 1
1 700	55.805	70 390	32 873	322.568	140 303
1 800	56.082	75 984	32 973	325.756	146 260
1 900	56.318	81 605	33 061	328.804	152 931

续表

T/K	$\overline{c}_p$	$\overline{h}^{\ominus}(T)-\overline{h}_f^{\ominus}$ (298 K)	$\overline{h}_f^{\ominus}$ (T)	$\overline{s}^{\ominus}(T)$	$\overline{g}_f^{\ominus}(T)$
	kJ • (kmol • K)$^{-1}$	kJ • kmol^{-1}	kJ • kmol^{-1}	kJ • (kmol • K)$^{-1}$	kJ • kmol^{-1}
2 000	56.517	87 247	33 134	311.698	159 238
2 100	56.685	92 907	33 192	334.460	165 542
2 200	56.826	98 583	32 233	337.100	171 843
2 300	56.943	104 271	33 256	339.629	178 143
2 400	57.040	109 971	33 262	342.054	184 442
2 500	57.121	115 679	33 248	344.384	190 742
2 600	57.188	121 394	33 216	346.626	197 042
2 700	57.244	127 116	33 165	348.785	203 344
2 800	57.291	132 843	33 095	350.686	209 648
2 900	57.333	138 574	33 007	352.879	215 955
3 000	57.371	144 309	32 900	354.824	222 265
3 100	57.406	150 048	32 776	356.705	228 579
3 200	57.440	155 791	32 634	358.529	234 898
3 300	57.474	161 536	32 476	360.279	241 221
3 400	57.509	167 285	32 302	362.013	247 549
3 500	57.546	173 038	32 113	363.680	253 883
3 600	57.584	178 795	31 908	365.302	260 222
3 700	57.624	184 555	31 689	366.880	266 567
3 800	57.665	190 319	31 456	368.418	272 918
3 900	57.708	196 088	31 210	369.916	279 276
4 000	57.750	210 861	30 951	371.378	285 639
4 100	57.792	207 638	30 678	372.804	292 010
4 200	57.831	231 419	30 393	374.197	298 387
4 300	57.866	219 204	30 095	375.559	304 772
4 400	57.895	224 992	29 783	376.889	311 163
4 500	57.915	230 783	29 457	378.190	317 562
4 600	57.925	236 575	29 117	379.464	323 968
4 700	57.922	242 367	28 716	380.709	330 381
4 800	57.902	248 159	28 389	381.929	336 803
4 900	57.862	253 947	27 998	383.122	343 232
5 000	57.798	259 730	27 586	384.290	349 670

表 A.11　氧气（O_2），$M_r = 31.999\ kg \cdot kmol^{-1}$,298 K 时的生成焓=0

T/K	$\bar{c}_p$	$\bar{h}^{\ominus}(T)-\bar{h}_f^{\ominus}$ (298 K)	$\bar{h}_f^{\ominus}(T)$	$\bar{s}^{\ominus}(T)$	$\bar{g}_f^{\ominus}(T)$
	kJ • (kmol • K)$^{-1}$	kJ • kmol^{-1}	kJ • kmol^{-1}	kJ • (kmol • K)$^{-1}$	kJ • kmol^{-1}
200	28.473	−2 836	0	193.518	0
298	29.315	0	0	205.043	0
300	29.331	54	0	205.224	0
400	30.210	3 031	0	213.782	0
500	31.114	6 097	0	220.620	0
600	32.030	9 254	0	226.374	0
700	32.927	12 503	0	213.379	0
800	33.757	15 838	0	235.831	0
900	34.454	19 250	0	239.849	0
1 000	34.936	22 721	0	243.507	0
1 100	35.270	26 232	0	246.852	0
1 200	35.593	29 775	0	249.935	0
1 300	35.903	33 350	0	252.796	0
1 400	36.202	36 955	0	255.468	0
1 500	36.490	40 590	0	257.976	0
1 600	36.768	44 253	0	260.339	0
1 700	37.036	47 943	0	262.577	0
1 800	37.296	51 660	0	264.701	0
1 900	37.546	55 402	0	266.724	0
2 000	37.778	59 169	0	268.656	0
2 100	38.023	62 959	0	270.506	0
2 200	38.250	66 773	0	272.280	0
2 300	38.470	70 609	0	273.985	0
2 400	38.684	74 467	0	275.627	0
2 500	38.191	78 346	0	277.210	0
2 600	39.093	82 245	0	278.739	0
2 700	39.289	86 164	0	280.218	0
2 800	39.480	90 103	0	281.651	0
2 900	39.665	94 060	0	283.039	0
3 000	39.846	98 036	0	284.387	0
3 100	40.023	102 029	0	285.697	0
3 200	40.195	106 040	0	286.970	0
3 300	40.362	110 068	0	288.209	0
3 400	40.526	114 112	0	289.417	0
3 500	40.686	118 173	0	290.594	0
3 600	40.842	122 249	0	291.742	0
3 700	40.994	126 341	0	292.863	0

续表

T/K	$\bar{c}_p$	$\bar{h}^\ominus(T)-\bar{h}_f^\ominus$ (298 K)	$\bar{h}_f^\ominus(T)$	$\bar{s}^\ominus(T)$	$\bar{g}_f^\ominus(T)$
	kJ • (kmol • K)$^{-1}$	kJ • kmol^{-1}	kJ • kmol^{-1}	kJ • (kmol • K)$^{-1}$	kJ • kmol^{-1}
3 800	41.143	130 448	0	293.959	0
3 900	41.287	134 570	0	295.029	0
4 000	41.429	138 705	0	296.076	0
4 100	41.566	142 855	0	297.010	0
4 200	41.700	147 019	0	298.104	0
4 300	41.830	151 195	0	299.087	0
4 400	41.957	155 384	0	300.050	0
4 500	42.079	159 586	0	300.994	0
4 600	42.197	163 800	0	301.921	0
4 700	42.132	168 026	0	302.829	0
4 800	42.421	172 262	0	303.721	0
4 900	42.527	176 510	0	304.597	0
5 000	42.627	180 767	0	305.457	0

表 A.12　氧原子（O），M_r = 16.000 kg • kmol^{-1}, 298 K 时的生成焓=249 197 kJ • kmol^{-1}

T/K	$\bar{c}_p$	$\bar{h}^\ominus(T)-\bar{h}_f^\ominus$ (298 K)	$\bar{h}_f^\ominus(T)$	$\bar{s}^\ominus(T)$	$\bar{g}_f^\ominus(T)$
	kJ • (kmol • K)$^{-1}$	kJ • kmol^{-1}	kJ • kmol^{-1}	kJ • (kmol • K)$^{-1}$	kJ • kmol^{-1}
200	22.477	−2 176	248 439	152.085	237 374
298	21.889	0	249 197	160.945	231 778
300	21.890	41	249 211	161.080	231 670
400	21.500	2 209	249 890	167.320	225 719
500	21.256	4 345	250 494	172.089	219 605
600	21.113	6 463	251 033	175.951	213 375
700	21.033	8 570	251 516	179.199	207 060
800	20.986	10 671	251 949	182.004	200 679
900	20.952	12 768	252 340	184.474	194 246
1 000	20.915	14 861	252 698	186.679	187 772
1 100	20.898	16 952	253 033	188.672	181 263
1 200	20.882	19 041	253 350	190.490	174 724
1 300	20.867	21 128	253 650	192.160	168 159
1 400	20.854	23 214	253 934	193.706	161 572
1 500	20.843	25 229	254 201	195.145	154 966
1 600	20.834	27 383	254 454	196.490	148 342
1 700	20.827	29 466	254 692	197.753	141 702

续表

T/K	$\overline{c}_p$	$\overline{h}^{\ominus}(T)-\overline{h}_f^{\ominus}$ (298 K)	$\overline{h}_f^{\ominus}(T)$	$\overline{s}^{\ominus}(T)$	$\overline{g}_f^{\ominus}(T)$
	kJ • (kmol • K)$^{-1}$	kJ • kmol^{-1}	kJ • kmol^{-1}	kJ • (kmol • K)$^{-1}$	kJ • kmol^{-1}
1 800	20.822	31 548	254 916	198.943	135 049
1 900	20.820	33 630	255 127	200.069	128 384
2 000	20.819	35 712	255 325	201.136	121 709
2 100	20.821	37 794	255 512	202.152	115 023
2 200	20.825	39 877	255 687	203.121	108 329
2 300	20.831	41 959	255 852	204.047	101 627
2 400	20.840	44 043	256 007	204.933	94 918
2 500	20.851	46 127	256 152	205.784	88 203
2 600	20.865	48 213	256 288	206.602	81 483
2 700	20.881	50 300	256 416	207.390	74 575
2 800	20.899	52 389	256 535	208.150	68 027
2 900	20.820	54 480	256 648	208.884	61 292
3 000	20.944	56 574	256 753	209.593	54 554
3 100	20.970	58 669	256 852	210.210	47 812
3 200	20.998	60 769	256 945	210.947	41 068
3 300	21.028	62 869	257 032	211.593	34 320
3 400	21.061	64 973	257 114	212.221	27 570
3 500	21.095	67 081	257 192	212.832	20 818
3 600	21.132	69 192	257 265	213.427	14 063
3 700	21.171	71 308	257 334	214.007	7 307
3 800	21.212	73 427	257 400	214.572	548
3 900	21.254	75 550	257 462	215.123	−6 212
4 000	21.299	77 678	257 522	215.662	−12 974
4 100	21.345	79 810	257 579	216.189	−19 737
4 200	21.392	81 947	257 635	216.703	−26 501
4 300	21.441	84 088	257 688	217.207	−33 267
4 400	21.490	86 235	257 740	217.701	−40 304
4 500	21.541	88 386	257 790	218.184	−46 802
4 600	21.593	90 543	257 840	218.658	−53 571
4 700	21.646	92 705	257 889	219.123	−60 342
4 800	21.699	94 872	257 938	219.580	−67 113
4 900	21.752	97 045	257 987	220.028	−73 886
5 000	21.805	99 223	258 036	220.468	−80 659

表 A.13　C－H－O－N 系统的热力学性质拟合曲线系数

$$\bar{c}_p / R = a_1 + a_2 T + a_3 T^2 + a_4 T^3 + a_5 T^4$$

$$\bar{h}^{\ominus} / RT = a_1 + \frac{a_2}{2}T + \frac{a_3}{3}T^2 + \frac{a_4}{4}T^3 + \frac{a_5}{5}T^4 + \frac{a_6}{6}$$

$$\bar{s}^{\ominus} / R = a_1 \ln T + a_2 T + \frac{a_3}{2}T^2 + \frac{a_4}{3}T^3 + \frac{a_5}{4}T^4 + a_7$$

组分	T/K	a_1	a_2	a_3	a_4	a_5	a_6	a_7
CO	1 000～5 000	0.030 250 78E+02	0.144 268 85E−02	−0.056 308 27E−05	0.101 858 13E−09	−0.069 109 51E−13	−0.142 683 50E+05	0.061 082 17E+02
	300～1 000	0.032 624 51E+02	0.151 194 09E−02	−0.038 817 55E−04	0.055 819 44E−07	−0.024 749 51E−10	−0.143 105 39E+05	0.048 488 97E+02
CO_2	1 000～5 000	0.044 536 23E+02	0.031 401 68E−01	−0.127 841 05E−05	0.023 939 96E−08	−0.166 903 33E−13	−0.048 966 96E+06	−0.095 539 59E+01
	300～1 000	0.022 757 24E+02	0.099 220 72E−01	−0.104 091 13E−04	0.068 666 86E−07	−0.021 172 80E−10	−0.048 373 14E+06	0.101 884 88E+02
H_2	1 000～5 000	0.029 914 23E+02	0.070 006 44E−02	−0.056 338 28E−06	−0.092 315 78E−10	0.158 275 19E−14	−0.083 503 40E+04	−0.135 511 01E+01
	300～1 000	0.032 981 24E+02	0.082 494 41E−02	−0.081 430 15E−05	−0.094 754 34E−09	0.014 348 72E−11	−0.101 252 09E+04	−0.032 940 94E+02
H	1 000～5 000	0.025 000 00E+02	0.000 000 00E+00	0.000 000 00E+00	0.000 000 00E+00	0.000 000 00E+00	0.025 471 62E+06	−0.046 011 76E+01
	300～1 000	0.025 000 00E+02	0.000 000 00E+00	0.000 000 00E+00	0.000 000 00E+00	0.000 000 00E+00	0.025 471 62E+06	−0.046 011 76E+01
OH	1 000～5 000	0.028 827 30E+02	0.101 397 43E−02	−0.022 768 77E−05	0.021 746 83E−09	−0.051 263 05E−14	0.038 868 88E+05	0.055 957 12E+02
	300～1 000	0.036 372 66E+02	0.018 509 10E−02	−0.167 616 46E−05	0.023 872 02E−07	−0.084 314 42E−11	0.036 067 81E+05	0.135 886 05E+01
H_2O	1 000～5 000	0.026 721 45E+02	0.030 562 93E−01	−0.087 302 60E−05	0.120 099 64E−09	−0.063 916 18E−13	−0.029 899 21E+06	0.068 628 17E+02
	300～1 000	0.033 868 42E+02	0.034 749 82E−01	−0.063 546 96E−04	0.069 685 81E−07	−0.025 065 88E−10	−0.030 208 11E+06	0.025 902 32E+02
N_2	1 000～5 000	0.029 266 40E+02	0.148 797 68E−02	−0.056 847 60E−05	0.100 970 38E−09	−0.067 533 51E−13	−0.092 279 77E+04	0.059 805 28E+02
	300～1 000	0.032 986 77E+02	0.140 824 04E−02	−0.039 632 22E−04	0.056 415 15E−07	−0.024 448 54E−10	−0.102 089 99E+04	0.039 503 72E+02
N	1 000～5 000	0.024 502 68E+02	0.106 614 58E−03	−0.074 653 37E−06	0.018 796 52E−09	−0.102 598 39E−14	0.056 116 04E+06	0.044 487 58E+02
	300～1 000	0.025 030 71E+02	−0.021 800 18E−03	0.054 205 29E−06	−0.056 475 60E−09	0.020 999 04E−12	0.056 098 90E+06	0.041 675 66E+02

续表

组分	T/K	a_1	a_2	a_3	a_4	a_5	a_6	a_7
NO	1 000～5 000	0.032 454 35E+02	0.126 913 83E−02	−0.050 158 90E−05	0.091 692 83E−09	−0.062 754 19E−13	0.098 008 40E+05	0.064 172 93E+02
	300～1 000	0.033 765 41E+02	0.125 306 34E−02	−0.033 027 50E−04	0.052 178 10E−07	−0.024 462 62E−10	0.098 117 961E+05	0.058 295 90E+02
NO_2	1 000～5 000	0.046 828 59E+02	0.024 624 29E−01	−0.104 225 85E−05	0.019 769 02E−08	−0.139 171 68E−13	0.022 612 92E+05	0.098 859 85E+01
	300～1 000	0.026 706 00E+02	0.078 385 00E−01	−0.080 638 64E−04	0.061 617 14E−07	−0.023 201 50E−10	0.028 962 90E+05	0.116 120 71E+02
O_2	1 000～5 000	0.036 975 78E+02	0.061 351 97E−02	−0.125 884 20E−06	0.017 752 81E−09	−0.113 643 54E−14	−0.123 393 01E+04	0.031 891 65E+02
	300～1 000	0.032 129 36E+02	0.112 748 64E−02	−0.057 561 50E−05	0.131 387 73E−08	−0.087 685 54E−11	−0.100 524 90E+04	0.060 347 37E+02
O	1 000～5 000	0.025 420 59E+02	−0.027 550 61E−03	−0.031 028 03E−07	0.045 510 67E−10	−0.043 680 51E−14	0.029 230 80E+06	0.049 203 08E+02
	300～1 000	0.029 46 428E+02	−0.163 81 665E−02	0.024 21 031E−04	−0.160 28 431E−08	0.038 90 696E−11	0.029 14 764E+06	0.029 63 995E+02

表 B.1　碳氢燃料某些性质：（298.15 K 和 1 atm）

分子式	燃料	M_r / (kg·kmol^{-1})	$\overline{h_f^\ominus}$ / (kg·kmol^{-1})	$\overline{g_f^\ominus}$ / (kg·kmol^{-1})	$\overline{s^\ominus}$ / [kg·(kmol·K)$^{-1}$]	HHV$^+$ / (kJ·kg^{-1})	LHV$^+$ / (kJ·kg^{-1})	沸点 / ℃	$h_{f,g}$ / (kJ·kg^{-1})	等压绝热火焰温度 T_{ad}/K	ρ_{liq}^* / (kg·m^{-3})
CH_4	Methane 甲烷	16.043	−74 831	−50 794	186.188	55 528	50 016	−164	509	2 226	300
C_2H_2	Acetylene 乙炔	26.038	226 748	209 200	200.819	49 923	48 225	−84		2 539	
C_2H_4	Ethene 乙烯	28.054	52 283	68 124	219.827	50 313	47 161	−103.7		2 369	
C_2H_6	Ethane 乙烷	30.069	−84 667	−32 886	229.492	51 901	47 489	−88.6	488	2 259	370
C_3H_6	Propene 丙烯	42.080	20 414	62 718	266.939	48 936	45 784	−47.4	437	2 334	514
C_3H_8	Propane 丙烷	44.096	−103 847	−23 489	269.910	50 368	46 357	−42.1	425	2 267	500

续表

分子式	燃料	$\frac{M_r}{(kg\cdot kmol^{-1})}$	$\frac{\overline{h_f^\ominus}}{(kg\cdot kmol^{-1})}$	$\frac{\overline{g_f^\ominus}}{(kg\cdot kmol^{-1})}$	$\frac{\overline{s^\ominus}}{[kg\cdot(kmol\cdot K)^{-1}]}$	$\frac{HHV^+}{(kJ\cdot kg^{-1})}$	$\frac{LHV^+}{(kJ\cdot kg^{-1})}$	$\frac{沸点}{℃}$	$\frac{h_{f,g}}{(kJ\cdot kg^{-1})}$	等压绝热火焰温度 T_{ad}/K	$\frac{\rho_{liq}^*}{(kg\cdot m^{-3})}$
C_4H_8	1–Butene 丁烯	56.107	1 172	72 036	307 440.000	48 471	45 319	–63	391	2 322	595
C_4H_{10}	*n*–Butane 丁烷	58.123	–124 733	–15 707	310.034	49 546	45 742	–0.5	386	2 270	579
C_5H_{10}	1–Pentene 戊烯	70.134	–20 920	78 605	347.607	48 152	45 000	30	358	2 314	641
C_4H_{12}	*n*–Pentane 戊烷	72.150	–146 440	–8 201	348.402	49 032	45 355	36.1	358	2 272	626
C_6H_6	Benzene 苯	78.113	82 927	129 658	269.199	42 277	40 579	80.1	393	2 342	879
C_6H_{12}	1–Hexene 己烯	84.161	–41 673	87 027	385.974	47 955	44 803	63.4	3 335	2 308	673
C_6H_{14}	*n*–Hexane 己烷	86.177	–167 193	209	386.911	48 696	45 105	69	335	2 273	659
C_7H_{14}	1–Hepene 庚烯	98.188	–62 132	95 563	424.383	47 817	44 665	93.6		2 305	
C_7H_{16}	*n*–Heptane 庚烷	100.203	–187 820	8 745	425.262	48 456	44 926	98.4	316	2 274	684
C_8H_{16}	1–Octene 辛烯	112.214	–82 927	104 140	462.792	47 712	44 560	121.3		2 302	
C_8H_{18}	*n*–Octane 辛烷	14.230	–208 447	17 322	463.671	48 275	44 791	125.7	300	2 275	703
C_9H_{18}	1–Nonene 壬烯	126.241	–103 512	112 717	501.243	47 631	44 478			2 300	

续表

分子式	燃料	$\frac{M_r}{(kg \cdot kmol^{-1})}$	$\frac{\overline{h_f^\ominus}}{(kg \cdot kmol^{-1})}$	$\frac{\overline{g_f^\ominus}}{(kg \cdot kmol^{-1})}$	$\frac{\overline{s^\ominus}}{[kg \cdot (kmol \cdot K)^{-1}]}$	$\frac{HHV^+}{(kJ \cdot kg^{-1})}$	$\frac{LHV^+}{(kJ \cdot kg^{-1})}$	沸点 ℃	$\frac{h_{f,g}}{(kJ \cdot kg^{-1})}$	等压绝热火焰温度 T_{ad}/K	$\frac{\rho^*_{liq}}{(kg \cdot m^{-3})}$
C_9H_{20}	*n*–Nonane 壬烷	128.257	–229 032	25 857	502.080	48 134	44 686	150.8	295	2 276	718
$C_{10}H_{20}$	1–Decene 癸烯	140.268	–124 139	121 294	539.652	47 565	44 413	170.6		2 298	
$C_{10}H_{22}$	*n*–Decane 癸烷	142.284	–249 659	34 434	540.531	48 020	44 602	174.1	277	2 277	730
$C_{11}H_{22}$	1–Undecene 十一烯	154.295	–144 766	129 830	578.061	47 512	44 360			2 296	
$C_{11}H_{24}$	*n*–Undecane 十一烷	156.311	–270 286	43 012	578.940	47 926	44 532	195.9	265	2 277	740
$C_{12}H_{24}$	1–Dodecene 十二烯	168.322	–165 352	138 407	616.471	47 468	44 316	213.4		2 295	
$C_{12}H_{26}$	*n*–Dodecane 十二烷	170.337	–292 162			47 841	44 467	216.3	256	2 277	749

表 B.2　燃料在 298.15 K，1 atm，元素的焓为零参考状态下比定压热容和焓的曲线拟合系数

$$\overline{c}_p[kJ/(kmol \cdot k)] = 4.184(a_1 + a_2\theta + a_3\theta^2 + a_4\theta^3 + a_5\theta^{-2})$$

$$\overline{h}^\ominus(kJ/kmol) = 4184\left(a_1\theta + \frac{a_2}{2}\theta^2 + \frac{a_3}{3}\theta^3 + \frac{a_4}{4}\theta^4 - a_5\theta^{-1} + a_6\right)$$

这里 $\theta = T/1\,000\ K$

分子式	燃料	$M_r/(kg \cdot kmol^{-1})$	a_1	a_2	a_3	a_4	a_5	a_6
CH_4	甲烷	16.043	–0.291	26.327	–10.610	1.566	0.166	–18.331
C_3H_8	丙烷	44.096	–1.487	74.339	–39.065	8.054	0.012	–27.313

续表

分子式	燃料	M_r/(kg•kmol^{-1})	a_1	a_2	a_3	a_4	a_5	a_6
C_6H_{14}	己烷	86.177	–20.777	210.480	–164.125	52.832	0.566	–39.836
C_8H_{18}	异辛烷	114.230	–0.553	181.620	–97.787	20.402	–0.031	–60.751
CH_3OH	甲醇	32.040	–2.706	44.168	–27.501	7.219	0.203	–48.288
C_2H_5OH	乙醇	46.070	6.990	39.741	–11.926	0	0	–60.214
$C_{8.26}H_{15.5}$	汽油	114.800	–24.078	256.630	–201.680	64.750	0.581	–27.562
$C_{7.76}H_{18.1}$		106.400	–22.501	227.990	–177.260	56.048	0.485	–17.578
$C_{10.8}H_{18.7}$	柴油	148.600	–9.106	246.970	–143.740	32.329	0.052	–50.128

表 B.3　燃料蒸气的导热系数、黏性系数及比定压热容的曲线拟合系数

$$\left.\begin{cases}\lambda[\mathrm{W/(m\cdot K)}]\\ \mu(\mathrm{N\cdot s/m^2})\times 10^6\\ c_p[\mathrm{J/(kg\cdot K)}]\end{cases}\right\} = a_1 + a_2T + a_3T^2 + a_4T^3 + a_5T^4 + a_6T^5 + a_7T^6$$

分子式	燃料	温度范围/K	性质	a_1	a_2	a_3	a_4	a_5	a_6	a_7
CH_4	甲烷	100～1 000	λ	–1.340 149 90E–2	3.663 070 70E–4	–1.822 486 08E–4	5.939 879 98E–9	–9.140 550 50E–12	–6.789 688 90E–15	–1.950 487 36E–18
		700～1 000	μ	2.968 267 00E–1	3.711 201 00E–2	1.218 298 00E–5	–7.024 260 00E–8	7.543 269 00E–11	–2.723 166 0E–14	0
			c_p	见表 B.2						
C_3H_8	丙烷	200～500	λ	–1.076 822 09E–2	8.385 903 25E–5	4.220 598 64E–8	0	0	0	0
		270～600	μ	–3.543 711 00E–1	3.080 096 00E–2	–6.997 230 00E–6	0	0	0	0
			c_p	见表 B.2						
C_6H_{14}	己烷	150～1 000	λ	1.287 757 00E–3	–2.004 994 43E–5	2.378 588 31E–7	–1.609 445 5E–10	7.710 272 90E–10	0	0
		270～900	μ	1.545 412 00E+0	1.150 809 00E–2	2.722 165 00E–5	–3.269 000 00E–8	1.245 490 0E–11	0	0
			c_p	见表 B.2						

续表

分子式	燃料	温度范围/K	性质	a_1	a_2	a_3	a_4	a_5	a_6	a_7
C_7H_{16}	庚烷	250～1 000	λ	−4.606 147 00E−2	5.956 522 24E−4	−2.988 931 53E−6	8.446 128 76E−9	−1.229 27E−11	9.012 7E−15	−2.629 61E−18
		270～580	μ	1.545 009 700E+0	1.095 157 00E−2	1.800 664 00E−5	−1.363 790 00E−8	0	0	0
		300～755	c_p	9.462 600 00E+1	5.860 997 00E+0	−1.982 313 20E−3	−6.996 993 00E−8	−1.937 952 60E−10	0	0
		755～1 365	c_p	−7.403 080 00E+2	1.089 353 70E+1	−1.265 124 00E−2	9.843 763 00E−6	−4.328 296 0E−9	7.863 665 00E−13	0
C_8H_{18}		250～500	λ	−4.013 991 40E−3	3.387 960 92E−5	8.192 918 19E−8	0	0	0	0
		300～650	μ	8.324 354 00E−2	1.400 450 00E−2	8.793 765 00E−6	−6.840 300 00E−9	0	0	0
		275～755	c_p	2.144 198 00E+2	5.356 935 00E+0	−1.174 970 00E−3	−6.991 155 00E−8	0	0	0
		755～1 365	c_p	2.435 967 60E+3	−4.468 194 70E+0	−1.668 432 90E−2	−1.788 560 50E−5	8.642 820 20E−9	−1.614 265 00E−12	0
$C_{10}H_{22}$	癸烷	250～500	λ	−5.882 740 00E−3	3.724 496 46E−5	7.551 096 24E−8	0	0	0	0
			μ							
		300～700	c_p	2.407 178 00E+2	5.099 650 00E+0	−6.290 260 00E−4	−1.071 550 00E−6	0	0	0
		700～1 365	c_p	−1.353 458 90E+4	9.148 790 00E+1	−2.207 000 00E−1	2.914 060 00E−4	−2.153 074 00E−7	8.386 000 00E−11	−1.344 040 00E−14
CH_3OH	甲醇	300～550	λ	−2.029 867 50E−2	1.219 109 27E−4	−2.237 484 73E−4	0	0	0	0
		250～650	μ	1.197 900 00E+0	2.450 280 00E−2	1.861 627 40E−5	−1.306 748 20E−8	0	0	0
			c_p	见表 B.2						
C_2H_5OH	乙醇	250～550	λ	−2.466 630 00E−2	1.558 925 50E−4	−8.229 548 22E−8	0	0	0	0
		270～600	μ	−6.335 950 00E−2	3.207 134 70E−2	−6.250 795 76E−6	0	0	0	0
			c_p	见表 B.2						

表 C.1　1 atm 下空气的常用性质

T/K	ρ/kg·m^{-3}	c_p/kJ·(kg·K)$^{-1}$	$\mu\times10^7$/N·s·m^{-2}	$\nu\times10^6$/m^2·s^{-1}	$\lambda\times10^3$/W·(m·K)$^{-1}$	$a\times10^6$/m^2·s^{-1}	Pr
100	3.556 2	1.032	71.1	2.00	9.34	2.54	0.786
150	2.336 4	1.012	103.4	4.426	13.8	5.84	0.758
200	1.745 8	1.007	132.5	7.59	18.1	10.3	0.737
250	1.394 7	1.006	159.6	11.44	22.3	15.9	0.720
300	1.161 4	1.007	184.6	15.89	26.3	22.5	0.707
350	0.995 0	1.009	208.2	20.92	30	29.9	0.700
400	0.871 1	1.014	230.4	26.41	33.8	38.3	0.690
450	0.774 0	1.021	250.7	32.39	40.7	56.7	0.684
500	0.696 4	1.030	270.1	38.79	40.7	56.7	0.684
550	0.632 9	1.040	288.4	45.57	43.9	66.7	0.683
600	0.580 4	1.051	305.8	52.69	46.9	76.9	0.685
650	0.535 6	1.063	322.5	60.21	49.7	87.3	0.690
700	0.497 5	1.075	338.8	68.1	52.4	98	0.695
750	0.464 3	1.087	354.6	76.37	54.9	109	0.702
800	0.435 4	1.099	369.8	84.93	57.3	120	0.709
850	0.409 7	1.110	384.3	93.8	59.6	131	0.716
900	0.386 8	1.121	398.1	102.9	62	143	0.720
950	0.366 6	1.131	411.3	112.2	64.3	155	0.723
1 000	0.348 2	1.141	424.4	121.9	66.7	168	0.726
1 100	0.316 6	1.159	449.0	141.8	71.5	195	0.728
1 200	0.290 2	1.175	473.0	162.9	76.3	224	0.728
1 300	0.267 9	1.189	496.0	185.1	82	238	0.719
1 400	0.248 8	1.207	530	213	91	303	0.703
1 500	0.232 2	1.230	557	240	100	350	0.685
1 600	0.217 7	1.248	584	268	106	390	0.688
1 700	0.204 9	1.267	611	298	113	436	0.685
1 800	0.193 5	1.286	637	329	120	482	0.683
1 900	0.183 3	1.307	663	362	128	534	0.677
2 000	0.174 1	1.337	689	396	137	589	0.672
2 100	0.165 8	1.372	715	431	147	646	0.667
2 200	0.158 2	1.417	740	468	160	714	0.655
2 300	0.151 3	1.478	766	506	175	783	0.647
2 400	0.144 8	1.558	792	547	196	869	0.630
2 500	0.138 9	1.665	818	589	222	960	0.613
3 000	0.113 5	2.726	955	841	486	1 570	0.536

表 C.2　1 atm 下氮气和氧气的常用性质

T/K	$\frac{\rho}{kg \cdot m^{-3}}$	$\frac{c_p}{kJ \cdot (kg \cdot K)^{-1}}$	$\frac{\mu \times 10^7}{N \cdot s \cdot m^{-2}}$	$\frac{\nu \times 10^6}{m^2 \cdot s^{-1}}$	$\frac{\lambda \times 10^3}{W \cdot (m \cdot K)^{-1}}$	$\frac{a \times 10^6}{m^2 \cdot s^{-1}}$	Pr
				N_2			
100	3.438 8	1.070	68.8	2.00	9.58	2.60	0.768
150	2.259 4	1.050	100.6	4.45	13.9	5.86	0.759
200	1.688 3	1.043	129.2	7.65	18.3	10.4	0.736
250	1.348 8	1.042 5	154.9	11.48	22.2	15.8	0.727
300	1.123 3	1.041	178.2	15.86	25.9	22.1	0.716
350	0.962 5	1.042	200.0	20.78	29.3	29.2	0.711
400	0.842 5	1.045	220.4	26.16	32.7	37.1	0.704
450	0.748 5	1.050	239.6	32.01	35.8	45.6	0.703
500	0.673 9	1.056	257.7	38.24	38.9	54.7	0.700
550	0.612 4	1.065	274.7	44.86	41.7	63.9	0.702
600	0.561 5	1.075	290.8	51.79	44.6	73.9	0.701
700	0.481 2	1.098	321.0	66.71	49.9	94.4	0.706
800	0.421 1	1.22	349.4	82.9	54.8	446	0.715
900	0.374 3	1.146	375.3	100.3	59.7	139	0.721
1 000	0.336 8	1.167	399.9	118.7	64.7	165	0.721
1 100	0.306 2	1.187	423.2	138.2	70.0	193	0.718
1 200	0.280 7	1.204	445.3	158.6	75.8	224	0.707
1 300	0.259 1	1.219	466.2	179.9	81.0	256	0.701
				O_2			
100	3.945	0.962	76.4	1.94	9.25	2.44	0.796
150	2.585	0.921	114.8	4.44	13.8	5.80	0.766
200	1.930	0.915	147.5	7.64	18.3	10.4	0.737
250	1.542	0.915	178.6	11.58	22.6	16.0	0.723
300	1.284	0.920	207.2	16.14	26.8	22.7	0.711
350	1.100	0.920	233.5	21.23	29.6	29.0	0.733
400	0.962 0	0.942	258.2	26.84	33.0	36.4	0.737
450	0.855 4	0.956	281.4	32.90	36.3	44.4	0.741
500	0.769 8	0.972	303.3	39.40	41.2	55.1	0.716
550	0.699 8	0.988	324.0	46.30	44.1	63.8	0.726
600	0.641 4	1.003	343.7	53.59	47.3	73.5	0.729
700	0.549 8	1.031	380.8	69.26	52.8	93.1	0.744
800	0.481 0	1.054	415.2	86.32	58.9	116	0.743
900	0.427 5	1.074	447.2	104.6	64.9	141	0.740

续表

T/K	$\frac{\rho}{kg\cdot m^{-3}}$	$\frac{c_p}{kJ\cdot(kg\cdot K)^{-1}}$	$\frac{\mu\times10^7}{N\cdot s\cdot m^{-2}}$	$\frac{\nu\times10^6}{m^2\cdot s^{-1}}$	$\frac{\lambda\times10^3}{W\cdot(m\cdot K)^{-1}}$	$\frac{a\times10^6}{m^2\cdot s^{-1}}$	Pr
1 000	0.384 8	1.090	477.0	124.0	71.0	169	0.733
1 100	0.349 8	1.103	5 050.5	144.5	75.8	196	0.736
1 200	0.320 6	1.15	53 205	166.1	81.9	229	0.725
1 300	0.296 0	1.125	588.4	188.6	87.1	262	0.721

表 E.1　各物质的生成焓 $h_f^\ominus$，101.3 kPa，298.15 K

名称	化学式（状态）	$h_f^\ominus$ / (kcal • mol^{-1})
氧化铝	Al_2O_3	–373.36
溴原子	Br(g)	26.74
炭	C（石墨）	0.00
碳	C (g)	170.89
四氯化碳	CCl_4(g)	–22.94
甲醛	CH_2O(g)	–27.70
甲酸	CH_2O_2(l)	–97.80
亚硝基甲烷	CH_3NO_2(g)	–17.86
硝基甲烷	CH_3NO_3(g)	–28.80
甲醇	CH_3OH(g)	–57.02
甲烷	CH_4(g)	–17.89
一氧化碳	CO(g)	–26.42
二氧化碳	CO_2(g)	–94.05
乙炔	C_2H_2(g)	54.19
乙二酸	$C_2H_2O_4$(g)	–197.60
乙烯	C_2H_4(g)	12.54
乙醛	C_2H_4O(g)	–39.76
乙酸	$C_2H_4O_2$ (l)	–116.40
乙醇	C_2H_5OH(l)	–66.36
乙烷	C_2H_6(g)	–20.24
乙醚	C_2H_6O(g)	43.99
丙炔	C_3H_4(g)	44.32

续表

名称	化学式（状态）	$h_f^\ominus$ / (kcal • mol^{-1})
丙烯	C_3H_6(g)	4.88
丙烷	C_3H_8(g)	–24.82
1–2 丁二烯	C_4H_6(g)	38.77
1–3 丁二烯	C_4H_6(g)	26.33
异丁烷	C_4H_{10}(g)	–31.45
正丁烷	C_4H_{10}(g)	–29.81
异戊烷	C_5H_{12}(g)	–36.92
正戊烷	C_5H_{12}(g)	–35.00
苯	C_6H_6(g)	19.82
环已烷	C_6H_{12}(g)	–29.43
正已烷	C_6H_{14}(g)	–39.96
正庚烷	C_7H_{16}(g)	–44.89
正辛烷	C_8H_{18}(g)	–49.82
正十六烷	$C_{16}H_{34}$(l)	−108.62
氧化钙	CaO(s)	−151.80
碳酸钙	$CaCO_3$(s)	–289.50
氯原子	Cl(g)	28.92
氢原子	H(g)	52.10
溴化氢	HBr(g)	–8.71
氯化氢	HCl(g)	–22.06
碘化氢	HI(g)	6.30
水蒸气	H_2O(g)	–57.80
过氧化氢	H_2O_2(g)	–32.53
氧化汞	HgO(s)	−143.70
氮原子	N(g)	112.97
氨	NH(g)	−10.97
氧原子	O(g)	59.56
羟基	OH(g)	9.43
臭氧	O_3(g)	34.00
二氧化硫	SO_2(g)	–70.95
三氧化硫	SO_3(g)	–94.47

表 E.2　空气中某些可燃物的最低着火温度值

可燃物质	最低着火温度/℃	可燃物质	最低着火温度/℃
甲烷	537	甲醇	385
乙烷	472	乙醇	363
丙烷	432	1–丙醇	412
丁烷	287	1–甲醇	343
戊烷	260	氢气	500
己烷	223	一氧化碳	609
庚烷	204	氧化乙烯	429
辛烷	260	醋酸	463
异辛烷	415	甲醛	424
氨	651	聚乙烯	350
乙烯	450	聚苯乙烯	495
丙烯	455	乙炔	305
聚氯乙烯	530 以上	环己烷	245
栎木	445	苯	498
红松	430	甲苯	480
榉木	426		

表 E.3　1 atm，室温，可燃性气体与空气混合气的着火界限值

可燃性气体	下限		上限	
	体积分数/%	当量比	体积分数/%	当量比
甲烷	5.0	0.50	15.0	1.69
乙烷	3.0	0.52	12.5	2.39
丙烷	2.1	0.51	9.5	2.51
丁烷	1.6	0.50	8.4	2.85
戊烷	1.5	0.58	7.8	3.23
己烷	1.1	0.50	7.5	3.66
庚烷	1.05	0.56	6.7	3.76
辛烷	1.0	0.60	6.5	4.27
异辛烷	1.1	0.66	6.0	3.80
乙烯	2.7	0.40	36.0	8.04

续表

可燃性气体	下限		上限	
	体积分数/%	当量比	体积分数/%	当量比
丙烯	2.0	0.44	11.1	2.67
环己烷	1.30	0.57	8.00	3.74
苯	1.30	0.49	7.1	2.74
甲苯	1.2	0.52	7.1	3.27
甲醇	6.0	0.46	36.0	4.03
乙醇	3.3	0.49	19.0	3.36
1–丙醇	2.2	0.48	13.7	3.40
1–丁醇	1.4	0.41	11.2	3.60
氢气	4.0	0.10	75.0	7.17
一氧化碳	12.5	0.34	74.0	6.80
氧化乙烯	3.6	0.44	100.0	∞
醋酸	4.0	0.40	19.9	2.37
甲醛	7.0	0.36	73.0	12.9
氨	16.0		25.0	

表 E.4　可燃性气体与空气混合的层流火焰传播速度最大值及相应的浓度值（1 atm，室温）

可燃性气体	最大层流火焰传播速度/（cm・s^{-1}）	可燃性气体浓度值	
		体积分数/%	当量比
甲烷	3.70	9.98	1.06
乙烷	40.1	6.28	1.14
丙烷	43	4.56	1.14
丁烷	37.9	3.52	1.13
戊烷	38.5	2.92	1.15
己烷	38.5	2.51	1.17
庚烷	38.6	2.26	1.21
二甲基丙烷	34.9	3.48	1.12
二甲基丁烷	36.6	2.89	1.14
乙烯	75.0	7.43	1.15
丙烯	43.8	5.04	1.14

续表

可燃性气体	最大层流火焰传播速度/（$cm \cdot s^{-1}$）	可燃性气体浓度值	
		体积分数/%	当量比
乙炔	154.0	9.80	1.30
环己烷	38.7	2.65	1.17
苯	40.7	3.34	1.24
甲醇	55.0	12.40	1.01
一氧化碳	43.0	52.00	2.57
氢气	291.2	43.00	1.80

表 E.5　初温 25 ℃，初压 1 atm 下 C－J 爆震特征值

可燃性混合气	速度/（$m \cdot s^{-1}$）	压力/atm	温度/℃
H_2 29.5%–空气	1 967	15.6	2 678
CH_4 9.5%–空气	1 801	17.2	2 510
C_3H_8 4.0%–空气	1 795	18.2	2 546
C_2H_4 6.5%–空气	1 819	18.3	2 649
C_2H_2 7.7%–空气	1 863	19.1	2 838
$2H_2+O_2$	2 834	18.8	3 409
CH_4+2O_2	2 392	29.4	3 454
$C_3H_8+5O_2$	2 360	36.3	3 557
$C_2H_4+3O_2$	2 376	33.5	3 665
$C_2H_2+2.5O_2$	2 426	33.9	3 942
$C_2H_2+O_2$	2 936	45.8	4 239

表 E.6　某些可燃性气体的爆炸界限（与空气混合）

可燃物	体积分数/%		可燃物	体积分数/%	
	下限	上限		下限	上限
氢气	4.0	75.0	一氧化碳	12.5	74.0
甲烷	5.3	14.0	乙炔	2.5	81.0
轻质汽油	1.3	7.0	苯	1.4	7.1
乙醇	4.3	19.0	四乙醚	1.9	48.0
二硫化碳	1.3	44.0	甲醇	7.3	6.7
甲苯	1.4	6.7	氨	16.0	25.0

表 E.7　若干燃料在空气中的物理和燃烧性质

燃料	M_r	ρ	沸点/℃	蒸发热/（cal·g^{-1}）	燃烧热/（kcal·g^{-1}）	化学计量比		可燃极限 化学计量比/%		自燃温度/℃	最大火焰速度时的燃料百分数	最大火焰速度/（cm·s^{-1}）	最大火焰速度时的火焰温度/K	点火能/（×10^{-5}cal）		熄火距离/mm	
						体积分数/%	f_{st}	贫	富		化学计量比/%			化学计量比	最小	化学计量比	最小
乙醛	44.1	0.783	−56.7	136.1		0.077 2	0.128 0							8.99		2.29	
丙酮	58.1	0.792	56.7	125.0	7.36	0.049 7	0.105 4	59	233	561.1	131	50.18	2 121	2.748		3.81	
乙炔	26.0	0.621	−83.9		11.52	0.077 2	0.075 5	31		305.0	133	155.25		0.72		0.76	
丙烯醛	56.1	0.841	52.8			0.056 4	0.116 3	48	752	277.8	100	61.75		4.18		1.52	
丙烯腈	53.1	0.797	78.3			0.052 8	0.102 8	87		481.1	105	46.75	2 461	8.60	3.82	2.29	1.52
氨	17.0	0.817	−33.3	328.3		0.218 1	0.164 5			651.1			2 600				
苯胺	93.1	1.022	184.4	103.4		0.026 3	0.087 2			593.3							
苯	78.1	0.885	80.0	103.2	9.56	0.027 7	0.075 5	43	336	591.7	108	44.60	2 365	13.15	5.38	2.79	1.78
苯甲醇	108.1	1.050	205.0			0.024 0	0.092 3			427.8							
丁二烯−[1,2]	54.1	0.658	11.1		10.87	0.036 6	0.071 4				117	63.9	2 419	5.60		1.30	
正丁烷	58.1	0.584	−0.5	92.2	10.92	0.031 2	0.064 9	54	330	430.6	113	41.60	2 256	18.16	6.21	3.05	1.78
丁酮	72.1	0.805	79.4	106.1		0.036 6	0.095 1				100	39.45		12.67	6.69	2.54	2.03
甲基																	
乙基甲酮																	
乙烯−[1]	55.1	0.601	−6.1	93.3	10.82	0.037 7	0.067 8	53	353	443.3	116	47.60	2.319				

续表

燃料	M_r	ρ	沸点/℃	蒸发热/（cal·g^{-1}）	燃烧热/（kcal·g^{-1}）	化学计量比		可燃极限 化学计量比/%		自燃温度/℃	最大火焰速度时的燃料百分数	最大火焰速度/（cm·s^{-1}）	最大火焰速度时的火焰温度/K	点火能/（$\times10^{-5}$cal）		熄火距离/mm	
						体积分数/%	f_{st}	贫	富		化学计量比/%			化学计量比	最小	化学计量比	最小
d–樟脑	152.2	0.990	203.4			0.015 3	0.081 8			466.1							
二氧化碳	76.1	1.263	46.1	83.9		0.065 2	0.184 1	18	1 120	120.0	54.46	102		0.36		0.51	
一氧化碳	28.0		–190.0	50.6		0.295 0	0.406 4	34	676	608.9	42.88	170					
环丁烷	56.1	0.703	12.8			0.037 7	0.067 8				62.88	115	2 308				
环己烷	84.2	0.783	80.6	85.6	10.47	0.022 7	0.067 8	48	401	270.0	42.46	117	2 250	32.98	5.33	4.06	1.78
环己烯	82.1	0.810	82.8			0.024 0	0.070 1				44.17			20.55		3.30	
环戊烯	70.1	0.751	49.4	92.8	10.56	0.027 1	0.067 8			385.0	41.17	117	2 264	19.84		3.30	
环丙烷	42.1	0.720	–34.4			0.044 4	0.067 8	58	276	497.8	52.32	113	2 328	5.76	5.50	1.78	1.78
萘烷	138.2	0.874	187.2			0.142	0.069 2			271.1	33.88	109	2 222				
正葵烷	142.3	0.734	174.0	86.0	10.56	0.013 3	0.066 6	45	356	231.7	40.31	105	2 286			2.06	
二乙醚	74.1	0.714	34.4	83.9		0.033 7	0.033 7	55	2 640	185.6	43.74	115	2 253	11.71	6.69	2.54	2.03
乙烷	30.1		–88.9	116.7	11.34	0.056 4	0.062 4	50	272	472.2	44.17	112	2 244	10.04	5.74	2.29	1.78
醋酸乙酯	88.1	0.901	77.2			0.040 2	0.127 9	61	236	486.1	35.59	100		33.94	11.47	4.32	2.54
乙醇	46.1	0.789	78.5	200.0	6.40	0.065 2	0.111 5			392.2							
乙胺	45.1	0.706	16.7	146.1		0.052 8	0.087 3						57.36	5.33			

续表

燃料	M_r	ρ	沸点/℃	蒸发热/（cal·g^{-1}）	燃烧热/（kcal·g^{-1}）	化学计量比		可燃极限/化学计量比/%		自燃温度/℃	最大火焰速度时的燃料百分数	最大火焰速度/（cm·s^{-1}）	最大火焰速度时的火焰温度/K	点火能/（×10^{-5}cal）		熄火距离/mm	
						体积分数/%	f_{st}	贫	富		化学计量比/%			化学计量比	最小	化学计量比	最小
环氧乙烷	44.1	1.965	10.6	138.9		0.077 2	0.128 0			428.9	100.35	125	2 411	2.51	1.48	1.27	1.02
呋喃	68.1	0.936	32.2	95.6		0.044 4	0.109 8							5.40		1.78	
正庚烷	100.2	0.688	98.5	87.1	10.62	0.018 7	0.066 1	53	450	247.2	122	42.46	2 214	27.49	5.74	3.81	1.78
正己烷	26.2	0.664	68.0	87.1	10.69	0.021 6	0.065 9	51	400	260.6	117	42.46	2 239	22.71	5.50	2.56	1.78
氢	2.0		–252.7	107.8	28.65	0.295 0	0.029 0			571.1	170	291.19	2 380	0.36	0.36	0.51	0.51
异丙醛	60.1	0.785	82.2	158.9		0.044 4	0.096 9			455.6	100	38.16		15.54		2.79	
煤油	154.0	0.825	250.0	69.05	10.30									7.89			
甲烷	16.0		–161.7	121.7	11.95	0.094 7	0.058 1	46	164	632.2	106	37.31	2 236	7.89	6.93	2.54	2.03
甲醇	32.0	0.793	64.5	263.0	4.47	0.122 4	0.154 8	48	408	470.0	101	52.32		5.14	3.35	1.78	1.52
甲酸甲酯	60.1	0.975	31.7	112.8		0.094 7	0.218 1							14.82		2.79	
正壬烷	128.3	0.772	150.6	68.9	10.67	0.014 7	0.066 5	47	434	238.9							
正辛烷	114.2	0.707	125.6	71.7	10.70	0.016 5	0.063 3	51	425	240.0			2 251				
正戊烷	72.1	0.631	36.0	87.1	10.82	0.025 5	0.065 4	54	359	284.4	115	42.16	2 250	19.60	5.26	3.30	1.78

续表

燃料	M_r	ρ	沸点/℃	蒸发热/（$cal \cdot g^{-1}$）	燃烧热/（$kcal \cdot g^{-1}$）	化学计量比		可燃极限 化学计量比/%		自燃温度/℃	最大火焰速度时的燃料百分数	最大火焰速度/（$cm \cdot s^{-1}$）	最大火焰速度时的火焰温度/K	点火能/（$\times 10^{-5}$cal）		熄火距离/mm	
						体积分数/%	f_{st}	贫	富		化学计量比/%			化学计量比	最小	化学计量比	最小
戊稀–[1]	70.1	0.646	34.0		10.75	0.027 1	0.067 8	47	370	298.3	114	46.75	2 314				
丙烷	44.1	0.508	–42.2	101.7	11.07	0.040 2	0.064 0	51	283	507.4	114	42.89	2 250	7.29		2.03	1.78
丙烯	42.1	0.552	–47.7	104.5	10.94	0.044 4	0.067 8	48	272	557.8	114	48.03	2 339	6.74		2.03	
正丙醇	60.1	0.804	97.2	163.9		0.044 4	0.096 9		433.3								
甲苯	92.1	0.872	110.6	86.7	9.78	0.022 7	0.074 3	43	322	567.8	105	38.60	2.344				
二乙胺	101.2	0.723	89.4			0.021 0	0.075 3						27.48	3.81			
松节油										252.2							
二甲苯	106.0	0.870	130.0	80.0	10.30												
汽油73辛烷	120.0	0.720	155.0	81.0	10.54					298.9							
汽油100辛烷										468.3	106	37.74					
喷气燃料JP1	150.0	0.810			10.28	0.013 0	0.068 0			248.9	107	36.88					
喷气燃料JP3	112.0	0.760			10.39	0.017 0	0.068 0										
喷气燃料JP4	126.0	0.780			10.39	0.015 0	0.068 0			261.1	107	38.17					
喷气燃料JP5	170.0	0.830			10.28	0.011 0	0.069 0			242.2